科学新视角丛书

新知识　新理念　新未来

身处快速发展且变化莫测的大变革时代，我们比以往更需要新知识、新理念，以厘清发展的内在逻辑，在面对全新的未来时多一分敬畏和自信。

野狼的回归：

美国灰狼的生死轮回

【美】布伦达·彼得森（Brenda Peterson） 著

蒋志刚 丁晨晨 李 娜 伊莉娜 曹丹丹 珠 岚 译

上海科学技术出版社

图书在版编目（CIP）数据

野狼的回归：美国灰狼的生死轮回 / （美）布伦达
• 彼得森（Brenda Peterson）著；蒋志刚等译. -- 上海：上海科学技术出版社，2024.1
（科学新视角丛书）
书名原文：Wolf Nation: The Life, Death, and Return of Wild American Wolves
ISBN 978-7-5478-6474-6

Ⅰ. ①野… Ⅱ. ①布… ②蒋… Ⅲ. ①狼—文化研究—美国 Ⅳ. ①Q959.838

中国国家版本馆CIP数据核字(2023)第241441号

WOLF NATION: The Life, Death, and Return of Wild American Wolves by
Brenda Peterson
Copyright © 2017 by Brenda Peterson
All illustrations © William Harrison
Peggy Shumaker, poem "Caribou," from Wings Moist from the Other World
(Pittsburgh, PA:
University of Pittsburgh Press, 1994), used with the permission of the author.
This edition published by arrangement with Da Capo Press, an imprint of Perseus
Books, LLC, a subsidiary of Hachette Book Group, Inc., New York, New York,
USA. All rights reserved.

上海市版权局著作权合同登记号 图字：09-2017-883 号

封面图片来源：视觉中国

野狼的回归：
美国灰狼的生死轮回

【美】布伦达·彼得森（Brenda Peterson） 著
蒋志刚　丁晨晨　李　娜　伊莉娜　曹丹丹　珠　岚　译

上海世纪出版(集团)有限公司
上 海 科 学 技 术 出 版 社　出版、发行
（上海市闵行区号景路159弄A座9F-10F）
邮政编码201101　www.sstp.cn
江阴金马印刷有限公司印刷
开本 787×1092　1/16　印张 21.25
字数 260千字
2024年1月第1版　2024年1月第1次印刷
ISBN 978-7-5478-6474-6 / N·267
定价：79.00元

主译序：走入狼的王国

　　布伦达·彼得森（Brenda Peterson）女士的《野狼的回归：美国灰狼的生死轮回》（下称《野狼的回归》）是一本引人深思的书。作者以女性的细腻笔触和自身的丰富经历，将读者带入 20 世纪末至 21 世纪初的美国。作者以第一人称的方式，讲述从阿拉斯加的一场狼峰会开始，到黄石国家公园从加拿大重引入当地灭绝了的灰狼，到重引入的灰狼 OR7 在美国西部的回归和扩散，再到墨西哥灰狼回归美国西南部和墨西哥的历史，让人一步步地了解，乃至身临其境般走入狼的王国。书中穿插了曾经是年轻的陷阱捕狼者的美国童子军创立人欧内斯特·汤普森·西顿（Ernest Thompson Seaton）所经历的"狼王"路波（Lobo）及其娇妻布兰卡（Blanca）的真实故事，以及印第安人与狼的情结故事，还讲述了著名的美国保护学者奥尔多·利奥波德（Aldo Leopold）如何从狂热的狼杀手转变为忠实的狼拥护者，最终在新墨西哥州吉拉国家森林公园建立荒野保护区。作者为读者展示了一个不同于东部的纽约、费城和华盛顿特区，也不同于西海岸的旧金山和洛杉矶的美国。那是一个以荒野、牧场和林地为主的美国，是野生动物丰富、有大片保护地的美国。如何对待阿拉斯加的野狼？如何对待美国西部回归的狼？在哪里放归墨西哥灰狼？对此，不同利益团体展开博弈，各方意见在很多场合针锋相对。

经过将近1/4个世纪之后，美国的人口结构发生了变化，美国人的生命伦理也发生了变化，特别是新一代年轻人中，许多已经成为热爱狼的代言人。即使是与狼存在利害冲突的牧场主，包括那些租赁美国西部公共土地放牧的牧场主也开始接受非致死性防狼措施。黄石国家公园吸引了更多游人，其中许多人是专门为了观狼而去的。观狼活动不仅给人们提供了接近自然、了解自然的机会，也普及了野生动物知识。在此期间，诞生了一代热爱狼、热爱自然、热爱演说的业余科学家。网络的普及，又为远离现场的公众创造了通过网络视频直播观察狼群的机会，使得过去遥远而又隐秘的狼群及其每一匹狼的爱恨情仇展示在关心狼的男女老少的电脑和手机屏幕上。不仅有关狼的博客、视频网站和照片墙吸引了无数粉丝，人们还可以利用网络检索来回溯过去的有关狼的故事、视频和图片。无疑，狼已经深入美国人的生活，成为一种新时尚。

在翻译本书的过程中，我想起了多年前与狼的一场邂逅。那是30多年前的一个春季，我在加拿大的一个野外工作站做博士论文。那个工作站位于一片人迹罕至的禁猎区的树林中，方圆几千米内往往没有其他人，就两辆宿营车陪伴着我。我得自己抽水、发电，还得自己做饭。每天清晨，我被清脆的鸟鸣唤醒，呼吸着森林里的新鲜空气。附近的湿地里时常有一只黑黑的大驼鹿在埋头啃食，突然间被我惊动，一路小跑，钻到树林里去了。我常常一个人待在野外工作站，那里的确是一个接触自然、探索自然的好地方。

一天傍晚，我离开宿营车，闻着芬芳的春天气息，沿着湖边走呀走呀。墨绿的湖水倒映着高高的云杉、杨树，湖面上野鸭在游弋，还有河狸缓缓地推开水面，在身后留下一道道水波。河狸是体型最大的啮齿类动物之一，长着长长的一对门齿。靠着这对门齿，它们能啃倒岸边的一棵棵大树，在水中筑成大坝，并为度过寒冷的冬季留存食物。我很想看看河狸到底是怎样将大树啃倒，而它们自己却不被倒下的大树砸到的。此外，岸边到底有多少棵大树被河狸啃倒了呢？

我一路走一路看。不知不觉，太阳西沉了。看见天边火红的晚霞在燃烧，我意识到该往回走了。太阳落山后，湖面开始弥漫薄薄的白雾，湖边有些凉，天边渐渐变暗。我决定抄一条近路赶回工作站，但走着走着，发现自己迷路了。天渐渐黑了，没有月光，我加快了步子。更糟糕的是，远处突然传来一阵阵狼嚎：一声声忽高忽低、忽远忽近的嚎叫，彼此呼叫响应，令人毛发悚然。

"狼！我遇到了狼！"我吓了一大跳，不由得小跑起来。狼的嚎叫越来越近了。"狼群会不会围上来？我跑得过狼吗？怎么办？"狼群围在我的四周，继续嚎叫着，而我似乎看到不远处一双双若隐若现、幽幽发绿的眼睛。我只好硬着头皮往前跑，但没多久，我发现狼的叫声渐渐远去。原来，野狼群并不会主动攻击我，它们靠近我也许只是想看看我是谁，并不想伤害我。然而，我却被惊出一身大汗，跌跌撞撞地走回宿营车。要知道，在方圆几千米范围内只有我一个人，而且，我当时对狼的了解并不多。

从那时起，我知道狼群并不是那么可怕，而且在一定条件下，人与狼也是可以共存的。也可能就是那些我曾经邂逅过的狼，或者那些狼的亲戚被引入到美国的黄石国家公园。尽管后来我在青藏高原多次从远处见到过狼，但大多是在白天，而那些狼见了人后只是匆匆地逃开，并不想与人打照面。我们还去检查过巨大的狼窝，看见了被狼捕食的羚羊的新鲜残骸，也在野外捡到过保存完好的狼头骨，但是，我再也没有机会在野外与狼近距离地直接照面。

　　布伦达·彼得森是一位多产的作家。她已经写了20多本书，大多是关于野生动物与自然的书。在长达数十年的生涯中，她深入大自然、观察大自然，抓住每一个观察灰狼、了解灰狼的机会，还通过网络和媒体了解有关狼和自然界的故事。细读她的作品，你会发现她的明察秋毫、生动描述；她欢呼狼的回归，也坦言人们特别是乡村居民面临的两难选择。

　　如果你对自然感兴趣，这是一本值得一读的好书。彼得森对狼充满了情感，对大自然充满了好奇心。在她的笔下，狼对后代充满温情，有着紧密的家庭结构，同时，不同的狼家族之间为了争夺生存空间可能爆发生死之战。作者反对在制定狼控制管理方案时仅仅计算狼的个体数目，而不考虑狼的家族结构和行为习性。然而，作者只是一位科普作家和自然保护主义者，她的视野还不够远，没有考虑美国西部人口与放牧的家畜进一步增长后，到底能够容纳多少匹狼，以及如何处理狼数量增多后的人狼冲突。尽管如此，这依旧是一本了解北美原野、狼和自然的好书，它打开了一扇了解美国、了解自然、了解灰狼、了解现代美国各个利益团体围绕狼而展开博弈的窗户。人们还可以从网上检索，进一步了解书中谈到的那些狼的故事，观看那些狼的视频和照片；可以了解到人类作为地球上的优势物种，既能将一个物种从一个地区根除，也能让一个物种再生；还可以看到人的社会、人的情感，甚至人的伦理在不断地变化。

蒋志刚

前言：伟大、善良的狼

我出生在内华达山脉（Sierra Nevada），从小就生活在一间美国林务局（US Forest Service）的小木屋里，而野生动物就生活在我们身边。尽管加利福尼亚州的森林里已经近一百年没有发生过捕杀野狼（wild wolf）的事情了，但那些狼的灵魂仍然萦绕在这片原始林中。我仔细倾听着每一匹郊狼（coyote）的叫声，看看归来的野狼会不会用那高亢而哀伤的嚎叫来回应这匹郊狼断断续续的呼叫。

我在广阔的普卢马斯国家森林公园（Plumas National Forest）长大，每天吃着父亲打猎带回的肥美野味。捕食者（predator）与猎物（prey）的关系塑造了这里的野生动物管理与狩猎文化。我学会了热爱那些充满野性但永远不属于我的东西，他们不是宠物或伴侣，而是警惕的、隐藏的、不可触及的生灵。我热爱那些未被驯服或驯养的动物。我知道狼的力量和他们浓厚的情谊，以及他们激烈而温柔地保护他们所在乎的东西。那时的我希望自己长大后成为一匹野狼。

我曾经希望有一天，或许在我有生之年，狼会回到我出生的那片森林。这个愿望终于在 2012 年实现：一匹被称为"旅途"（Journey）

的孤狼（solitary wolf）OR7，成为自 1924 年以来第一匹返回加利福尼亚州普卢马斯国家森林公园的狼。

在离开原来的家族，独自跋涉近 1 200 英里①后，"旅途"夺回了他的合法栖息地。他的故事已得到了公众的认可，美国的人民甚至开始庆祝野狼的回归。我们需要讲述这样的故事，以打破公众对狼的不符合自然的历史偏见，因为历史上我们对待狼的态度已经反映出我们美国人的性格。

狼是最容易被人们误解和诽谤的动物，同时也是我们的同类生物（fellow creature，有时也被译为"伙伴动物"）中最威严和最神秘的动物之一。我们依然在捕杀他们，而我们却常在梦境中被他们猎捕。仅靠科学是不会使他们回到属于他们的合法栖息地的。我们需要反映人狼之间新的关系的故事。我们需要谱写一段新历史，一段相信狼不是敌人，而是我们人类的真实写照，是我们的盟友和睦邻的新历史。

《野狼的回归》讲述了充斥着政治诡计的野狼种群恢复历程，讲述了世代相传的偏见最终被人与狼共存所取代的历程。书中关于狼的故事里，有的狼像被人们热情地追随的摇滚明星，有的狼如同努力地与命运顽强抗争的悲剧英雄和流浪汉，甚至还有一些顽皮的角色。尽管他们是令人着迷的研究对象，但他们同时也是有名字、有历史、有世代相传的家谱的个体。《野狼的回归》是他们的故事，也是我们自己的故事，更是那些用尽毕生精力致力于狼种群恢复的人们的故事。

美国野狼的故事是一部战争与爱情的编年史，也是一段关于仇恨和救赎的故事。为什么我们需要野狼？因为他们帮助我们治愈自然界，还因为人类和狼是一个整体。我们都是顶级捕食者，是伙伴，更是幸存下来的兄弟。

布伦达·彼得森
2017 年于华盛顿州西雅图市

---

① 1 英里≈1.609 千米。——译者注

狼与其他生物一样活跃在北部的山脉、森林和冻原中。正如我们当中其他高度发达的社会群体一样，狼的存在让我们在这个星球上的生活更加丰富多彩。

——戈登·哈伯（Gordon Haber）:《狼家族的价值》

（*Wolf Family Values*）

目 录

第1部分

我们几乎失去的狼

第 1 章

历史上的愤怒

一辆破旧的蒙大拿的皮卡保险杠上有一张狼的贴图,上面的宣传标语是:"每天抽一包烟。"一位蓄着胡子、戴宽边牛仔帽的男人举着一个抗议标牌:"狼是非法移民。"华盛顿东部有一个巨大的明亮的广告牌,上面画着马鹿、牛、其他有蹄类和犬,以及一个在秋千上微笑的小女孩问道:"狼——谁是菜单上的下一个?"一位身穿迷彩装的爱达荷州反狼联盟的领导者警告说:"狼是受本·拉登指使的恐怖分子。"

在互联网上搜索"与狼的战争"(war against the wolf),就会出现咧嘴笑的赏金猎人①的照片,而且那些"猎狼者"(wolfer)自豪地站在挂有 20 张狼皮的金属架子前摆姿势。[1] 在一张照片中,5 个人用绳子套住一匹活狼的脖子,正准备向各个方向骑马将狼撕成碎片。在另一张照片中,一个黑狼(black wolf)家族的成员都躺在雪地上,围成血淋淋的一圈。最令人印象深刻的照片是一群带着步枪和戴着三 K 党风

---

① 本书中,猎人(hunter)特指主要使用枪支、弓箭等武器进行狩猎的人,因而不包括陷阱捕猎者(trapper)。——译者注

格的白色面具的猎人得意洋洋地用巨大的美国国旗高高挂起一匹死狼。

为什么，在这个国家，人们对一种被猎杀得几乎要灭绝的动物仍然如此愤怒？对与他们共享猎物和领土的捕食者的深恶痛绝可以在欧洲和美洲的历史，以及至今仍主导每一项野生动物政策的狩猎文化上找到根源。

对于来自欧洲的早期定居者来说，野狼如同广袤、神秘的荒野，并不是新世界 ① 上需要保护的好伙伴。与北美洲原住民一样，狼是定居者向西部扩张的阻碍，也是需要被制服并消灭的敌人。契卡索族（chickasaw）的作家琳达·霍根（Linda Hogan）富于表现力地描述了他们族人与捕食者之间的传统的平衡关系："从人的洞穴传来狼的嚎叫。[2] 我认为这是生命抵抗灭绝、奋力挣扎的救亡之歌，甚至通过人类的语言翻译，这种嚎叫在地球内部，在人的身体里，在被圈养、被囚禁的动物身体里。"

早期的美国殖民者延续了旧世界对狼的迫害。对于欧洲人来说，狼是敌人，就像17世纪的法国王室中流传的大坏狼（Big Bad Wolf）传说一样，隐喻掠夺成性的人可能会掠夺贵族的女儿。在《三只小猪》（The Three Little Pigs）的故事中，在俄罗斯的《彼得与狼》（Peter and the Wolf）的故事中，以及许多格林童话和伊索寓言童话中，狼都是恶棍。可悲的是，这些联想与神话并没有留在老欧洲（Old Europe）。

欧洲殖民者很少将羊 ② 和牛用围栏围起。牲畜四处游荡，很容易被狼和其他捕食者所捕食。在17世纪30年代 ③，马萨诸塞湾和弗吉尼亚地区开始实施猎狼赏金，许多其他殖民地纷纷效仿。在弗吉尼亚州，

---

① 新世界又称新大陆或西大陆，指南北美洲所在的西半球陆地。与此相对，开发较早的东半球陆地（欧洲、亚洲和非洲）又称旧世界、旧大陆或东大陆。——译者注
② 本书中的家羊品种主要为绵羊（sheep），极少数为山羊（goat）。为表述简便，绵羊在多数情形下简称为"羊"。——译者注
③ 根据相关资料，马萨诸塞湾等地应该从18世纪30年代开始实施猎狼赏金制度。——译者注

殖民者要求当地原住民部落每年杀死足够配额的狼，并将狼皮作为贡品，以昭示殖民者对自然和美洲原住民的统治。

在黄石地区研究狼的里克·麦金太尔（Rick McIntyre）在其开创性的文集《反狼之战：美国灭狼运动》（*Against the Wolf: America's Campaign to Exterminate the Wolf*）中，记录了这段仇恨与屠杀的历史："殖民者在当地的灭狼行动成为我们这个新兴国家的政策。[3] 消灭捕食者成为一代又一代流传下去的一份遗产。"

麦金太尔指出，人类并不总是受狼的威胁及敌对。在专门研究狼的生物学家埃德·班斯（Ed Bangs）看来，早期的猎人-采集者文化是与狼共存的，现在被称为"狩猎兄弟"（brothers in the hunt）。[4] 美国全国公共广播电台（NPR）在一个故事——"谁让犬出现在我们的生活中？答案是在大约 3 万年前的我们"——中断定，"在上一个冰河世纪结束前（和农业出现前），可能已经有一只忠实的小犬菲多（Fido）与人类走在一起。"[5]

数百年来，研究人员一直认为灰狼是犬的遗传祖先。但 2015 年在《科学美国人》上发表的题为《从狼到犬》（*From Wolf to Dog*）的遗传研究论文揭示了惊人的发现：在约 12 000 年前的农业革命开始前，一种灭绝了的狼亚种被驯养成犬。[6] 这意味着现在的灰狼是由已灭绝的未知祖先进化而来的"姊妹群"。这篇文章记录了从小人工喂养，并训练遵从简单指令的犬与狼的研究，结论是："尽管与科学家共同生活了 7 年，狼仍保留了大部分不同于犬的独立的思想和行为。"尽管是人喂养大的，狼"缺乏对人类权威的尊重"。

因此，学名为 "*Canis lupus*" 的野狼（即灰狼）独立于我们的家犬进化而来，而可能正是这种独立性引发我们的偏执，甚至是愤怒。"野性"（wild）这个词的一种定义是"任性"。即使我们亲手把狼养大，狼仍然是任性的，不会遵守我们的命令。犬尊重我们的权威，面对我们的一句"不!",甚至在狩猎时也会停止犬科动物的杀戮本能:一只训练有素的猎犬会等待猎人自己去找回狐狸或野鸡。灰狼的任性已经威胁到了他们自己的生存。

当我们的游牧祖先进入农业文明时,猎人和采集者们不再需要四处游荡养家糊口。正如《圣经》描述的那样,我们变得"富足而生生不息",逐渐成为定居的人群。在消灭了旧世界里像狼这样的野生动物,并摧毁了原始林之后,欧洲移民进入了新世界,继续重复他们对自然界肆意的不可持续的利用方式。丰富的猎物,例如大平原(Great Plains)上数量庞大的美洲野牛,在殖民者扩大他们的殖民地之后几乎被赶尽杀绝。当美洲野牛消失时,人类的"狩猎伙伴"——狼的猎物就变少了。他们 [①] 被迫离开荒野,开始靠近农场和牧场。狼对我们的围栏几乎毫不在意。他们超出了我们的可控范围。因此,这样的敌手需要被毁灭,狼就像任何阻碍殖民者的动物或人一样"命中注定"要被毁灭。

麦金太尔讲述了在 1993 年访问位于白令海峡旁的一个叫作沙克图利克(Shaktoolik)的阿拉斯加因纽皮特(Alaskan Inupiat)村落,与村里的高中生谈论捕食者的故事。[7] 当他向他们展示历史时期成千上万匹被士的宁 [②] 毒死的狼的幻灯片时,当地的学生震惊不已。这是一个以狩猎为生的村子,但是当地猎人只在狼攻击驯鹿群时才会杀死狼。

一个十几岁的男孩问麦金太尔:"他们为什么要杀掉所有的狼?"

麦金太尔意识到,这位当地小男孩并不知道美国本土 48 个州 [③] 的政府庞大的灭狼计划。"试图毁灭一个物种的想法对他们来说是完全陌生的。"他写道。男孩摇着头不解地走开了。"这与他所生活的现实世

---

① 根据英文原版中对狼所使用的"he"和"she",本书用人格化的"他"和"她"及"他们"来介绍狼(灰狼、红狼)和郊狼的个体和群体。全书同。——译者注
② 士的宁又称番木鳖碱,俗称毒鼠碱。——译者注
③ 美国本土 48 个州的纬度都比阿拉斯加州低。——译者注

界完全不同。一个美洲原住民的传统、伦理和道德观限制了他们对其他生命可以做什么。"

在 19 世纪，如果愿意耕作，欧洲殖民者会获得政府免费划割的大块土地。农场主和富裕的牧场主，或称"畜牧饲养者"（stockmen），在政府的私有和公共土地政策中被优先考虑。在 1906 年《伟大的美国狼》（*The Great American Wolf*）一书中，布鲁斯·汉普顿（Bruce Hampton）写道："美国林务局（U. S. Forest Service）征得生物调查局（Bureau of Biological Survey）的帮助，并且默许牧场主与其一同清理牧区的灰狼。[8] 换句话说，生物调查局成了一个灭狼单位。"

1907 年农业部的公告上附和这种控狼热情，正如在它重点提出的"消灭这些害兽的最佳方法"中，列举的狼群捕猎牛群以及林地上的猎物减少等罪名。[9] 公告的目的是"把权力交给每个猎人、陷阱捕猎者、护林员和牧场主，引导他们诱捕、毒杀和狩猎，并找到窝中的未成年狼……极好的狼皮价格从每张 4 美元到 6 美元，这足以吸引猎人和有胆量的牧场男孩猎狼"。

灭狼最有效的方法之一是"掏狼窝"（denning），即把窝里的幼崽（pup，即不足 1 周岁的狼）杀死。猎狼人（wolf hunter）留下一匹狼崽并拴到树上，让它向父母和狼群呼救。然后，政府的猎狼人用枪将整个狼群杀死。当猎狼人用有毒的动物尸体引诱狼时，同样会杀死那些以狼吃剩下的猎物为食的熊、渡鸦、狐狸和鹰等动物。从 19 世纪开始的赏金猎捕及政府的灭狼计划一直持续到 1965 年，每匹狼的赏金为 20～50 美元。历史上不情愿与其他顶级捕食者（top predator）共享栖息地的情况至今依然存在。

在 21 世纪开明科学的年代，即使我们认识到捕食者在我们的生态系统中扮演的平衡角色，这种偏见仍然存在。当我在一片国家森林中成长时，如此野性又复杂的森林尚未形成概念。它是一个内在息息相关的生物圈，在其内部自我完善，而非服务于我们人类的需求。森林和野生生物管理人员的任务是"多重利用"（multiple use），强调为人所用。在我所成长的狩猎文化中，许多人被教导视狼为"害兽"，或为竞争者，或有时只是战利品。

猎人们陪伴我成长，为我提供食物。就像狼一样，猎人们会避免马鹿和其他鹿种群过度啃食山地草场，使得森林和溪流更健康。那时猎人们围着火堆讲热闹的故事，我们大口吃着烤肉。我仍然非常尊重技术娴熟的猎人，比如我的父亲。他们拥有大自然的智慧，可以追踪、耐心地等待、用可持续的方式狩猎猎物，从而养家糊口。父亲教育我，正是因为马鹿和其他鹿这样的动物死了，我们才能活着。对于这种牺牲，我们一定要铭记于心。

"想想能吃上这顿打猎获得的晚餐是多么的不容易。"或者当我们咀嚼驼鹿肉或鹿肉香肠时，我父亲会说："不要浪费任何食物。"

我们利用动物身体的所有部分，所以一只大马鹿既可以剁碎做成炖肉，也可以切成薄片做成意大利腊肠。马鹿的头和角挂在墙上，他们会比任何保姆都认真地看着我们。每逢圣诞节前夜，不管父亲硝制了什么皮革，为了过新年，我们都会给自己做一双鹿皮鞋。

在那片童年的森林中，我们认识到自己与食物链以及森林的命运有着千丝万缕的联系。例如，我们知道，森林火灾意味着到最后我们也会受影响。我们将只能吃炖鹿肉而不是烤鹿排，而且肉会变得粗糙，影响口感。在动物王国里，在失去了森林的同时，只有精明的个体幸存下来，就像人类那样。

与我的家人不同，狼群失去他们的森林后，并没有幸存下来。当我出生时，美国本土 48 个州的野狼几乎全部被消灭。在美利坚合众国官方这种无情的、系统的、成功的灭狼行动之后，最初 200 万匹狼仅有几百匹在中西部地区的北部及阿拉斯加存活下来。

　　猎人的偏见仍然反映在如今许多州的过时的机构名称上——用"鱼与狩猎董事会"（Fish and Game Boards），而不是"鱼与野生动物管理局"（Fish and Wildlife Service, FWS）。美国林务局隶属农业部，这就好像我们的公共土地和荒野地区只属于牲畜，野生动物只是我们的私人狩猎储备一样。或者，这就好像我们的森林只是用来生产木料的林场。

　　在美国的野生动物管理机构中，对捕食者的控制通常归野生动物保护部门监管，这造成明显的利益冲突。例如，一个不为人知的机构——野生动物管理局（Wildlife Services），每年会杀死数百万的野生动物，尽管它曾经是具有完全不同使命的强制执行《濒危物种法案》（Endangered Species Act）的鱼与野生动物管理局的一部分。在野生动物管理局的官网上，该机构的官方使命是"解决野生动物冲突，让人类和野生动物共存"。[10] 但现实却是毁灭：在 2013 年，《纽约时报》的一篇社论呼吁国会对野生动物管理局进行调查，并指出"自 2000 年至今，大约有 200 万只动物死亡，其中包括郊狼、河狸、美洲狮、美洲黑熊和无数的鸟"。这篇文章总结说："该机构的真正使命（是什么）？为了确保家畜和被狩猎物种的安全……野生动物管理局存在大规模且秘密的致死杀伤活动。"

　　最近，美国农业部报告说，野生动物管理局"仅在 2015 年就杀死了至少 320 万只野生动物，其中许多是大型捕食者。这一总数中 1 681 283 只是美国本土动物"。[11] 郊狼（69 905 匹）被广泛地视为灭杀目标，此外还有 384 匹灰狼、284 只美洲狮、480 只美洲黑熊、731 只短尾猫、3 045 只狐狸、20 334 只草原犬鼠、21 557 只河狸，甚至还有 17 只家犬。鸟类受到的冲击最大，成百上千的椋鸟、红翅黑鹂、牛鹂等鸟类在这一年被野生动物管理局捕杀，这对约占美国人口 20% 的 4 700 万鸟类观察者来说是个晴天霹雳。与这个机构残杀状况相反的是，在美国，重视野生动物价值的人越来越多：鱼与野生动物管理局 2011 年的报告称，美国当时有 7 190 万野生动物观察者，其中包括 1 370 万猎人（占美国 3.189 亿人口的 4.3%）和 3 310 万垂钓者。[12] 在美国，猎人大多是男性；同时，猎人中 94% 是白人，3% 是非洲裔，0.5% 是亚洲裔。[13]

"野生动物管理局是最不透明、最不负责的机构之一。"俄勒冈州国会议员彼得·德法西奥（Peter Defazio）对此提出批评，"这是一个自我毁灭的世界，是一个我们不想看到的世界。"

纳税人在 2014 年给野生动物管理局用于消灭所有这些野生动物的总预算为 10 亿美元。一部获奖的调查纪录片《暴露》（Exposed）由捕食者卫士组织（predatordefendse.org）的布鲁克斯·费伊（Brooks Fahy）摄制，该片揭发了"这个隶属美国农业部、名不符实的机构的野蛮行径，并揭露了政府利用纳税人的钱对野生动物发动的秘密战争"。[14] 该纪录片采访了一些勇于抗议的捕猎者。他们以前在野生动物管理局工作，曾被命令从事那场秘密屠杀并被要求保守秘密。

一名曾在野生动物管理局工作的捕猎者解释说，怀俄明州农业部曾使用自 20 世纪 70 年代以来被禁用的毒药，将其出售给捕食者控制部门和牧场主。在回忆这次令人不安的揭露事件时，曾为美国鱼与野生动物管理局执法部门特工的道格·麦克纳（Doug Mckenna）在谈到他的调查时说："似乎总是'鹰、郊狼和狼'这些词语引导我们调查投毒，然后线索把我们引向野生动物管理局。"

在该纪录片中一个特别令人悲伤的故事里，曾为怀俄明州野生动物管理局捕猎者的雷克斯·夏多克斯（Rex Shaddox）揭露了该机构一些虐待动物的行径。夏多克斯讲述了致使他转而揭露野生动物管理局的原因。他说，该管理局下毒时不张贴任何警示，甚至在人们来往的小径上下毒时也不张贴，就将毒物暴露给那些"爬树的人和进来拍照并将我们单位搞乱的自然爱好者"。这不仅对可能偶然触发 M44 型氰化物喷射器的动物来说是危险的，对人也是如此。如果被触发，毒药会造成所有动物永久性脑损伤并且瘫痪。

这些通常隐藏起来的毒素也会使人们的宠物中毒、受伤，甚至死亡。[15]夏多克斯说，当发现已死亡的家犬时，野生动物管理局的官员会要求"除去家犬的项圈，掩埋尸体，并且不要报告它们的死亡，这是行规。这就是我们通常所做的"。

一天早晨，当夏多克斯被指定向位于得克萨斯城尤瓦尔迪（Uvalde）的城市垃圾场报到时，一切都改变了。在那里，他看到了野生动物管理局的其他捕猎者、他的区域主管，以及来自尤瓦尔迪的动物控制机构（Animal Control）官员。还有一卡车的家犬，它们被用来检验灭狼用的氰化钠药丸。那些药丸已经过期，本应作为有毒废物被掩埋。尽管野生动物管理局在这种在家犬上使用氰化钠的行为是非法的，但野生动物管理局的区域主管还是将家犬抓下来，一次一只，强制给它们塞下氰化钠药丸。

夏多克斯回忆说："几秒钟内，家犬便开始发出呜呜声，后肢瘫软，鼻子和嘴里流血，眼球翻白……陷入巨大的痛苦之中。"然后，那位主管攥着家犬的鼻子，灌下硝酸盐解毒剂，使它苏醒过来。再后，这只家犬再次被强行塞入氰化钠药丸，经历同样可怕的疼痛，最后被踢到一边，滚进垃圾堆里。夏多克斯摇着头结束说话："那些家犬躺在那里，大声喊叫、哀鸣，直到死亡。"

夏多克斯就在该城市垃圾场就处理这些家犬的方式与他的主管激烈地争论起来。在抗议之后不久，夏多克斯便从野生动物管理局辞职。

"美国的捕食者管理（predator management）的主要方式是用飞行的直升机、安装氰化物喷射器、隐藏的陷阱，以及伏击和狙击战术杀死目标动物。"联邦政府及大学研究员约翰·希维克（John A. Shivik）在他的图书《捕食者悖论：结束与狼、熊、美洲狮及郊狼的战争》（*Predator Paradox: Ending the War with Wolves, Bears, Cougars, and*

Coyotes）中写道，"现代捕食者管理看起来像一场不仅是与食肉动物之间的战争，而且是与自然本身的一场战争。"希维克说，自从 1914 年有联邦拨款以来，针对野生动物的战争是"美国政府进行得最持久的战争……[16] 死亡数非常惊人：仅 2011 年这一年，农业部和野生动物管理局就消灭了 84 584 匹（只）狼、郊狼、熊和美洲狮。其中有 365 匹狼，这个死亡数相当于这一年每天杀死一匹狼"。

一年内，每天杀死一匹狼！同年，联邦政府把狼从保护名录中除名，声称狼的种群已经完全恢复，并且可以自我维持。然而，联邦政府 2011 年的这次把狼除名并非基于可靠的科学。[17] 事实上，2014 年的专家评议小组中，许多政府内部的专家对这一政治决策提出了抗议；专家们各自独立但又一致地得出结论，那就是把狼除名的建议为时尚早，并没有基于"现有的最可靠的科学"。

自联邦政府宣布把狼除名并将管理权移交给各州政府以来，5 个州共有超过 4 000 匹狼被合法猎杀。在爱达荷州，这里是国家批准猎狼的"示范点"，与狼的战争极其血腥。然而，即使在政府雇佣的陷阱捕狼者（wolf trapper）中，也有像揭露野生动物管理局那样的人，并且为狼的管理提出更生态、人性化的方法。

由陷阱捕狼者变成狼拥护者的卡特·尼迈耶（Carter Niemeyer）是回忆录《猎狼者》（*Wolfer*）的作者。他讲述了在离开野生动物管理局 26 年后，于 1999 年搬到爱达荷州，为 FWS 从事狼种群恢复工作的故事。[18] 为了迁移狼，尼迈耶开始教生物学家如何在直升机上用镇静剂飞镖射击去麻醉狼，而非射杀奔跑的狼。由于经常陷入反对狼的牧场主与狼保护倡导者（prowolf advocate）之间的"交火"中，加上数十年的追踪与研究，尼迈耶比在极端化辩论中的绝大多数人拥有更多关于野狼的知识。

"从我到达爱达荷州的那一刻起，"尼迈耶写道，"我感觉自己处于战争地带。"一方面，狼保护倡导者们怀疑并坚持认为，尼迈耶作为曾经的陷阱捕狼者，在涉及狼的恢复问题时不会公平地处理。另一方面，尼迈耶记录了反狼派（antiwolfer）如何用"爱达荷州狼的歇斯底里"和"令人厌烦的、威胁报复风格"的恐吓手段，催生出在全州范围内对当地政客产生巨大影响的反狼联盟。反狼联盟的创始人罗恩·吉莱特（Ron Gillet）及其"反狼有益"活动鼓吹"一劳永逸地消灭狼"，但他们的倡议因未收集到足够的签名进行投票而以失败告终。

在试图与愤怒的牧场主谈话后，尼迈耶总结说："不是狼，而是有如此男子气概的人，让我更倾向于站在狼的一边。"这次谈话让尼迈耶想起野生动物官员埃德·班斯，后者这样评论我们与狼的战争："狼与现实无关。"这意味着我们人类热衷于玩弄狼政治（wolf politics）并非基于狼在野外的现实状况。在我们的统治和管理斗争中，不管把狼当作恐怖分子一样憎恶，还是把他们当作高贵的荒野残余物来热爱，他们的真实生活却往往被忽视。"我在爱达荷州的主要目标是恢复狼，"尼迈耶说，"但是我却陷入与人的巨大纠葛中。"

在爱达荷州，正如与许多其他州一样，反狼的声音占少数，但他们却受到媒体、政治团体和政府的高度关注。"用一只手就可以数过来与狼真正存在冲突的人的数目"，因为"大多数的人狼冲突发生在公共土地上"。尼迈耶认为，对于牧场主而言"捕食者猎杀的牲畜应该属于可接受的商业成本"。但尼迈耶总结说："也许牲畜的利益太大了。或者，也许大多数人不知道有一套系统仍在运作，正如西方尚待解决的人兽冲突问题。"

农业部2011年的一份报告显示，由于狼的捕食造成的牲畜损失只占0.2%。[19] 相比之下，因产犊或分娩并发症、呼吸疾病及恶劣天气造成的死亡占牲口死亡数一半以上。然而，畜牧业仍然要求美国政府管理野生动物以满足人类胜过任何生态需求的利益。与狩猎游说团体的陈述相反，新的研究证明，狼对于猎物来说并不是最大的威胁。比特鲁特山谷（Bitterroot Valley）的研究人员发现，狼捕食的马鹿只占被捕食马鹿总数的 5%。

其他牧场主和猎人采取不同的方式对待狼。他们的声音往往被忽视，但他们力量很强大。在 2014 年，在国家狼观察者联盟（National Wolfwatcher Coalition）出版的《猎人集》（*Hunter's Edition*）特刊中，有许多文章倡导恢复狼种群。来自全国的猎人解释了他们为什么反对猎狼。一个来自宾夕法尼亚州的狩猎家庭提交了他们的署名照片，上面写着"真正的猎人不杀狼"。他们写道："猎狼是错误且不道德的……我们的家人生来就被教导要尊重生命。"纽约的一名猎人相信："遇见狼就给狼与人之间创建了一种联系。这种来自双方的尊敬在捕杀关系中是不可能体验到的。"

慢慢地，随着新一代人开始顾及整个生态系统，前几个世纪的偏见、恐惧和心胸狭窄的优先考虑正逐渐地改变。这意味着不仅要了解人类的需求，还要了解森林、溪流和野生动物兴盛所需要的方面。那些成功地平衡生态系统的不是猎人，而是自我调节的捕食者，就像狼一样。在一夫一妻制下，狼根据现有的食物和气候条件限制其后代的数量。人类或许应该考虑学习狼的生存之道。狼不会像捍卫其领地那样来毁灭某个物种或栖息地，他们有节制地捕猎。狼的父母将狩猎技能传授给他们的年轻孩子，就像美国最古老的保护组织之一的布恩和克罗克特俱乐部（Boone and Crockett Club）提出的"公平追逐伦理"（Fair Chase Ethics）。[20] 这些指导方针建议他们的狩猎成员"以尊重的态度对待猎人、猎物或环境"。经过多个世代的捕食者控制之后，我们需要更多的自我控制。

这正如我的猎人朋友经常提醒我的："狼是好猎手。"

第 2 章

"谁为狼发声?"

　　一直有人为狼辩护。在他们创作的故事中,美洲原住民包括了狼,并将他们视为第一居民(First People)。有的氏族以狼自称,并且效仿这种伟大的狩猎者的捕猎技巧,他们是狼氏族(Wolf Clan)。拉科塔族部落(Lakota tribe)认为,布法罗狼(Buffalo Wolf)(当地称为 *Sung'manitutanka Oyate*,或"狼的王国")是另一个声索将北美洲大平原作为其领土的主权部落(sovereign tribe)。在著名的拉科塔苏族(Lakota Sioux)斗士——"疯马"(Crazy Horse)那里,这种与狼的情结纽带(wolf bond)非常牢固。

　　许多美洲原住民,从西南部的霍皮人(Hopi)和纳瓦霍人(Navajo)到南部的彻罗基人(Cherokee)和西米诺尔人(Seminole),再从东北部的佩诺布斯科特人(Penobscot)和阿尔冈昆人(Algonquian)到中西部的奇普瓦部落(Chippewa tribe,即奥吉布瓦部落),都相信狼是他们的精神领袖和盟友。在远方的美国西北部,我曾工作过的西北边缘的马卡部落(Makah tribe)和奎鲁特部落(Quileute tribe)都将狼视作自己的祖先。已故的奎鲁特部落长老弗雷德·伍德拉夫(Fred Woodruff)讲述了他们部落的故事："我们的部落原本是狼的后裔。我们认为他们是我们的亲人，并且他们在我们的土地上永远受欢迎。"

在我去位于华盛顿拉普（LaPush）的奎鲁特保留地（Quileute reservation）的一次拜访中，伍德拉夫的女儿——一位天才艺术家，给我看了一幅红黑色图腾设计风格的狼雕像。她的父亲若有所思地说："我们从狼身上学到了如何生存，如何变得更有人性，以及如何尊敬我们的长者、保护家人和抚养孩子。并且，我们从狼身上学到了真正属于一个部落所需要的忠诚。"

当地人讲了很多关于"灵魂丧失"（soul loss）的事情，以及萨满经常穿着狼皮来施法，而萨满在动物体内施法时似乎穿越到另一个世界。在那里，他们集结狼的力量，用来召回迷失的灵魂或治愈受伤的灵魂。肖肖尼部落（Shoshone tribe）相信狼可以治愈那些丧失灵魂的人。狼医可以赋予你力量，将游荡的灵魂召回。在我们毁灭那些帮助我们恢复共有土地的生机的野狼时，我们冒着丧失灵魂和栖息地的危险。

关于野狼的最具远见且在生态上真实的传说之一是传统的奥奈达（Oneida）故事，它到由已故的宝拉·安德伍德（Paula Underwood）进行"龟女歌唱"（Turtle Woman Singing）时已传颂了数千年。[1] 她将原始的口述历史翻译成英文，名为《谁为狼发声？》（*Who Speaks for Wolf?*）。这个故事是被研究人员重新利用的古代和现代本土科学（Native Science）发展壮大的一个范例。作为易洛魁联盟（Iroquois Confederacy）一部分的奥奈达部落如今位于纽约州和宾夕法尼亚州。这个故事始于一个熟悉的困境："很久以前，我们人口数量逐渐增长，以致我们曾经待过的地方已经容不下我们。"

这个部落在过去考虑搬迁到一处新的领土。就像在任何部落委员会决策中一样，总有人"对狼来说是兄弟"。这个部落成员"是狼的好兄弟。他会向狼唱狼的歌，狼也会回应他"。从与部落共享家园的动物视角出发，这个部落始终铭记易洛魁告诫（Iroquois admonition），那就是我们的所有决定必须考虑未来 7 代子孙，而且这些后代包括狼。

但是，在考虑往哪里迁移时，这个部落并没有考虑"狼兄弟"的忠告。相反，部落决定将自己安置在狼领地内部深处。该委员会说："狼一定会为我们让路的，正如我们有时也为狼让路。"这个部落的新家园资源充足，有着郁郁葱葱的森林、丰富的猎物和清澈凉爽的溪流。但是当他们安顿下来，猎人们发现，猎到的松鼠和鹿晾挂在森林里不久后就消失了。起初，猎人们认为与狼分享一些猎物是"合理的交换"。但是，这样喂野狼并不是一个好主意，因为"我们不想驯服狼"。要住在这片土地上，一些猎人必须时刻保持警惕，将狼赶走，"狼很快便恢复了旧时的野性"。

然而，这种与狼争斗的生活方式并不是那些人想要的。这个部落现在考虑一项需多年努力才能完成的任务："追捕那些护狼人（Wolf People）/ 直到他们消失。"[1]

> 他们也明白
> 这样的任务会改变人民：
> 他们会成为狼的杀手
> 一个只为维持自己就夺取（其他）生命的人
> 会成为一个宁可夺取生命也不向前移动一点点的人
> 看来他们似乎
> 并不想成为这样的人

奥奈达部落的总结是，他们已经得到一个难忘的教训："狼兄弟的

---

[1] 本书英文原版翻译自当地原住民的原始母语。——译者注

目光比我们更敏锐。"部落的长老们再也没有随心所欲地只顾他们自身的需求来做决定了:"现在让我们学着考虑一下狼的感受!"因此,数千年来,这种智慧一直被传承着:

> 现在请告诉我,我的兄弟们
> 现在请告诉我,我的姐妹们
> 谁为狼发声?

到 1856 年,东部各州的大部分狼已被杀光了。《瓦尔登湖》的作者亨利·戴维·梭罗(Henry David Thoreau)是最早为消失的狼说话的作家之一,他认为狼其实是"更高尚的动物"。[2] 在梭罗的日记里,他哀叹生活在一个被剥夺权利、变得顺从、像被阉割了的顶级捕食者的自然界中,是"可悲地不完整的"。他问道:"我熟悉的这个自然界难道不是残缺不全的吗? 这就像我在研究一个失去了所有战士的印第安部落。我正在听缺失了很多部分的音乐会。"

具有讽刺意味的是,在 19 世纪和 20 世纪那个狼被无情地杀害的时代,一些关于狼的非常辛酸的故事却是被猎狼人和陷阱捕狼者讲述的。出生于英国、后来创立了美国童子军的欧内斯特·汤普森·西顿(Ernest Thompson Seton)曾经是年轻的陷阱捕狼者,他最畅销的动物故事大多是专门写狼的,特别是在 1898 年出版的《我所知道的野生动物》(*Wild Animals I Have Known*)一书中的真实故事《狼王传》(*Lobo: The King of Currumpaw*)。[3]"狼王"路波(Lobo)和他的娇妻布兰卡(Blanca)波澜壮阔、凄美的爱情故事拥有亚里士多德《诗学》(*Poetics*)中对怜悯与恐惧的各种宣泄。对西顿来说,路波和布兰卡的故事已经改变他的生命历程。

在巨大得有时甚至让人产生幻觉的新墨西哥州的方山(又称平顶

山）中，路波、布兰卡以及他们的小家族统治着凶猛的狼群，并被认可为狼的王族（wolf royalty）。强大、狡猾、热情、忠诚的路波带领他的狼群，在与牧场主的斗争中连续5年获得胜利，有时一天杀死一头牛。路波拥有强大的嗅觉能力，以致没有人可以猎捕到他，因为他能嗅出隐藏在经常走的路下的金属兽夹，或掺在诱饵（有时甚至还浸泡过牛血）中毒药士的宁的气味。伴随着每个为他设定的创新性陷阱，路波也学会了如何避开这些致死的陷阱。他轻松地将悬挂在头上的数千美元赏金摇落，就像长着浓密毛发的狼将飘落的雪从身上甩下一样。

这匹雄壮的狼蔑视所有猎人和陷阱捕猎者。当轮到西顿来猎捕路波时，西顿所有的发明，包括掩盖了气味的毒药、深埋在死牛头内的金属兽夹，又一次次失败，几个月都没有成功。但到了后来，西顿不仅对路波的地盘及其狡猾的行为有深入的了解，还摸透了路波的真实性格。凭直觉理解路波的致命弱点后，西顿最终问道：在这个世界上，路波最关心的是什么？答案是：他的家人，最重要的就是他的娇妻布兰卡。那么，如何将路波这种对家人炽烈的爱变为自我毁灭？

西顿注意到，"狼王"路波允许他的娇妻在前面领路。要知道，如果家族里其他任何一匹狼胆敢这样"造反"，路波便会露出锋利的牙齿，恐怖地咆哮，甚至发动一次血腥的攻击来惩罚他们。但是布兰卡经常跑在路波前面，处于狼群中风险最大的前锋位置，就像一名士兵在巡逻队前面侦察危险一样，而布兰卡的权威对路波来说并不是挑战（直到一百年后，研究人员才发现雌狼也可能成为家族首领，或与她的伴侣共享首领地位）。西顿发现布兰卡或一匹体型较小的狼可能会被埋在牛头内的陷阱所欺骗，所以他把这种牛头陷阱与路波可立即识别的致死毒诱饵分开放置。像往常一样，路波带领他的家人避开了诱饵危险。但是，布兰卡和一匹较小的狼正如大部分狼见到死亡动物一样去探查牛头，误入了陷阱。"砰"地一声！兽夹猛地夹住了她纤细的腿。

西顿发现布兰卡在惊恐中飞奔，但 50 磅①重的兽夹拖住她，而且牛角在她奔跑时不停地钩住周围的树枝和荆棘。最后，她倒下了，精疲力竭，不堪一击。"她是我见过的最漂亮的狼。"西顿写道。然而，她闪亮的白色毛皮、大大的眼睛、锋利的牙齿，现在都没有用了。布兰卡发出一声绝望的嚎叫，而路波听到后作出了回应。然后，布兰卡转身面向她的毁灭者。西顿和几个骑马的牛仔以老西部风格（Old-West style）将这匹美丽的白狼围起来，每个人都在她的脖子上套一个绳索。西顿写道："接下来就是不可避免的悲剧。后来，每当想起当时的做法，我都不禁胆战心惊。"

他们紧拉着马缰，迅速朝着不同的方向骑去，绳索紧紧勒住布兰卡，"直到她的嘴角流出血液，眼神呆滞，四肢僵硬，然后瘫软在地上"。这是对任何其他动物或人类而言都是极其残忍、折磨的处死方式。为什么不是简单地对准心脏开一枪？猎狼人和陷阱捕狼者骑马回家时，耳边萦绕的是路波的嚎叫，那是他在寻找丢失的伴侣。西顿写道，路波的哭声"比我想象的更难过"。[4]"即使是那些冷漠的牛仔也注意到了这一点，他们说以前从来没有听过那样悲惨的狼嚎。"

失去布兰卡之后，路波不可避免地走到了末路。西顿说，悲伤使路波"不顾一切"。爱是路波的致命弱点。若非如此，这匹强大的狼怎么会这么容易让自己陷入西顿为他设置的 150 个捕兽夹中的 4 个？当西顿拖着布兰卡的尸体沿着一条小径行走后，心爱的伴侣留下的熟悉的气味指引着路波，因而路波的死已是命中注定。这匹忠诚的狼跟随他失去的伴侣的气味，就像以前跟随跑在前面的勇敢而自信的布兰卡一样。不久之后，几个捕兽夹弹起并夹住路波。整整两天两夜里，他奋力抵抗那些刺骨的铁齿钢牙，这与任何一个他以前遇到过的挑战者一样致命。

当西顿找到路波时，后者已不再与捕兽夹斗争。疲惫不堪、血迹

---

① 1 磅≈453.59 克。——译者注

斑斑的路波使出最后的力量和骄傲冲向他的猎人。"每个兽夹都重达 300 多磅。"西顿写道，"路波的每只脚都被巨大的钢爪夹着，而且重木与铁链缠在一起。在这种四倍重物的残酷拖拽下，他绝对无能为力。"路波向他的家人发出一声哀号，但没有任何回应。

西顿没有像对布兰卡那样用套索勒死路波，也没有一枪打死这匹狼，而是紧紧地捆住他的嘴巴，并将兽夹取下。然后，西顿把路波推上了自己的马，慢慢地把这个"大奖杯"带到城里。在那里，西顿尝试喂路波，并近距离地仔细观察他。这匹野狼拒绝直视西顿的眼睛，也拒绝承认西顿的存在或权威。路波的眼神穿过任何人类的事物，望向了"巨大、起伏的方山……那里有他曾经的王国，如今他的家族已四散零落"。路波拒绝任何食物。西顿知道这匹狼将会死于"伤心"。第二天早晨，西顿发现路波死了，"平静地躺着。"西顿和一个牛仔给路波松绑，并将路波安置在布兰卡身旁。"这样，你就会找到她。"那个牛仔恭敬地对路波说，"现在，你们又在一起了！"

路波的去世彻底改变了西顿。[5] 西顿从狼的杀手转变为狼的拥护者。他的书被数百万人阅读，书中总有一个声音劝告他要保护野生动物。西顿后来协助建立了北美洲第一个国家公园；作为美国童子军的创始人，他激励了一代又一代人学习荒野求生技能并尊重自然及其他动物。"自路波去世以来，"西顿写道，"我真诚地希望人们能够深刻地认识到，每个生活在这片土地上的野生动物都是一份宝贵的遗产。我们无权摧毁，更无权剥夺我们的后代享受这份恩惠。"路波的皮张标本仍然展示在新墨西哥州锡马龙（Cimarron）附近的欧内斯特·汤普森·西顿纪念图书馆和博物馆（Earnest Thompson Seton Memorial Library and Museum）中。

在《我所知道的野生动物》一书的"读者须知"中，西顿写下了他这一生对路波死亡的忏悔："野生动物的生命总有一个悲惨的结局。"[6] 他希望读者仍然能够找到"像《圣经》一样古老的寓言，讲述着我们和野生动物是家人"。路波和布兰卡的悲剧提醒我们，正如研究人员最终在一些畅销书，比如生物伦理学家马克·贝科夫（Marc Bekoff）的《动物的情感生活》（*The Emotional Life of Animals*）中记录的一样："动物有着很深的情感生活、复杂的家庭剧以及像我们一样的经历。那些近距离观察狼的人经常议论狼家族内及他们生活中的是与非。权力斗争、奉献、恐惧、感恩、自我牺牲、慷慨、野心勃勃——只有看着奔跑在荒野中的狼，才能意识到他们的生活剧情与我们如此地相似。"

想象一下，仅仅在北美洲，自殖民期到现在，路波和布兰卡那样的死亡悲剧重演了 200 万次。然而，在对这个物种进行大屠杀的整个过程中，还是有一些人为了人们接受野狼而播撒种子。奥尔多·利奥波德（Aldo Leopold）作为美国极富远见的野生动物保护之父，在西南地区开始了他在美国林务局的"狼管控"生涯——这是捕杀狼的一种委婉说法。[7] 当时利奥波德还是个小男孩，在阅读西顿写的路波的故事时，他便对路波产生了"强烈的同情心"。尽管如此，在利奥波德死后才出版的杰作《沙郡年记》（*A Sand Country Almanac*）的未公开发表的"前言"中，他却写着："我能够将消灭狼合理化地称为鹿的管理。"[8]

1909 年，年轻的利奥波德从耶鲁森林学校（Yale School of Forestry）①毕业，并开始在亚利桑那州林务局工作，负责管理阿帕奇国家森林公园（Apache National Forest）。在那个时候，美国林务局可以用步枪杀死任何狼。林务局的人员时刻牢记为发展"狩猎产业"而管理国家森林和公共土地。

在 1915 年一篇题为《害兽问题》（*The Varmint Question*）的社论中，利奥波德建议尽快颁布"更令人满意的赏金法律"，以此来对付狼和其他顶级捕食者。他组织政府的生物调查局、牧场主、猎人和户外

---

① 该校为耶鲁大学环境学院（Yale School of the Environment）的前身。——编辑注

运动爱好者建立起至今依然存在的强大的反狼联盟。年轻的利奥波德如此热衷于灭狼，以致到 1920 年，他在《西南部的捕猎情况》（*The Game Situation in the Southwest*）报告中自豪地宣告，新墨西哥州官方将狼从 300 匹减少到仅剩 30 匹。[9] 这个物种消灭行动仅用了 3 年。利奥波德总结说，生物调查局"为根除狼的工作做出了巨大贡献……要抓住新墨西哥州的最后一匹狼或美洲狮，需要耐心和金钱。但是最后这一匹必须抓住，这样工作才能圆满完成"。[10]

从狂热的狼杀手转变为精明的狼拥护者，利奥波德的这段成长经历是一个伟大的转变故事。利奥波德是一位热爱历史与自然的学生，很了解这两个学科之间的紧密关系。一篇题为《奥尔多·利奥波德著作中人的历史存在感》（*The Historical Sense of Being in the Writings of Aldo Leopold*）的文章指出："利奥波德经常触及他认为有可能影响人物性格的历史、荒野等主题。"[11] 当然，利奥波德性格的形成，一方面与他在密西西比河边生活的那几年有关，那里当时是一片叫伯灵顿（Burlington）的艾奥瓦州荒野；另一方面也与他早期在美国林务局担任捕食者控制官员有关。

在几十年中利奥波德在美国林务局进进出出。1922 年，他富有远见地提出将新墨西哥州吉拉国家森林公园（Gila National Forest）指定为荒野保护区。1935 年，利奥波德离开政府部门，成为威斯康星大学狩猎管理专业教授。离开美国林务局开始学术生涯，使得利奥波德能比政府的反狼计划看得更远。他很快就创办了荒野协会（Wilderness Society）。

那匹让利奥波德感到震惊的雌狼首领让他与野生动物开始了一段新的关系。在《沙郡年记》未发表的"前言"中，利奥波德回想年轻时的自己："我当时还年轻，充满了扣动扳机的冲动。"[12] 他懊悔地写道："对狼的罪恶感找到了我……我……是这场生态谋杀案的从犯。"[13]

利奥波德的顿悟生动且令人心碎。[14] 利奥波德在他的署名文章《像山一样思考》（*Thinking Like a Mountain*）中，详述了那一刻。他从大山的角度想象着野狼。利奥波德不问牧场主或猎人对狼的看法，而是想知道在听到狼的嚎叫时，鹿类、郊狼、大山的想法。然后，利奥波德开始讲述那段故事：有一天，他和一些朋友正在高耸的悬崖上的一根指向西南方的锯齿状浅色栖木旁共进午餐。他们以为看到在下面过河的是一只鹿类动物，而它从湍急的河水中冒出来，在岸上甩干水珠。令人惊讶的是，那竟然是一匹母狼，她正高兴地迎接并亲吻着她的 6 个已经长大的孩子。

任何曾经目睹过狼与他们的幼崽玩耍的人都知道，那温柔的放任、深情的亲吻、假装的争斗与伪装，有一天将决定这个家族的结构、忠诚和责任。如今观看录像与参观国家公园或保护区，让我们有幸目睹狼家族成员一起嬉戏的场景，仿佛我们或群山从未失去过他们。

但是利奥波德和他的猎人同伴们"从来没有听说过要放弃一次杀狼的机会"。他们瞄准了目标，然后山谷回响着枪声。这个狼家族支离破碎了！一匹狼崽拖着腿，正从视线中消失，但受伤的母狼躺在地上。她是否在仰望悬崖，震惊地发现竟有如此多的狙击手？或者，她是否像之前的"狼王"路波一样，在看透自己的命运之后只是淡淡地望着悬崖？当人们冲到河岸时，她可能在专注于流水的安慰，而任何幸存的幼崽的声音都可能让她坚持活下去。她的家族幸存的成员可能已经彼此呼叫过。或者，他们安静下来并保持警惕，因为当人类靠近时，狼总会这样做。

当利奥波德靠过来，捕捉到"母狼眼中那奄奄一息的凶猛的绿色火焰"时，受伤的她望着他。[15] 在与母狼对视的过程中，这个人被永远地改变了。他发现"这双眼睛里有我没有的东西，一些只属于她和山谷的东西"。垂死之际，这匹母狼在这个年轻人眼中又看到了什么？这个人将永远不会再杀任何一匹狼了！她的死将成为传奇，唤醒了新的世代为拯救狼而努力的战斗号角。

任何为垂死之人守夜的人都知道，弥留之际的人的眼睛猛烈聚焦、固定，最后一丝目光熄灭，眼中最后一瞬间的景象将令人终生不忘。只要利奥波德活着，母狼的绿色眼睛就会萦绕着他。她向他传达了另一种看待他的和*她*的世界的方式。在她死去后，每当利奥波德想到"这个新出现的无狼的山谷"是"一个州接着一个州灭狼的结果"时，他意识到没有狼的荒野意味着山上的树叶将被"鹿群啃光，而鹿群也将因为个体数量太多但树叶太少而死亡"。利奥波德终于明白了："就像鹿群生活在对狼的恐惧之中一样，一座山也活在对鹿的恐惧中。"人类毁灭野狼，是因为我们"没有学会像大山一样思考。[16] 因此，我们有风沙侵蚀，而河流将未来冲进大海"。① 就像鹿类一样，人类还没有从我们自身的数量已经"过多"中吸取教训。如果没有像狼一样的捕食者，鹿会过度啃食，基本上会把山上的植物吃光，最终导致它们从栖息地中消失。那是野狼维持着鹿群与植物的平衡，也维持着与我们的平衡。

利奥波德关于这匹垂死的母狼的故事在他去世的 1949 年才发表。[17] 老母狼就像利奥波德的《像山一样思考》一直活了下来。她眼中的"绿色火焰"已经将利奥波德从狼杀手转变为后来的"生态学"英雄，而他本人称之为"土地伦理"（land ethic）。这种新的、更加共同体化地看待土地和其他动物的方式让利奥波德着迷，而他的哲学是"人生旅程的最终结果"。[18]

利奥波德曾经写过的最重要的话之一是："对一个物种而言，哀悼另一个物种的死亡是太阳底下的这个世界上的新事物。"[19] 我们哀悼那些我们所知和所爱的人。当我们讲述或听到更多有关狼的故事时，比如西顿的"狼王"路波或利奥波德的母狼的故事时，我们意识到狼是我们的亲人。终于，我们可以从狼的视角观察世界，正如美国西南部

---

① 原文如此。——译者注

的第一居民霍皮印第安人（Hopi Indians）一直教导我们的："真实地看待这个世界。"

　　我在林务局逐渐成长，亲眼看见利奥波德的生态遗产观念与吉福德·平肖（Gifford Pinchot）的功利性、程式化的保护观念之间的紧张关系。[20]利奥波德、平肖和谢拉俱乐部（Sierra Club）的创始人兼作家约翰·缪尔（John Muir）都是19世纪和20世纪自然保护的象征。在平肖家族创办的耶鲁森林学校，利奥波德是平肖的学生。[21]平肖在成为美国林务局的第一任局长之后，雇用了他曾经的学生利奥波德，因此后者便开始了他在林务局的任期。平肖热衷于保护森林与自然资源的未来。在他的指导下，以及在他的朋友西奥多·罗斯福（Theodore Roosevelt）总统的帮助下，美国有数百万英亩①的土地被设为荒野保护区。

　　关于如何更好地管理这些国家森林，导师平肖与学生利奥波德间起了争执。[22]平肖是一个进步但"永远实用的理想主义者"，他的森林伦理关注"明智地利用"，或者"有效、功利地管理和发展国家公共和私有的林地"。[23]到了20世纪30年代，利奥波德开始拒绝平肖的实用环境主义，转而坚持自己的信念：土地是活的，动物是整个群落的一部分；这个群落包括人类，但不为满足人类的使用而存在。这种紧张局面不仅存在于平肖和利奥波德之间，也存在于全国范围内的保护主义者（conservationist）之间。

　　1908年，平肖发表的一篇文章将北美洲比作一座家庭农场："在决定处理这笔巨大财富的路上，挂起为后代谋福利的旗帜。"我经常听到林务局的人员在谈论如何"多重利用"森林，或以"实现美丽（beauty）与实用（utility）的双重优点"的方式管理森林。同时考虑平

---

① 1英亩≈4 046.86平方米。——译者注

肖的实用与利奥波德的审美后，美国就有了平衡现在所谓的保护主义者与环境主义者（environmentalist）之间紧张关系的法案。

20 世纪 60 年代和 70 年代的环境运动标记着美国国家森林一段动荡和变化的时期。1978 年，我的父亲被任命为美国林务局局长，而我辞去了《纽约客》（New Yorker）杂志的编辑工作。我来到科罗拉多州博尔德（Boulder），在我母亲继承的一个破烂农场里工作和生活。我在《落基山脉杂志》（Rocky Mountain Magazine）担任小说编辑时，也曾交换到西南地区工作过，在那里我曾担任亚利桑那州立大学的驻校作家。正是在这片广袤的沙漠中，西顿和利奥波德遇到了他们故事中的狼，并彻底地醒悟。我经常深入这片沙漠中，来到霍皮人和纳瓦霍人的部落。

有一天，我在纳瓦霍保留地（Navojo reservation）迷路了，来到一家破旧的贸易站。炎炎烈日下，我跌跌撞撞地走进贸易站找水喝。也许是脱水或中暑，进入小屋后我的头就痛得厉害，而且靠玻璃柜台越近，头痛就越剧烈。我觉得我快要晕倒了，而整个世界似乎在倾斜。为了保持平衡，我倚靠在一个廉价的小饰物玻璃箱上，箱子里装着耳环、镶嵌有小块廉价绿松石的手镯、破旧且折断的珠链。

当我将手放在冰凉的玻璃上时，我感觉到了一种近似重力的拉力。"有什么……这里……"我结结巴巴地说。

一个穿着紫色天鹅绒衬衫的纳瓦霍女人朝箱子走来，她的脖子和手腕处各有一圈银色的伤口。她有些惊讶地仔细打量我。

"是的，"她停顿了一下，用圆润而低沉的声音说，"这里有东西。"

她的手伸进破旧的小装饰品抽屉里，拿出了一条惊人的项链——由蛛网状的绿松石、一枚巨大的 1921 年的银币、精致的珊瑚鱼、用角币打造的圆珠和鹿角雕刻的牙齿组成。这是一条博物馆级的医药项链（medicine necklace）。它为什么会出现在这家似乎被时间遗忘的贸易站里，并被掩埋在那些褪色的天鹅绒和廉价的小饰品中？

拿着这条非凡的项链，那个纳瓦霍女人简单地说了句："它醒了。"

我有模糊的印象，曾经有人向我展示过他在森林中发现的动物牙齿。"那些是……？"

"狼牙！"那个纳瓦霍女人坚定地回答，"狼曾经和我们一起生活在这里。"她遗憾地叹息着，把项链递给我，接着说："它再一次完全清醒了……你必须拿走它。"

我不敢碰她给我的项链。在这种神圣的医药面前，我感到自己太年轻，甚至不应该出现在这里。我没认出它是传统的皮肤行者（Skin-walker）项链，纳瓦霍人用它来驱赶邪灵，但我确实感受到了它的力量。如果早知道它那恐怖的变形传说和黑暗的权威魔法，我可能早已转身，迅速逃离这个贸易站。

"我父亲许多年前做的这条项链。"那个女人解释说，"为了保护某人……他没有从战场上回来。所以我父亲告诉我：'隐藏好这条医药项链，直到有人在这里认出它。'"

她伸出手，把项链放在我手中。我用手指触摸那令人印象深刻且依然锋利的狼牙，即便牙根已被岁月腐蚀成深褐色。

"路波。"那个女人轻声说。

我想起那句话：墨西哥灰狼因为遭受长期的捕杀已在美国西南地区灭绝。拿着这条项链，我没有所有权，或者它属于我的感觉。我并没有拥有这条皮肤行者的狼牙项链。它属于它自己，而且现在在它拥有了我。最后，我的头痛消失了。我觉得视线变得清晰，并且意志不知怎么的变得坚定，虽然我对这条美丽而有用的医药项链仍存恐惧。它想要带我去做什么？

"它有自己的使命。"那个女人离开了，没有从我张开的手中拿回项链。她用富有深意的表情补充说："也许你将需要保护。"

第 2 部分

———————— ◎ ————————

狼的战争

第 3 章

狼咬住了机翼

　　1993 年，我去阿拉斯加参加狼峰会（Wolf Summit）。刚到安克雷奇（Anchorage）的机场，我就被眼前一尊巨大、高耸的充气北极熊塑像震惊了——它的獠牙永远被冻结在问候中。欢迎来到阿拉斯加！当年冬季，阿拉斯加狩猎董事会（Alaska Board of Game）通过一项计划，回归空中射杀狼——这种射杀操作已被禁止很多年了。这将逆转从 1971 年开始施行的《空中狩猎法案》（Airborne Hunting Act），该法案禁止使用直升机从空中射杀或骚扰动物。阿拉斯加州长沃尔特·希克尔（Walter Hickel）希望利用该法案中的一个漏洞，提议进行空中狩猎以"保护野生动物"。[1] 阿拉斯加狩猎董事会刚刚投票通过在当年冬季回归致死的狼控制措施的决议，同意在冬季雪被很厚、雪地上的狼易被发现和被射杀时，从空中射杀狼。然而，国际社会对此表示强烈抗议，并发起了旅游抵制活动，这将使该州损失 8 500 万美元。迫于压力，希克尔召集媒体、野生动物管理人员、猎人以及动物保护人士在 2 月开会，呼吁大家在这次狼峰会上一起讨论解决方案，以避免旅游抵制。

　　我们到达时正是午夜时分，白雪皑皑的大地沐浴在阳光中，而这里的太阳并不像我习惯的昼夜节律升起、落下。数百个身穿亮橙色背心和迷彩服、戴着狼皮帽和狼皮手套（这些是他们猎狼的战利品）的男人一起抵达机场。他们看起来似乎是为了狩猎和冬天的杀戮，而不是出席狼峰会。在从机场去费尔班克斯（Fairbanks）的路上，我注意到每个路标上都有弹孔，随后看到了一只遭到车撞击、已被一个路人干净利落地扒了皮的公驼鹿。这样的景象并没有让我感到不安，因为我见过父亲和他的猎手朋友如何高效地扒鹿皮。然而在随后几天，我发现阿拉斯加的每个人似乎都充分准备好了射杀，人们期待着，甚至还有预期。可想而知，这种杀戮狩猎文化将给狼峰会蒙上一层浓重的阴影。

我的父亲在担任美国林务局局长 8 年后退休，但他将以国际鱼与野生动物协会（International Association of Fish and Wildlife Agencies）执行副主席的新身份参加这次峰会。[2] 在林务局任职期间，他就在国会上主张加强对野生动物及其栖息地的保护，强调"各州的野生动物管理经费的 90% 以上直接来自垂钓者和猎人，而各州只有不到 10% 的鱼与野生动物管理经费用来保护我国 86% 的非狩猎野生动物种类"。[3]

为什么父亲会邀请我陪他去参加这次猎人与环境主义者激烈摊牌的空中猎杀狼的官方峰会？这对我来说迄今依然是个谜。极有可能是，他邀请我是因为我针对希克尔州长提议的空中狼控制，于 1992 年秋天在《西雅图时报》（Seattle Times）上发表的评论文章《原始的嚎叫——狼、野性女人和野性男人——如果野生动物死绝了，那么人类野性也会消失》（Primal Howls — Wolves, Wild Women, and Wild Men — If That Wild Animal Dies Out, So Will the Wild in Humans）。

我作为一名记者参加峰会，对希克尔最近宣称的"你不能只让大自然野蛮生长，失去管控！"而深感不安。[4] 在美国，只有阿拉斯加州和明尼苏达州的狼还没有濒危，其中阿拉斯加州狼的数量估计为 7 000 匹。但是，阿拉斯加狩猎董事会决定恢复空中猎狼，目的是增加驯鹿数量，以满足猎人的需求（包括维持自身生计和运动狩猎）。我有几个朋友在过去也是猎人，但他们坚定地认为，野生动物管理人员永远不应再用直升机从空中射杀佩戴无线电项圈的狼，也不应给那些用直升机追逐狼、等狼筋疲力尽后再降落和射杀狼的娱乐性猎人颁发许可证——他们认为这种行为相当野蛮，是不道德的狩猎。

大约在那时，《与狼共奔的女人》（Women Who Run with the Wolves）的作者克拉丽莎·皮科拉·埃斯特斯（Clarissa Pinkola Estes）敦促女性不要被驯服，呼吁女性从内心要像狼一样向往自由、精神独立。"在现代人类文明的冲击下，荒野已逐渐失去它原始的面貌。"埃斯特斯说，"上帝创造了万物世界，人类应该帮助保持其原真性和完整性。"

我曾在文章中指出，埃斯特斯的书会鼓励很多女性，但实际上并没有对狼产生多大帮助。在一场新书发售会上，我看到女人们自豪地戴上了买书的赠品——棒球帽，上面写着："不被驯服！"我们仅仅把狼作为一个原型故事，告诉我们自己"保持自我"，却没有采取真正的行动来帮助动物生存，这让我感到不安。我们一方面很崇拜狼的果敢、坚毅，另一方面又忌惮狼的贪婪、残暴，后者导致了我们缺乏对狼的保护。如果我们只是为了心理需求去利用动物，在内心世界里重塑"狼的野性"，而不采取行动保护荒野地区的真正的狼，我们将错过一个修补与其他物种之间裂隙的机会。

当我们穿过厚厚的雪堤，来到作为狼峰会举办地点的溜冰场时，身后如影随形的目光更加冰冷。一抬头，我便看到有示威者打着标语："生态纳粹分子滚回家"和"伊拉克需要一些狼吗？"还有一个全身披着狼皮的男人，手里举着一张写着谩骂环境主义者的自制海报。这都昭示了，对我们这些在雪地中艰难跋涉的参会者来说，嘘声和嘶喊声是此次峰会的"背景音乐"。当然也有一些支持者的声音："猎狼有悖于科学""死狼扼杀了旅游业。"但是，大多数在室外和围绕溜冰场的室内露天看台上的抗议者充斥着反狼的声音，而露天看台上那些为狼说话的人完全被抗议者淹没。

参加这次狼峰会的人中有 120 名生物学家、野生动物管理人员和媒体记者，还有 1 000 名观察员。"这像一个马戏团，而不是峰会！"该狩猎董事会的一个成员这样评论。他是一个兽医，狂热地支持猎狼行动。

会议场地里很冷，我不得不跺着我自己的登山靴，为冰冻的双脚寻求温暖。记者席直接被安排在滑冰场的冰面上，上面盖着一层薄薄的防水布。我们开玩笑说，他们把媒体放在"冰"上，是希望我们为了给冰冻的双脚寻求温暖而尽快离开峰会。

狼峰会上的气氛很阴沉。一个身材魁梧、穿着狼皮大衣和鹿皮裤的家伙告诉我，阿拉斯加买了更多捕兽夹，还会加大捕猎力度。"这次峰会不过是州长玩的小把戏。他们的目的是想堵住媒体人的嘴，从而控制公众舆论走向。"

根据阿拉斯加州的鱼与狩猎部（Department of Fish and Game）统计，该州每年猎捕野狼数量达 1 000 匹，并且绝大多数是通过合法的方式获取的。尽管超过 80% 的阿拉斯加人没有狩猎许可证，尽管野生动物观赏者对该州生产总值的贡献超过猎人和陷阱捕猎者的 1.5 倍，但不幸的是，野生动物观赏者的声音常被反狼人群所淹没。在 1993 年，阿拉斯加州 66% 的居民实际上反对空中猎狼。

在露天看台上，来自野生动物卫士组织（Defenders of Wildlife）、绿色和平组织（Greenpeace）、国家奥杜邦学会（National Audubon Society）、阿拉斯加野生动物联盟（Alaska Wildlife Alliance）的人们，仍然希望通过此次峰会改变人与野生动物相处的方式。他们大声疾呼，为荒野发声，但被周围的反对人群的"猫叫声"和男中音般嘘声压制。猎人团体已经对狩猎董事会做出的空中猎狼行动表示赞同；每当有人把狼

当作害兽或讨厌的动物时，他们就会起立欢呼。阿拉斯加户外委员会
（Alaska Outdoor Council）主任兰迪·史密斯（Randy Smith）说，如果
不杀死狼，就需花费太多时间才能建立作为猎物的驼鹿和驯鹿种群。他
宣称："动物存在的意义就是为人类服务，这就是它们本来的样子。"[5]

　　阿拉斯加野生动物保护部门（Alaska Division of Wildlife Conservation）
主任戴维·凯利豪斯（David Kelleyhouse）热情地回应了峰会有关猎人
的议程。[6]他告诉《纽约时报》说，该州已经给 25 匹狼戴上了无线电项
圈，所以空中猎人很容易追踪和猎杀多达 475 匹狼。他承诺会使野狼种
群数量减少 80%，这将是对猎人的重大利好。他预测在接下来的 5 年里，
还需将每年的空中猎狼配额控制在 300～400 匹。[7]他所预言的景象是
"创造与东非野生动物大迁徙相当的奇观"——难以数计的驯鹿、驼鹿、
戴氏盘羊和灰熊，都在阿拉斯加冻原上狂奔。那将是猎人的天堂！

　　每次演讲者提出反对空中猎狼的理由时，无论他是科学家还是狼
拥护者，看台上就会爆发出阵阵嘘声。每当出现这种情形，我就像一
只受惊的鹿，慌乱地环顾会场。此时此地的猎人们并不是我之前所习
惯的那些讲着冷笑话、具接纳性、笑呵呵地与我分享他们丰盛猎物的
人。他们屏气凝神，显得严肃而专注，就像在野外透过步枪的瞄准器
发现了一匹狼。

　　在狼峰会上，也有几个猎人反对空中猎狼。费尔班克斯当地陷阱
捕猎者肖恩·麦圭尔（Sean McGuire）说，他住在丛林里，目睹过野蛮
的空中猎狼行动。"我也曾投票阻止他们。"麦圭尔说，"他们是在春天
来的，那时白昼有 6～18 小时长。[8]当时我在布设诱捕用的陷阱，而
开直升机的猎人会追逐狼，直到他们精疲力竭，然后飞机慢慢降落，
再把狼一一射杀。""我不反对打猎，但我反对以这样的方式打猎。"他
总结说。

　　在 30 个受邀的演讲者中，只有 4 个是女性。我数算了一下，会场

上女性数量不足男性的 1/9。即使在像足球赛这样的体育赛事中，性别比例也不会如此失衡。有一些女性出现在媒体席上，但几乎没有女性野生动物管理人员。一个为州政府工作的参会女人递给我一包关于阿拉斯加狼捕食报道的最新剪报。

"狼在这里并不是稳定有蹄类种群的决定性因素，人类才位于食物链最顶端。"她压低声音对我说，"我们人类导致过度捕鱼、过度捕猎、过度杀戮。难以置信的是，人们还不知道他们究竟正在做什么。现在，我们正试图通过杀死狼等其他顶级捕食者方式解决日益减少的猎物问题。"

当我写关于狼峰会的文章时，这个勇敢的女人继续给我提供剪报，并提出了一些重要的问题。她说，狼在阿拉斯加仍然存在的唯一原因是他们"难接近"。一旦野生动物官员抓住狼，并将无线电项圈安装在狼身上，这种"难接近性"就会被移除。即便在最偏远的荒野地区，狼也被装上了无线电项圈和追踪——他们已经被控制了。

另一位演讲者是狼基金会（Wolf Fund）的生物学家勒妮·阿斯金斯（Renee Askins），她也受到狼在许多荒野地区已经被戴上无线电项圈的困扰。阿斯金斯曾在许多荒野地区对狼进行追踪和研究，最近十来年还参与了黄石国家公园（Yellowstone National Park，简称黄石公园）的灰狼重引入（reintroduction，即再引入）工作，被誉为"狼研究领域的珍·古道尔（Jane Goodall of wolves）"。

阿斯金斯既有勇气也有责任在对野狼的大屠杀中唤醒阿拉斯加。在满场喧闹声中，她提高了声音。正如阿斯金斯所补充的那样，"狼正在做最后的挣扎。尽管陷入了困境，但荒野仍然存在，这对我们所有人都至关重要"。然而，看台上爆发了激烈的抗议。

后来，在对关于她的书《阴影山：关于狼、荒野和一个女人的回忆录》（Shadow Mountain: A Memoir of Wolves, Wilderness, and a Woman）

的采访中，阿斯金斯质疑对狼持续使用无线电项圈遥测的做法。她说：我们"上瘾地控制我们的环境。一旦你开始控制某些东西，你就失去了互惠的天赋"。[9]

3年后，阿斯金斯在国会作证时表现出了同样的勇气。她不知疲倦地工作，以帮助野狼重新回到黄石公园。她告诉众议院资源委员会（House Committee on Resources），是情绪而非事实控制了争论，而狼的复苏"从根本上说是一种文化转型的表现"。她说："这场冲突的故事，是关于我们如何看待自己与其他动物的关系的故事，即我们能否用一种认识到我们与鸟类和野兽生活在互惠状态下的世界观，取代对我们和自然界具破坏性的'统治'假设（assumption of 'dominion'）。我们不仅是自然的产物，而且是它的一部分。"[10]①

阿斯金斯在狼峰会上演讲后，我在露天看台的下面采访了她。我们的位置不是很隐蔽，还处在身着橙色服装、激动和愤怒的反狼人群包围中。我在谈话时做了笔记，但不敢拿着录音机对着阿斯金斯。

在狼峰会的混乱中，我感到了真正的恐惧。我回忆起野生动物卫士组织的发言人对喧闹的人群说："鹿为什么跑得这么快？那是对狼牙的恐惧。"我记得，鹿的脊椎已经进化出精致的凹槽，正好适合狼的獠牙。作为猎物，无法在被击昏后存活的鹿学会了如何快速死亡。

"有没有觉得自己像个猎物？"我向阿斯金斯开玩笑说。

阿斯金斯四处看了看，轻声地说："记住，这些猎人对我们很恐惧，这就是他们生气的原因。我们作为狼的拥护者，对猎人的生活方式和统治构成了真正的威胁。"

我环顾四周，见溜冰场周围有很多穿毛皮衣服的人，知道阿斯金

---

① 人类与鸟兽共享同一片土地，都是自然生态系统的成员，对生态环境的破坏最终将危及我们的生存。关键在于我们怎样正确看待自身与野生动物的关系。——译者注

斯是对的。尽管阿拉斯加这个州有很多反对的声音，但该州南面的美国本土 48 个州都在为狼争取生存权。

"可能这次峰会是猎人们的最后机会。"我说。

阿拉斯加狼峰会是一场最新的不同文化的激烈冲突，双方针锋相对、互不相让。实际上，当有争议的迪纳利国家公园（Denali National Park）研究人员戈登·哈伯（Gordon Haber）博士走上演讲台时，我真以为接下来会有一声枪响。从 1966 年开始，哈伯便开始在阿拉斯加研究狼，他在这一领域比该州其他任何人都更有经验。他是一位老派、生活在野外的科学家，更喜欢直接与研究的动物接触。他穿着雪地鞋跟踪狼，有时坐在隐蔽观察所里观察狼。他还是一位野外经验十分丰富的科学家，喜欢用"硬数据"说话，从来不会把动物拟人化。哈伯在 43 年的职业生涯中密切观察了几代狼，监测他们复杂的行为和社会关系，这样的长期研究对狼的种群恢复至关重要。在他的书《在狼群之中》（*Among Wolves*）里，最引人入胜的那些照片中有一张黑白照片呈现动人的场景：公园上空是正在盘旋的小型丛林飞机，雪地上是排成一列纵队行进的托克拉特狼家族（Toklat wolf family）；哈伯与狼和平共处，各取所需。

哈伯的研究表明，狼平均每 30 分钟就会玩耍一次，而且每匹狼都有独特的个性和情感表达的方式。狼群的声音通讯（例如嚎叫），深刻而实用。哈伯记录到了"狼家族无与伦比的社会关系，甚至与人类的社会关系相比也是如此"、"狼外出几百英里后会回到他们的家族。一个人只需在不太长的时间内观察同一些狼个体，就会发现每匹狼都有自己的个性和独特表达情绪的能力"。单配制、忠于家庭——狼有许多适应性行为和传统一代又一代遗传。[11] 哈伯得出结论：狼"可以被认为是一种文化"。

在狼峰会举行前的一年，哈伯告诉《阿拉斯加》（*Alaska*）杂志说，一匹狼从来都不会单独活动，而是一个扩大的动物家族中的一员，他们"为了生存而一致行动"，社会纽带关系复杂而稳固。他指出：多数狼生物学家会用一种"肤浅、基于数字"的视角来评估健康的狼的种群。这就是为何该州当局每年要猎杀狼数量的30%～40%，却仍然希望狼繁盛的理由。哈伯强烈反对这种做法。"问题在于，"他解释说，"狼有复杂的社会。狼的家族群体（family group）在达到繁盛期之前，往往需要几个世代的时间。"[12]

哈伯在1992年所了解到的狼家族的复杂性，已多次被其他狼生物学家证实。但在1993年的狼峰会上，哈伯的数据被批驳。哈伯经常把狼的群体（wolf group）比作人类家庭。他不喜欢术语"狼群"（pack）①，因为它是贬义和虚假的讽刺，把狼当作一种邪恶的杀人机器。哈伯描绘的人类与狼家族之间的相似之处，并没有使自己成为州或联邦的野生动物官员的朋友。在峰会上，哈伯会见了动物之友（Friends of the Animals）主任普丽西拉·费拉尔（Priscilla Feral），费拉尔资助了哈伯一些在后期的狼研究。这种与国际动物权利组织的联系，让阿拉斯加野生动物管理人员怀疑哈伯被"局外人"所控制。哈伯被描述为"傲慢、非传统和极具对抗性"。很讽刺的是，哈伯由于平生致力于研究狼群中的社会关系，也自称"孤狼"。

乔尔·班纳特（Joel Bennet）是哈伯的朋友，曾经在阿拉斯加狩猎董事会工作过十多年，现在是一个阿拉斯加电影制作人。在班纳特的眼里，哈伯是一个坚韧不拔、无私奉献的人。哈伯不遗余力地保护着迪纳利地区的狼，使他们免于被猎捕。哈伯也是一位有声誉的科学家，参加世界各地的相关学术会议。客观地说，狩猎董事会"清楚哈伯的

---

① 本书中"狼群"（pack）与"狼家族"（wolf family）虽然在多数语境下意义非常相近，但有时也具细微差别，因而分别保留。此外，在英文语境中，"pack"也常用于表达"包装"。书中其他具有类似情形的近义词，也尽量保留。——译者注

影响力和由此带来的困扰，所以一直很排挤他"。

狼峰会过后不久，哈伯就给阿拉斯加狩猎董事会带来巨大的国际麻烦。他和安克雷奇当地的一位报社摄影师兼记者一起到野外，恰好发现几匹狼被困在州鱼与狩猎部的陷阱里，其中一匹匹咬掉了自己的腿。一般来说，州里的官员很少公开展示被杀死或被剥皮的狼的照片。随后，全国性的电视台曝光了阿拉斯加野生动物管理人员拙劣地用陷阱诱捕狼的整个过程，引起了公众的强烈反对和谴责。阿拉斯加官方迅速地，但只是暂时性地，停止了对狼的控制计划。新的民主党籍州长托尼·诺尔斯（Tony Knowles）也将倡导对狼采取非致死的管理方式。[13]

当我在狼峰会上遇到哈伯时，他以严肃的态度对待关于狼的辩论，这令我印象深刻。他对州长进行了几次批评，认为这次峰会可能只是在恢复阿拉斯加中猎狼前的宣传噱头。他态度强硬，因为他对局势感到既困惑又厌恶。他那饱经风霜的脸揭示了他几十年的户外生活，那双深邃的眼睛被深色眼圈环绕，额头上的细密皱纹展示出专注，而他持久地皱眉流露出没完没了的狼政治给他带来了巨大的压力。哈伯在接受《纽约时报》采访时以一种典型的急躁风格表示，阿拉斯加回归空中猎狼的决定是"非常糟糕的生物学，从科学的角度来看几乎是一种侮辱。他们在制造一种非常愚蠢的错误"。[14]

当哈伯在狼峰会上发言时，州甚至联邦野生动物官员几乎没有考虑他的研究发现。他们更少有人意识到自身的偏见，似乎可以为了保护猎人而倾向于牺牲其他公众的利益，更不用说平衡生态了。研究狼的生物学家戈登·哈伯绝对是狼峰会和他40年的研究中的少数派。他那无所畏惧和一心一意的坚持，使他成为在阿拉斯加野生动物官员眼里，与狼本身相似的害兽。哈伯不仅出现在每一次狩猎董事会会议上，还出现在阿拉斯加最成功的狼猎人兼外科医生杰克·弗罗斯特（Jack Frost）举办的鸡尾酒会上。弗罗斯特称自己为"机械鹰"，驾驶他的飞机在野外一直追逐着狼直到他们几乎无力奔跑。然后弗罗斯特再降落，并射杀那些狼。在弗罗斯特的聚会上，戈登·哈伯看到弗罗斯特家里的栏杆上"每隔3英尺 ① 悬挂着"一张狼皮，周围都是与狼相关的战利品。对哈伯来说，看到这一幕肯定很心寒。但是，哈伯提供的杰克·弗罗斯特空中猎狼的内部信息，有助于证实对这位外科医生的指控。[15] 在 1991 年，弗罗斯特终于承认了非法猎狼的罪行，其中一些最有力的证据是他从飞机上传输无线电的记录。[16]

其中一条记录显示："这该死的东西跳起来，咬了我的机翼。"被击中的狼在机翼上留下了牙痕。"他还没有死透，我们稍后再过去。"录音机回放的声音说。

哈伯在峰会上演讲的时候，有些人几次打断他的讲话，并气急败坏地从露天看台上跳出来，宣称要像击毙狼一样射杀他。有人甚至威胁要用老式的"沥青和羽毛"方式处置他。镇定的哈伯只是瞥了那些人一眼，便继续有条不紊地报告。哈伯用科学数据和图表证明，狼并不是对所有猎物都不加挑剔地杀戮；相反，狼会对被攻击的猎物小心翼翼、精挑细选，其中驼鹿只占狼捕获的猎物比例的 5%。因此，狼几乎算不上是猎人的竞争者。狼杀掉的猎物也不比他们能吃的多很多。[17] 在冬季，狼最主要依赖对低温冻死的动物的清理，后者在狼的食谱中占比高达 3/4。

在哈伯之后演讲的是一群野生动物官员，他们用奥威尔式双关语（Orwellian doublespeak）颠倒是非。没有反狼演讲者提到过"杀死"这个词——他们委婉的说法是"致死控制"（lethal control）、"可持续产量"、"收获狼"、"驯鹿幼崽作物"（caribou calf crops）。当我尽职尽责地做笔记时，我感到沮丧。我突然想到，当谈及其他动物时，我们

---

① 1 英尺 =0.304 8 米。——译者注

的语言清楚地显示了我们的偏见：如果我们赞赏狼，便会称他们"高贵""与人有亲缘关系"，是人类的"同类生物"（fellow creature）；如果我们想要根除狼，就必须使用诸如"收获""农场"等可量化的农业术语，以此简化、降低他们的地位。

戈登·哈伯注意到这种简化、缩减的偏差："最让我摇头的，是在所有这些捕食者控制项目中惊奇感（sense of wonder）的缺失。"他写道："听一些生物学家讲话，我一直震惊于他们在谈论杀狼时熟视无睹、实事求是般的态度。这些生物学家好像认为，'客观'地忽略动物行为和感知觉能力（sentience）等项目是优秀野生动物科学家的标志。受委托管理这些迷人且重要的生命的专业人士，竟然以如此肤浅的方式看待他们，是多么可悲和令人反感！ ① 这些杀狼活动将使我们成为最后的失败者。"

---

① 科研工作者有向大众传播科学知识、澄清事实真相的责任，使他们的研究服务于社会。有部分生物学家好像认为不应对研究对象倾注感情，因为那样"不客观"。然而，地球上的生命都是鲜活、迷人的，很多动物具有一定的思维和感情，科研工作者不应麻木不仁。——译者注

第 4 章

一位标本剥制师的梦想

　　经过了一天的狼峰会，父亲邀请我加入他和其他野生动物官员在费尔班克斯的酒吧聚会。后来我常常回忆起那晚的场景，它揭示了一个事实：时至今日，狩猎传统在野生动物管理中仍占据主导地位。在那个乡村酒吧，我被一群快乐的官员围绕着——这些人先前曾站在会议的讲台上，激烈地支持猎人使用直升机从空中猎狼。他们的联盟关系让我想起了父亲的猎人朋友，还有我的南方祖父对他所有孙子的告诫："我教你们打猎、射击，以及投票给共和党。"

　　在灯红酒绿的酒吧里，父亲把我介绍给他们桌上的 6 人。我暂且把自己的记者身份抛之脑后，又一遍听父亲讲述了他曾对我讲过数十次的狩猎故事。在欢乐祥和的气氛下，我感受到身处阿拉斯加的第一次放松；围坐在火苗旺盛的壁炉旁边，我终于又感受到了温暖。但很快，讨论的话题指向了如何说服州和联邦政府，重新启动空中猎狼行动以确保为猎人提供更多的猎物，以及狩猎董事会能赚到更多的钱。狩猎俱乐部（Hunt Club）的氛围、烟雾缭绕的密室、戏弄性的任人唯亲和权势让我想起了一个私人游戏俱乐部，其成员与其他物种一起玩扑克牌——狼和其他捕食者总是最大的输家。毕竟，狼没有购买狩猎许可证，从而没有为鱼与狩猎董事会提供资金。

酒吧里装饰有很多马鹿、驼鹿和驯鹿角，看起来像是一位标本剥制师理想的工作室。我强迫自己保持冷静，但我发现自己在私下里重复念叨"game"这个单词——我们的英语世界里将它用于指代运动、狩猎后的野生动物（即"猎物"）①。用我们自己的话来说，我们显然背叛了某种偏见，即其他动物是被人类用来玩弄的，无论输赢如何。

当话题转向狼拥护者的时候，一位穿着花格子狩猎夹克、头顶着俄罗斯狐狸皮帽、为遥远的北方准备装备的野生动物管理者皱起了眉头。"狼拥护者不明白，"他恼怒地叹了口气，"就像美国本土 48 个州的牧场主一样，我们不会主张把狼赶尽杀绝。在这里，猎人同样是狼最好的朋友，他们会让阿拉斯加的狼持续存在。"

"是的，没有严格的狩猎管理和监督规范……狼将被非法猎杀，直至灭绝。"另一个人补充说。他举起啤酒，向人群敬酒。"没有科学、有序的管理，阿拉斯加的狼将不复存在。"

"马鹿、驯鹿或其他鹿，也需要同样的管理和控制。"一个身材瘦弱、穿着羽绒工装裤、留着令人印象深刻的红胡子的男人冷冷地说。

他们的对话使我想起了一个令人不寒而栗的事实——伊丽莎白·马歇尔·托马斯（Elizabeth Marshall Thomas）在《鹿的隐秘生活》（*Hidden Life of Deer*）那本书中描述的狩猎场景："19 世纪中叶，风靡全国的全年性狩猎活动几乎消灭了所有鹿类（从北部的驼鹿到西部的黑尾鹿和马鹿，再到东部的白尾鹿），只有驯鹿残存了下来，因为它们生活在大多数猎人无法到达的北方。"[1] 最终是主张狩猎管控的生物学家和政府官员——就

---

① "game"作为名词有"游戏玩耍、娱乐消遣""比赛、运动会""狩猎、猎物、野味"等含义。它在本章兼具"游戏""玩弄""猎物"等关联意义。——译者注

像那些在费尔班克斯酒吧里的人一样，开始着手挽救和管理鹿群。"世界上没有其他哺乳动物受到如此程度的管理。"托马斯总结说。

正如戈登·哈伯在狼峰会上指出的那样，眼前的问题是野生动物管理人员和猎人的传统偏见——他们往往会夸大狼的种群数量，并故意降低猎物的种群数量。[2] 这些偏见让悬赏猎狼的行为变得合理，猎人为了获取更多的猎物而灭狼，而这种做法抱有的是未经验证的希望。但现在的事实是，由于鹿的数量失控且过度啃食，许多州草场严重退化，导致生态失衡。

当话题转向驯鹿"收成"和猎狼"配额"时，我试着想象这个圆桌会议在未来逐渐被非消费野生动物的声音所平衡。如果对顶级捕食者实际上是为每个人和自然环境而进行管理，而不只是为了猎人，将会发生什么？事实上，我刚在峰会上从一个前狩猎董事会成员那里得知，在20世纪90年代，拟被任命的董事必须持有狩猎许可证——这一规则保证了猎人的话语权。[3]

酒桌上，一个着装讲究、肌肉发达、拥有杰克·伦敦（Jack London）式胡须的男人开始摇头，说："那些护狼人不了解狼，不了解真正的动物。"

另一个男士点头表示同意。"狼在驯鹿群中不只是捕杀老弱病残。"他说，"我看到狼杀死了整个羊群，远远超过他们能吃的数目。狼为了运动而杀戮。"

"像我们一样。"有人接话说。当时，每个人都被逗笑了，前仰后合地敲打着桌子。

"我曾经与狼基金会的一个女孩交谈过，"一个身材魁梧、戴着狼皮帽的男人说，"她竟然相信狼有灵魂或什么的！"[4] 在接下来的嘲笑声中，我忍不住伸手在羽绒大衣里搜寻纳瓦霍人送给我的狼牙项链。如果我有勇气说出来，不怕自己被他们当作间谍，我会说："但是，因纽特人（Inuit）和其他美国原住民都相信动物有灵魂——他们只是为了生存才猎杀狼。"

但是我马上就回忆起了在峰会期间发生的震惊一幕。当时一个阿拉斯加本地人骑着雪地摩托来参会，举起拳头喊道："这里是阿拉斯加，属于阿拉斯加人！这些狼属于我们！"当时，看台上的观众起立鼓掌。

我用指尖转动项链，就像转动手串一样，然后瞥了一眼位于台球桌附近的红色"出口"标志，心里计算着我就像猎人瞄准镜下的鹿一样，能以多快的速度逃离这里。就在上个冬天，我还试图把项链交给我的彻罗基族的朋友保管——她是史密森学会美国原住民艺术馆（Native American Art）的馆长。

"你怎么得到这件药物的？"她严肃地问道。随后，我告诉了她事情的来龙去脉。

"纳瓦霍人比你在太平洋西北部的同族人对狼持有更加矛盾的态度。"她解释说。"纳瓦霍人相信狼是力量与正义的化身，是自然的一部分，但也有女巫把自己伪装成狼。"现在她确实用清楚的表达点醒了我："你永远不知道你在和谁打交道，这条具有真的牙齿的狼医药项链或许能保护你免受皮肤行者的伤害。"

她小心翼翼地把项链交还给我，我迟疑地伸出手接受了。她拍了拍我的肩膀，好像在祝福或指点我，意味深长地说："这个狼牙护身符有它的使命——也许你也一样。"

虽然我在费尔班克斯的那个酒吧里缄默不语，因为周围被野生动物管理人员围绕，但是当我在峰会上作汇报时，我不会沉默。作为一个女儿和女人，在任何关于野生动物的讨论中，我都不被认为是利益相关者。但我是目击证人——或许也可被称为"一匹披着羊皮的狼"，我会把在峰会上的所见所闻披露出来。

峰会最后一天的清晨，费尔班克斯经历了一场小规模地震，余震使我从阴冷、颓靡的情绪中惊醒过来。我决定从记者席走出去，勇敢地加入拥护狼的一方的群体讨论中。

"我们在这次峰会上所谈论的事情和决议不仅仅关乎阿拉斯加地区的狼，整个世界都在看着我们。"一位演讲者总结说，人群终于安静下来。"在未来，并不是我们所有实施的野狼管控项目最终都由野生动物官员决定。"他停顿了一下，抬一下眼镜后继续说，"公众的看法才真正决定了如何管理本国的狼和所有野生动物。"

狼峰会的预言在未来几十年将被证明是正确的，因为更多人道的、非消费性的声音将加入关于如何管理我们共享的荒野和野生动物、非常公开的对话。这正如美国人道协会（US Humane Society）最近指出的那样："最终，公众会拉拽着野生动物管理部门一起进行体制改革，要求执行符合不狩猎的大多数人利益的管理政策。最重要的是，这种改革将会有益于动物本身。"[5]

会议的最后一个下午，我和来自极北地区的朋友——阿拉斯加诗人佩姬·休梅克（Peggy Shumaker）到野外实地考察。[6] 我们坐着她那小巧但勇敢的卡车，沿着曲折迂回的车辙来到广阔的布鲁克斯山区（Brooks Mountain Range），这时阿拉斯加的天空升起了一轮残月。根据《农历》（Farmer's Almanac），此时的月亮被称为"狼月"（Wolf Moon）。在我们下面，一大群驯鹿正在穿越冰冻的山谷。我听不到鹿蹄踩踏积雪的嘎吱声，但惊叹它们奔腾向前的动作。我用手上的双筒望远镜，可以辨认出它们浓密的黄褐色和浅黄色皮毛之下的模糊，以及有力的腿带着切分音的迈步。当驯鹿慢慢地跑到一起时，我们感觉到微弱的隆隆声。它们锯齿状、弯曲的鹿角，就像骨质触角高高抬起，仿佛在嗅闻寒风中狼的气息。

狼是否也在看着我们下面这个缓慢的猎物波浪——将毛皮和身体如

此紧靠在一起所搏动的热用于保护自身的驯鹿？也许一个饥饿的狼群就伫立在附近，盘算着捕食的风险与收益。从这么大的鹿群中分离一只掉队的驯鹿并干倒它，需要多少耐力？值得拿生命和家族去冒险吗？

"太惊人了！"我喃喃自语。我的呼吸让空气产生了柔和的光晕，并快速带来一丝暖意。

"站在这里真好，可以看到更远的地方。"佩姬微微一笑，点点头。她的脸冻得发红，冷得出现了皲裂。她的诗《驯鹿》(Caribou)描述了她所看到的景象。

鹿蹄——
　　一只蹄子
　　　　进入细雪中，下沉
　　　　　　并穿过新雪的
　　接触面，
　　　　打破了
　　　　　　雪被的薄壳，
　　　　　　　　推进到更深的
　　坚硬积雪地面。雪深齐腰。
　　只有那时
　　　　她才能
　　　　　　继续前行。
　　我们需要的改变是
　　　　如此微妙
　　　　　　如此关键
　　它可能
　　　　沉默地，它也可能

静悄悄地

迈步与呼吸。

"我们能看清狼能看到的景象。"我说，并像捕食者一样眯起眼睛看着下面的驯鹿群。

我们自己就像从小型丛林飞机上俯瞰着驯鹿群——如同当一匹受伤的狼跳起来并在机翼上留下牙印时，从弗罗斯特非法狩猎用的那种飞机的视角；或者从渔猎官员在接下来的20年里用来袭扰，然后着陆并射杀狼所用的政府飞机的视角。从同样的角度看，哈伯已经飞过迪纳利狼的家族们，留下一道守护的影子。狼经常认出哈伯的丛林飞机，当他绕着他们盘旋、做着笔记并拍摄无数照片时，他们嚎叫着，但从未从他的飞机下逃离。狼峰会后一年，哈伯在一次采访中说，每次他飞过去研究一个狼家族，"我都在想这是不是最后一次了。我知道，他们将开始从我眼前消失"。[7]

阿拉斯加地区的狼还在减少。民主党籍州长托尼·诺尔斯的两届任期（1994—2002）之后，新上任的共和党籍州长升级了猎狼。1996年，一项针对空中猎狼的短暂禁令由公众倡议投票并通过，但被共和党控制的州立法机构推翻。[8] 尽管有70%阿拉斯加人反对，但在9年的共和党籍州长执政期间，州政府主管部门还是决定改革狩猎董事会，加大力度、致死性地控制狼的数量。2007年，在州长莎拉·佩林（Sarah Palin）的允诺和指令下，180名志愿飞行员和猎人使用直升机从空中射杀狼，并在狼窝里释放毒气以杀死狼崽；她的办公室提供每笔150美元的现金，奖励他们上交刚被杀死的狼的腿。[9]

在阿拉斯加，每年有超过1 200匹狼死于猎套、陷阱和持续的空中狩猎。[10] 尽管越来越多的证据表明，猎杀行动实际上并没有像野生动物管理人员预测的那样能增加驯鹿或其他狩猎动物的数量，但这种广泛而致死的狼控制方法仍在继续。一份研究报告总结说："由于缺乏准确的种群估计，导致了狼被过度猎杀。""阿拉斯加的野生动物管理部门未能为此备受争议的项目提供足够的理由。"[11] 2016 年夏天，奥巴马政府的 USFWS 禁止在阿拉斯加的野生动物避难所的 76 万英亩土地上进行空中猎杀。[12] 这是几十年来第一次"让猎人、全国步枪协会（National Rifle Association）和该州自己的狩猎董事会遭受巨大的失败"。但是，新规仍然允许在阿拉斯加的 16 个野生动物避难所里开展一定配额的战利品狩猎，只是不能采用长期以来的"强化捕食者管理"的空中狩猎方式。

2015 年，随着阿拉斯加州将本地的狼列为大型狩猎动物（big game）和毛皮兽，任何拥有狩猎许可证的人都可以用陷阱或者枪支猎狼。戈登·哈伯曾推崇和保护的地点——面积达 17 640 平方千米的迪纳利国家公园，曾经是世界上最有可能在野外目击狼的地方之一。早在 2001 年，狩猎董事会就取消了之前设立的迪纳利国家公园的禁止猎杀缓冲区，允许沿着边界有年均 4～5 匹狼的猎杀配额。该公园旅游业每年可以给阿拉斯加带来 5 亿美元的收入，但在公园里能看到野狼的机会急剧下降。在 2015 年，迪纳利的野狼数量下降到"自 30 年前开始调查狼的数量至今的历史最低点"，只有 13 个狼群，共 51 匹。[13, 14] 保护生物学家理查德·斯坦纳（Richard Steiner）指出："对迪纳利狼的猎杀不是为了生存和生计目的，而是由 1～2 个陷阱捕猎者和猎人出于运动而实施的。"

取决于不同的州长，野狼有过短期的喘息，但长期遭受攻击。2014 年，阿拉斯加州的野生动物管理人员在 1 天之内杀死了遗失溪狼群（Lost Creek pack，即洛斯特克里克狼群）的全部 11 匹狼。这些狼都曾被戴上无线电项圈，这使得研究人员 20 年的追踪毁于一旦。国家公园管理局（National Park Service）的生物学家约翰·伯奇（John Burch）在谈到阿拉斯加时说："现在已经不需要任何谈判了。他们在最近2个冬天几乎杀死了所有的狼。"[15]

2016年夏天，环境保护监督组织环境责任的公共雇员（Public Employees for Environmental Responsibility, PEER）报告说，阿拉斯加州已经在育空河—查理河国家公园（Yukon-Charley Rivers National Park）内外枪杀了很多戴着无线电项圈的狼，而国家公园管理局似乎已经放弃了对狼长达23年的研究和保护。[16]该组织的报告指出，由阿拉斯加鱼与狩猎部主导、以强化野生动物管理为目的的空中追捕行动，已经杀死90匹狼，其中包括育空河—查理河国家公园的七十英里狼群（Seventymile pack）的所有24匹成员。阿拉斯加州相关负责人坚持认为，这种管理模式有助于保护以捕猎为生计的农村居民，从而缓解人兽冲突。然而事实是，在阿拉斯加，驯鹿的种群数量并没有因此而增加。"一个州如此广泛地损害一个联邦保护地区的生态完整性，这在我国绝无仅有。"PEER发言人理查德·斯坦纳接着说，"我不得不说阿拉斯加的做法是愚蠢的，这种行为表现几乎与恶意报复无异，也破坏了一代人对捕食者—猎物动态关系的极其宝贵的研究。"公园负责人格雷格·达吉恩（Greg Dudgeon）补充说，阿拉斯加不可持续的管理方式导致了狼的数量急剧"从自我维持状态陷入需要从其他地区重引入的困境"。

自2001年以来，国家公园管理局已经向阿拉斯加的狩猎董事会请求了60次，"以取消那些不公正地操纵阿拉斯加的国家保护区的捕食者—猎物平衡捕猎行为，但一次又一次，都被该委员会拒绝了。于是，国家公园管理局不得不一次又一次地推翻狩猎委员会的猎狼决定"。[17]尽管如此，冬季猎狼一直在继续。对于我们这些在过去的几十年里无奈地目睹阿拉斯加状况的人来说，这似乎是一场无休止的争辩。一些人操纵着所有的野生动物，为猎人们提供更大的猎物种群，从中攫取利益，而公众抗议和游行抵制活动都被忽视了。1997 年，美国国家科学院对阿拉斯加的捕食者控制政策发表了评估：野狼管控的战斗"可能会无限地持续下去"。这一预测在今天看来仍然是恰当的。

在阿拉斯加的联邦野生动物官员维克·拜伦伯格（Vic Ballenberghe）说："阿拉斯加需要开始思考保护伦理问题。作为美国最大的野狼种群管理者，阿拉斯加必须在管理和保护狼方面与世界其他地区同步，尽可能在有狼的地区保护好这一原生物种，并在已灭绝地区恢复狼。"

与阿拉斯加许多狼一道，狼最强有力的保护者之一也死去了。[18] 2009 年的一天，用了 40 年时间在阿拉斯加致力于保护狼的科学家戈登·哈伯，因外出研究时乘坐的飞机坠毁后发生大火，不幸去世。两个阿拉斯加的长期居民听到了哈伯飞机的盘旋声，随后便陷入诡异的寂静之中。[19] 狼开始嗥叫，之后是不停地嗥叫。这些居民回忆说，当天狼嗥叫的持续时间比他们在以往任何时候听到的都要长。2016 年春季的一份报告指出，在狩猎营地附近流浪的最后一匹来自东福克狼群（East Fork pack）、佩戴无线电项圈的雄狼被射杀了。他的配偶和两匹幼崽在这之前已经消失，只留下被遗弃、杂草丛生的狼窝。如果哈伯还活着，要是他听到新闻里传来迪纳利国家公园的东福克狼群现在可能死绝了的噩耗，会作何感想？

东福克狼群是迪纳利地区 9 个被监控的狼群中比较大的一个。《华盛顿邮报》（Washington Post）指出："这个家族的衰落是迅速而富有戏剧性的。"[20] 该公园的生物学家布里奇特·博格（Bridget Borg）解释说："在过去的一年里，东福克狼群的死亡中，约 75% 是由于人类的陷阱诱捕和狩猎造成的。"这一损失是巨大的，因为从 1939 年开始，有关部门便对当地大型哺乳动物家族进行长期研究，至今已经持续了 70 年，足以与珍·古道尔对贡贝（Gombe）黑猩猩的研究相媲美。

　　国家公园管理局提议在阿拉斯加禁止捕杀带崽的母狼。[21]该局还拟定了一项规定，即先发制人地禁止以"意图和有潜力改变或操纵自然捕食者—猎物动态"的方式来管理狼。换句话说，不要只为仅关心猎物的猎人而管理野生动物。2016 年，USFWS 明令禁止在阿拉斯加的 16 个野生动物避难所捕猎顶级捕食者，除非需要"回应对保护的考虑"。USFWS 的局长丹·艾希（Dan Ashe）说，新的限制措施是对阿拉斯加狩猎董事会正在进行中的"强化捕食者管理"的回应。艾希解释说，阿拉斯加狩猎董事会加强对捕食者的管理并不是建立在可靠的捕食者—猎物关系的科学基础上。正如他在《赫芬顿邮报》（*The Huffington Post*）的一篇专栏文章中所写的那样，"在过去的几年中，阿拉斯加狩猎董事会对熊和狼发起了猛烈的攻击，这与美国悠久的伦理道德、体育运动精神、公平追逐狩猎的传统完全不一致"。他的结论是："是时候了，USFWS 必须挺身而出说'不'，以捍卫我们工作的权威和原则。"

　　新上任的无党派州长比尔·沃克（Bill Walker）在有些方面对生态环境的变化更敏感，实际上他曾公开表示反对露天铜矿开采。[22]沃克承诺，阿拉斯加将以现实的方式面对气候变化。在这个新的世纪里，他将如何处理野生动物的管理行动？在 2015 年的一个仪式上，阿拉斯加的特林吉特和海达印第安部落（Tlingit and Haida Indian tribes）接纳沃克为卡格瓦安塔安氏族（Kaagwaantaan Clan，意为"狼氏族"）的荣誉成员，这对阿拉斯加的官员来说是一个难得的荣誉。沃克在部落中的荣誉称号为"Gooch Waak"，意思是"狼的眼睛"。

　　州长沃克会否与前面的民主党籍州长托尼·诺尔斯一样，改变对狼的致死管理方式？他是否真正会与国家公园管理局合作，再次保护迪纳利的狼？越来越多的阿拉斯加民众要求用一种新的方式与野生动物共享土地。只有当野生动物发烧友平衡狩猎收益时，阿拉斯加的野生动物管理政策才有可能最终反映出我们所有人的声音（意愿），其中包括那些为狼发声的人。在此之前，阿拉斯加最后的边界（Last Frontier）——它管理野生动物的模式，仍然是一位标本剥制师的梦想，但对狼来说是却一场噩梦。

几年前，我受邀在美国西部中心（Center of the American West）赞助的大会上发言。在一个看待野生动物的新方法的小组讨论中，我们的主持人是历史学家帕特里夏·纳尔逊·利默里克（Patricia Nelson Limerick）——《征服的遗产：美国西部完整的过去》（*The Legacy of Conquest: The Unbroken Past of the American West*）一书的作者。她问了所有小组成员这个问题："如果我们能以某种方式回到过去，采访一百年前我们在西部的祖先，我们或许会问他们：'从你们那时以来，发生的最令人震惊的事情是什么？'他们可能会说什么？"

利默里克是麦克阿瑟奖（MacArthur Fellow）获得者，她以回答她自己的这个问题的答案作为我们小组讨论的总结。她说："最根本的改变不是像汽车或飞机这样的发明，也不是我们现在认为理所当然的惊人技术。对于那些早期的定居者、拓荒者或农（牧）场主来说，最令人震惊的事实是：动物现在有了代表它们权利的人类律师，这一激进的变化将使那些老西部人感到无比惊奇。"[23]

在将近 1/4 个世纪以前的阿拉斯加狼峰会上，我们正处于将野狼重引入属于美国本土 48 个州的黄石公园野外的风口浪尖；这是一种顶级捕食者的回归，在当时和现在都得到大多数美国人的强烈支持。狼在美国的再野化（rewilding）将使我们惊叹不已。

第 3 部分

恢复与强烈的反对

第 5 章

黄石公园：狼的天堂

　　"世上有多少人见过野外的狼？"我身旁一个魁梧的男人低声问。当轮到我时，他将通过单筒望远镜观察狼的位置让出来。

　　我站在海拔 7 000 英尺的黄石地区的拉马尔山谷（Lamar Valley）的山腰上，但冰靴不时从光滑的斜坡往下滑。我努力保持平衡，急切地在三脚架上的望远镜视野里搜寻狼的身影。黎明的曙光正在升起，一道金色的微光在冬日的群山中摇曳。这是 1995 年 4 月，我们在黄石公园见证了在消失 70 年之后，重新回归的那第一群狼。当年 1 月，14 匹狼已经在加拿大阿尔伯塔省被捕获、戴上无线电项圈，并被转移到黄石公园的适应性围栏中。这群由成年狼和狼崽组成的所谓"奠基者狼"（founder wolf），在黄石公园开始了他们在后来被认为是美国历史上最伟大的保护故事的新生活。

　　在山谷下面，6 匹狼在铺满雪的草地上奔跑着。他们中大部分呈木炭色，其中最大的一匹还夹杂着灰色。狼群排成一队，游过了冰冷的拉马尔河（Lamar River）。然后 4 匹一周岁左右的小狼（yearling）扬起尾巴，开始在对面的河岸上追逐、打闹成一团，欢乐地玩耍。

"这就是整个狼群了！"一个女士兴奋地叫道，而她整个冬季都在观察这群狼。"他们正在玩耍。"

"嘘！"公园管理员里克·麦金太尔轻声提醒她要保持安静——即便我们在距离狼1英里之外，狼也能闻到、听到、看到我们。麦金太尔是黄石狼项目（Yellowstone Wolf Project）的生物技师和兽医，也是资深"狼讲解员"。

"狼似乎做出决定，允许我们观察他们。"麦金太尔压低声音解释说，"我真的很惊讶，因为我们看到水晶溪狼群（Crystal Creek pack，即克里斯特尔克里克狼群）所有6匹成员。我们真太幸运了！"

"我已经研究狼10年了，但此前从来没碰到过这样的情况。"来自位于爱达荷州凯彻姆（Ketchum）的狼教育和研究中心（Wolf Education and Research Center, WERC）的苏珊娜·莱弗蒂（Suzanne Laverty）低声说。她站在我旁边，通过另一架单筒望远镜观察："狼让我们看到他们真实、日常的家族生活。"

"对！"麦金太尔笑着说，他那一头浓密的红发还带着霜雪，"多数野生动物学家在几十年的研究中都没有看到过。"

"这里不是动物园，因为动物园里的狼被限制在适应圈养的行为模式中。这里是荒野，是野狼曾经称霸的领地。现在他们已经正大光明地回来了。"

"你看到他们中那匹体型大、浅灰色的狼了吗？"麦金太尔问道，并帮我调整望远镜的视野。与小狼不同，高大的成年雌狼看起来很专心，鼻子高高地抬起，嗅闻起空气中的味道。"这个水晶溪狼群很幸运，由一匹占主导地位的雌狼统治。我们把她叫作F5 ①——那是科学

---

① F5的照片和黄石公园最初的狼在1995年时的图表，参见迈克尔·K. 菲利普斯（Michael K. Phillips）、道格拉斯·W. 史密斯（Douglas W. Smith）和泰里·奥尼尔（Teri O'Neill）于1996年在明尼苏达州斯蒂尔沃特（Stillwater）的旅行者出版社（Voyageur Press）出版的《黄石公园的狼》（The Wolves of Yellowstone）第46—47页。

研究上的谱系名称（stud name）。她和她的雄性伴侣年龄较大，经验丰富，这将帮助 4 匹更年轻的幼崽在这里生存。"

麦金太尔笑了，告诉我们 F5 在刚到达黄石公园的时候，直接从栏舍里跳出来。其他在这里的狼——有时被称为水晶台狼群（Crystal Bench pack，即克里斯特尔本奇狼群），在经过 9 个星期的适应性训练之后，已经有些迟疑地，甚至有些羞怯地探索这片新的荒野。在春分那天，围栏被打开，一只马鹿的尸体被当作奖赏提供给他们，在围栏里面待了 10 天的水晶溪狼群后最终就这样离开围栏。他们晚上偷偷溜出去捕猎，然后回到附近的安全地带。我记得《纽约时报》有一篇文章《狼离开了黄石的围栏，似乎在庆祝》（*Wolves Leave Pens at Yellowstone and Appear to Celebrate*），国家公园管理局资深生物学家道格拉斯·史密斯（Douglas Smith）在文章中描述他目睹这个水晶溪狼群最终来到围栏外的过程。这些狼站在山坡上，审视、勘察着新领地。"他们跳跃、玩耍，并巡查周围的事物。"史密斯说，而他们的嬉戏"表明刚刚的解放"。[1]

"这些狼真的会在黄石公园待下去吗？"有人问麦金太尔。

人们总是担心这些加拿大狼（Canadian wolf）会离开黄石公园，沿着踪迹返回他们原来的家园。因此，生物学家们给这些加拿大狼都戴上无线电项圈，希望他们能够找到配偶并产生后代，以恢复灰狼在黄石公园与生俱来的生存权利（birthright）。

麦金太尔微笑着说："F5 是真正的探险者。"

在拉马尔山谷，F5 是狼群的首领。此时她稍微领先家族其他成员，专注于探寻我们人类感官不能感知的东西。很明显，她能做到。她抬起美丽的头颅，先在空气中嗅闻，然后开始兴奋地飞奔。[2]

"她在到处寻找郊狼的洞穴。"麦金太尔低声说，"狼群的雌性领导者的重大选择决定整个家族的命运——什么时候行进，什么时候休息，去哪里打猎。"

我们这两架望远镜转向，聚焦于这匹美丽的雌狼首领（alpha female wolf，即阿尔法雌狼）F5。突然，她跳了起来，然后扑向一个隆起的小山丘。她拼命地挖，用力地抓着，直到腹部深深地钻进洞里。伴随着尾巴抬高、背部和臀部拉起，她从牙齿里慢慢地吐出一只毛茸茸的东西。那是一匹小郊狼！

"噢，我看不下去了！"有人说。

"我们不是在迪士尼乐园里。"另一个人低声说，"这就像我们去麦当劳一样。"

我不去管这些言论，专注地观察山谷下面正在上演的生动一幕。那匹小郊狼被死死地咬住，腿无助地抽动，还在试图逃跑。我看着 F5 拖出更多的郊狼，用撕咬、甩动的方式杀死了他们。四匹狼崽观察着母亲的每一个动作，学习捕猎的世代智慧。

狼和郊狼在同一个健康的生态系统中竞争。通常情况下，狼只会把郊狼从自己的领地上赶走，但有时狼会杀死并吃掉这些体型更小的犬科动物。[3] 对于这些第一批回归黄石地区的狼而言，郊狼是很容易抓到的猎物。在没有狼的数十年里，郊狼在这里很繁盛，数量众多。事实上，狼在黄石地区有异常丰富的猎物可供选择和猎捕——从马鹿到美洲野牛的各种有蹄类动物，甚至是水獭和野兔。生物学家兼作家道格拉斯·史密斯说："从 1995 年开始，黄石公园成了狼的天堂，而这个生态景观也逐渐恢复。"[4] 自从狼被重引入到这里，史密斯就一直研究他们。

这些野狼现在出现在我们的视野中，使得黄石公园成为人们的天堂。"今年到目前为止，我们已有超过 2 000 人幸运地目击到狼。"麦金太尔自豪地告诉我们，"我们正在这里观看历史。"

在黄石公园重引入狼之后的 20 年里，这位致力于研究狼的科研人员极少错过观察狼的任何一天。麦金太尔会举着无线电天线来追踪狼的活动轨迹，还会在每天凌晨 3 : 45 准时叫醒狼观察者，就像黄石公园的"老忠实"（Old Faithful）喷泉一样稳定、可靠。他每年都会在黄石公园里记录成千上万名游客的数据，并帮助他们观察狼。他将变得与狼一样出名。[5]《户外》（Outside）杂志称他为"狼贩子"（Pack Man）①。[6] 卡尔·萨菲纳（Carl Safina）在其畅销书《无以言表》（Beyond Words）中，这样描绘麦金太尔："他盯着狼的时间比以往任何人都要长，也可能比任何不是狼的生物都要长。"

1995 年的冬天，也就是第一批狼被重引入黄石公园之时，麦金太尔就已着手建立数十年的狼和他自己家族的历史档案。麦金太尔瘦削而健谈，而他的苏格兰血统通过友善和满是雀斑的脸、讲故事的技巧得到展现。麦金太尔对狼的情结源自他的苏格兰高地（Highland）的祖先们。麦金太尔的格伦·诺埃（Glen Noe）家族的祖先生活在苏格兰高地的山谷里长达 8 个世纪，但当作为佃农的他们被英国人从土地上赶出去后，就被迫为征服者充当捕食者控制代理人和野狼杀手。在其经典著作《反狼之战》中，麦金太尔在序言"生态谋杀的见证"（Witness to Ecological Murder）中这样写道："据报道，最后的高地狼在 1743 年被摧毁……这要归因于我的祖先勤勉的灭狼工作。狼因为羊失去了家园。"[7]

在 1993 年阿拉斯加狼峰会之后，我代表《西雅图时报》采访了麦金太尔。他讲了一个令很多读者吃惊但又是科学事实的故事。

"波特兰动物园曾经雇用了一个 13 岁的女孩来观察圈养的狼，"麦金太尔说，"但小女孩的发现激怒了动物园的生物学家，因为她注意到阿尔法雌狼实际上是家族的首领。这位生物学家当时还准备开除那个

---

① 在英语中，"pack man"兼有"打包人"之意。——译者注

女孩，但是后来决定和小女孩一起到野外进行调查。他们果然发现，确凿的事实表明，雌狼首领在狼群中处于统治地位。"

在那个时代，关于雌狼首领怎样领导狼的家族的科学研究很少，而研究狼的人大多是诸如戴维·梅奇（David Mech）、维克·拜伦伯格、罗尔夫·彼得森（Rolf Peterson）、迈克·菲利普斯（Mike Phillips）这样的男性动物学家，戴安娜·博伊德（Diane Boyd）则是一个例外。她在蒙大拿冰川国家公园（Montana's Glacier National Park）从事狼研究已经有 20 年。"过去 20 年，我一直在努力应对客观科学与主观宣传之间存在的冲突问题。"她承认这一点，"我的结论是：对你所研究的动物有感情是可以的，不会有损害你的科学信誉的风险……科学事实和研究热情不应该互相排斥。如果我不爱这些动物，我就不会选择一生致力于研究它们。"[8]

我们都被麦金太尔的狼回归黄石公园后在首个冬天的故事深深吸引，以致忘记了清晨的寒冷。尽管保温杯里的咖啡不热了，脚冰冷麻木，耳朵也冻得通红、开裂，但我们仍不情愿从望远镜旁或山顶的观察点离开。现在阳光照在雪地上，渐渐掠过湍急的拉马尔河。水晶溪狼群停留在有些泥泞的河岸边，全体显得慵懒而惬意，看来他们的肚子不饿。两匹雄性小狼互相撕咬、追逐、打闹、嚎叫，而两匹成年狼则依偎着躺在一起，就像任何父母一样溺爱地注视着他们的孩子。

在有些舍不得地把望远镜交给另一个狼观察者之前，我惊讶地发现在距离狼家族几百英尺之外有几头巨大的野牛。它们好像在打盹，蓬乱的毛发随微风起伏。

"为什么离狼不远处的野牛显得那么悠然自得？"我问麦金太尔。

他笑着说："不像我们，狼知道什么时候吃饱了。"他轻轻地拍了拍我的肩膀，示意我朝树林方向看一下。"在那边的树林边。"他指着说。

　　我把目光重新聚焦在冰冷的望远镜上，发现一匹小狼摇着尾巴跑上雪堤，同时看到一只马鹿在雪地上追逐着他。显然，这是一种捕食者—猎物角色的反转游戏，而马鹿和小狼似乎乐在其中。

　　麦金太尔解释说："马鹿、叉角羚和其他有蹄类都有机会逃脱狼的追击。""野牛可以战胜狼，羊爬得比狼高。狼也经常挨饿，所以他们必须为晚餐而努力。"

　　黄石公园里的狼是《饥饿游戏》（*The Hunger Games*）的另一版本。当他们能控制数量过剩的马鹿和其他鹿时，他们的种群数量就会增加，然后在年平均增长率达10%时平稳下来。到2016年5月，狼的种群数量稳定下来，共有10群99匹狼。由于在所有狼家族中，通常只有首领夫妇才能繁育后代，因而狼能自我调节家族的群体大小。[9]在自身的繁殖自我控制和饥饿中，狼知道什么时候该生殖和什么幼崽数量是足够的。在食物资源匮乏的年份，经常有饿死的可能性的狼只是决定不繁育，这种生理上的预见性对物种的长期存续相当重要。狼避免生过多的幼崽，否则狼崽们可能会自相残杀。在黄石公园，狼的主要猎物是马鹿，但随着野牛数量的增加，他们也会捡食因凛冽的寒冬或意外事故而死亡的野牛尸体。

　　"轮到我了！"苏珊娜·莱弗蒂轻拍我的肩膀，我把望远镜交给她。

　　苏珊娜调整了视野的范围，并聚焦在雌狼首领身上。那匹木炭色、体型硕大的狼抬起头，转向我们，专注地嗅闻起空气中的气味。

　　"她想弄清楚我们是不是对她们有威胁。"麦金太尔低声解释说。

　　苏珊娜吹了一声长而柔和的口哨。"狼好像看穿了我们，不是吗？"她低声说。此时雌狼首领的伴侣也跳过去，和她一起注视着我们所在的山坡。

　　我们都一动不动，生怕惊吓了他们，使她们消失在森林。我不再摆弄望远镜，没有了望远镜的技术亲密感和人造的眼睛，而是用肉眼向狼群望去。我能直接感受到狼凝视的目光，就像一束带着热和光的激光照射进我的身体里。我意识到，狼也正在观察我们。首领夫妇正在嗅探、分析我们的气味、距离和意图。我们和狼群好像都被困在令人不安的"平等捕食者亲密关系"（intimacy of equal predator）中，即相互觉得对方是威胁的状态。

当我们用望远镜继续盯着处于打盹状态中的水晶溪狼群时，麦金太尔介绍黄石公园另外两个重引入建群的原始狼群（original pack）——索达孤峰狼群（Soda Butte pack）和玫瑰溪狼群（Rose Creek pack，即罗斯克里克狼群）。索达孤峰狼群由4匹成年狼和1匹幼崽组成，玫瑰溪狼群由2匹成年狼和1匹幼崽组成。所有这14匹来自加拿大阿尔伯塔的第一批狼，是黄石公园几乎一个世纪以来狼发展壮大的基础种群。

麦金太尔解释说："玫瑰溪狼群在水晶溪狼群北边。""他们的雄狼首领（alpha male wolf，即阿尔法雄狼）——10号，真的很特别。在适应性围栏里，他马上和并不熟悉的9号雌狼结合在一起，并与她1岁大的女儿混熟了。""当生物学家们打开围栏释放他们时，10号迅速地离开了，但雌狼们由于害怕并没有马上离开。然后安静而赤诚的10号在围栏旁耐心地守候了他的伴侣几天，直到9号从围栏里出来。"麦金太尔笑着说。"他们一起去开拓领地、建立新家。一个月以后，9号临产了，10号就为他的伴侣外出捕猎。"麦金太尔接着说。

10号是黄石公园重引入的狼中体型最大、最自信的那一匹。[10] 当生物学家靠近适应性围栏时，他一点也不害怕，因此，他得到了他们的尊重和钦佩。道格拉斯·史密斯指出，这匹体型巨大的深灰色狼拥有"惊人的、肌肉发达的权威表现……10号不只是自由的。他重新掌权了！"在确立为玫瑰溪狼群3匹狼的雄性首领后，10号表现出了忠诚、负责和自信的特质。研究人员也经常看到显露出侧影的10号在山脊上为他的家族而嚎叫。

　　这也是为何蒙大拿州雷德洛奇（Red Lodge）的猎熊人查得·基尔希·麦基特里克（Chad Kirch Mckittrick）率先目击到10号雄狼的。一天早上，麦基特里克和他的好朋友达斯迪·斯汀麦瑟（Dusty Steinmasel）正在喝啤酒，商量着怎么把他的皮卡从泥地里拖出来。托马斯·麦克纳米（Thomas McNamee）在《户外》杂志曾经报道这件事，文章中陈述如下。

　　"那里有一匹狼，达斯迪。"麦基特里克说，"现在他是我将射杀的猎物了！"[11]
　　"你确定吗？"斯汀麦瑟问，"那或许是一只狗呢。"
　　"是狼，"麦基特里克争辩道，"肯定是一匹狼！"
　　"查得，不要那样做。"斯汀麦瑟恳求道，"万一是某人的狗可怎么办？"
　　"是狼，没错的！"麦基特里克说。他瞄准了目标……
　　随后，斯汀麦瑟就看到那匹狼先是四处打转，同时舔舐背上部的伤口，然后轰然倒下，接着两次蹬腿，最后一动不动地躺在地上。
　　"为什么？"斯汀麦瑟哭喊道。

　　狼身上的无线电项圈仍在发射信号，联邦政府工作人员一直在后台监测。这两个男人面临艰难的决定。他们把死狼吊起来，剥去他的皮，连同无线电项圈一起带走。麦基特里克决定留下狼的头骨，于是他把狼头和狼皮装进垃圾袋里，准备带回家。斯汀麦瑟坚持认为应该向当局自首，但麦基特里克不听劝说，决定继续去猎熊。斯汀麦瑟感觉内心十分愧疚和不安，就把无线电项圈扔进一条小溪里，而且他想知道项圈是否还在发射信号。"他希望麦基特里克被抓到。"麦克纳米写道，"他自己也想被抓住。"

斯汀麦瑟和麦基特里克不知道的是，10号雄狼佩戴的无线电项圈现在正以"死亡模式"发射信号，而且USFWS正在试图找到该项圈。与此同时，10号的伴侣，即同样戴有项圈的9号雌狼，已经进入窝里，准备分娩自从消失60年后的第一代黄石公园土生土长的狼崽。她所不知道的是，她的伴侣再也回不来帮她养育儿女了！没有了10号的保护，这个家族危在旦夕。没有了孩子的父亲去打猎并把食物反哺给她，9号有足够的力量和营养哺育子女吗？狼研究专家、USFWS的蒙大拿项目负责人乔·方丹（Joe Fontaine）开始把死于车撞事故的动物尸骸带到9号所在的洞穴，希望她不要恐惧，不要放弃抚养幼崽。

USFWS、野生动物卫士组织和美国国家奥杜邦学会还奖赏提供杀狼者信息的人。同时，方丹负责追踪9号雌狼移动的信息。5月的一个早上，方丹在一株云杉下发现了一处有翻刨痕迹的雪堆，里面是8匹正在呜咽的新生狼崽。有人在附近发现并报告一具硕大的无头狼死尸，尸体被剥皮并缠在绳子上——原来是9号雌狼在她死去的伴侣旁边挖了一个窝。后来动物学家们认定，就在10号被打死的同一天，9号生下了孩子。为了让9号及其幼崽们能安全地活下去，黄石公园的科学家们决定把她们捕捉并放到适应性围栏里面，希望在以后再释放。

麦基特里克和斯汀麦瑟也被抓捕归案，并且承认了杀狼行为，但麦基特里克声称他当时以为射杀的是一只野生犬。让人惊讶的是，当地竟然有很多麦基特里克的崇拜者，认为他杀狼是英雄行为，还争相给他买啤酒，请他签名。有些人甚至鼓励麦基特里克竞选州长，但是他只沉沦于纵酒和寻欢作乐。虽然一位法官已经警告麦基特里克要放下猎枪，待在家附近，但还是"有人看到他朝空中射击，并经常戴着一顶黑色牛仔帽，不穿衬衫"。蒙大拿州陪审团认为麦基特里克杀死10号雄狼有罪，后来他被判处在拘留中心服刑3个月、在监狱服刑6个月，并监督释放 1 年。他还被判处当再次有收入时缴纳罚金 10 000 美元，以弥补抓捕、监测和释放 10 号雄狼的花费。

狼研究者道格拉斯·史密斯在他非凡的书《狼的十年》（ *Decade of the Wolf*）中盛赞了 10 号雄狼：

> 在很多方面，10 号都是这次重引入狼的理想典范：他既是狼卓越力量的象征，只要得到机会，狼便会繁盛；又提醒我们，当面对能将他们从地球上抹去的人类时，狼的这种生活力（vitality）是多么脆弱。

9 号和 10 号的第一窝孩子在适应性围栏里渐渐长大。在此过程中，水晶溪狼群的一匹雄性小狼 8 号经常来到围栏外，逐渐和 9 号及其 8 匹幼崽建立了友好关系。等到了她们即将被释放的时候，年轻但忠诚的 8 号会加入这个家族。

里克·麦金太尔寄给我一张照片，它不仅展示了 10 号雄狼统治力量的遗产，也透露了这些狼改变世界和我们的方式。在那张照片中，乔·方丹站在雪山环绕的背景前，自豪地举起一匹在黄石公园出生的第一代狼崽——那是 9 号雌狼和 10 号雄狼的后代，约 3 周大、5 磅重。这匹狼崽全身覆盖着浓密的金色毛发，圆溜溜的黑色小眼睛直视着相机，还用小爪子抓着方丹的手指。方丹是著名的野生动物学家，擅长惟妙惟肖地模仿狼父母呼唤孩子的叫声，而新生狼崽能识别他的呼唤并经常做出回应。这位留着胡须的年轻学者脸上浮现出自豪的神情，如同任何蒙大拿州的陷阱捕猎者和猎人炫耀野外战利品一样。但是，方丹的肩膀上没有猎物的尸体，他也没有步枪或金属猎套，并不能宣扬高超的狩猎技能。相反，他在小心翼翼、保护性地举起狼崽并展示给全世界看的同时，微微一笑。在那瞬间，他就像一个骄傲的父亲。

方丹曾写到他发现 9 号雌狼的洞穴时，"我激动得想向整个世界发出欢呼，9 号诞生了黄石公园生态系统 60 年来第一窝狼崽！但是，那里只有我和狼崽，以及森林的静寂"。他对所有帮助狼重返黄石公园的人都给予了赞扬和感谢。方丹在最后写道："能成为这个刚刚赢得野生动物管理冠军赛的团队的一分子，我感到谦恭和自豪。"

在 1995 年，站在那个山腰上的我们还不知道 9 号和 10 号的幼崽的命运，但我们希望他们能存活下来并且抚育更多的后代。

"啊，太棒啦！"我身边一个魁梧的男人低声对我说，"请查看一下狼妈妈和她的幼崽们。"

我们把望远镜摇向 F5，看到两匹狼崽正欢快地跳向她。F5 在地上打了一个滚并露出腹部，但她不是为了喂奶，而是为了让他们在自己怀里玩耍。我们没有料到的是，这些雄性小狼中的一匹不久后将成为 9 号和 10 号的孩子的父亲。接下来我们发现 F5 突然跳了起来，用硕大的狼爪并略带愠色地压在一匹淘气、试图僭越的幼崽身上，以彰显权威。然后，这个狼家族开始行动，各自跳跃着穿越溪流，身后溅起的水花像喷泉一样在寒冷的空气中升起。

当时和我一起站在黄石公园山腰上的人中，有几个是远道而来，第一次见到野狼；其他人如麦金太尔和我几乎天天与狼打交道，记得狼群的故事，并像对摇滚明星一样追踪特定狼群，对狼再熟悉不过了。由于在接下来的 20 年里，有数以千万计的游客目睹黄石公园的野狼（仅 2015 年就有 410 万人），因而特定的狼将会成为在人群中长期口耳相传的主要角色。狼群牢固而复杂的家族纽带关系和权力斗争类似我们人类社会。《纽约时报》的科普专栏作家威廉·斯蒂芬（William K. Stevens）描述道：狼"就像狗一样，有多种多样的个性特质。狼的社会生活关系是等级分明的，但狼的直系后裔关系则像人类。狼群内的社会生活是一种优势地位（dominance）关系和人们称为'情感'（affection）的东西的混合体"。[12]

麦金太尔在给我们讲述的时候重复了这一点，说："没有其他任何两个物种的行为像人类和狼这么相似。"他后来还告诉记者："一些狼在狼群中扮演的角色，甚至比我在人类社会中的角色表现得更好。"[13]

从加拿大引进黄石公园的第一批14匹狼将会吸引更多人注意和驻足，他们的故事将会被越来越多的人熟知。狼重引入计划的长期支持者、受尊敬的劳里·莱曼（Laurie Lyman）会每日更新关于狼的日记和博客，还主办了《黄石报道》（*Yellowstone Reports*），这份刊物已经受到了众多忠实读者的热切关注。[14] 当我们看到狼时，是什么令我们着迷？也许是我们从狼身上看到了为保卫家族领地而拼搏的斗争精神，以及他们的激情（passion）和悲惨的损失。大部分野外的狼是由于暴力致死，很少是因为年迈而自然死亡。就像美剧《权力的游戏》（*Game of Thrones*）中各个家庭互相争权夺势一样，黄石公园里的狼为了获得权势、优势地位，各个家族也都在明争暗斗。事实上，《权力的游戏》这一畅销书的作者——乔治·马丁（George R.R. Martin），就是一位忠诚的狼拥护者。[15]2015年，马丁为新墨西哥的一个狼禁猎区（wolf sanctuary）筹建项目发起号召，承诺给捐赠人的回报就是"从中选取两位，写进（然后被杀掉！）他即将出版的《凛冬的寒风》（*Winds of Winter*）一书。"

黄石公园里最受人瞩目的狼之一是形体消瘦的42号雌狼，她被戏称为"黄石灰姑娘"（Yellowstone Cinderella）。她的传奇充满了嫉妒、竞争和手足相残的情节，反映了我们人类最经久不衰的故事，因此广为流传。与人类相似，狼同胞之间从出生起就开始为父母关爱、食物、等级而竞争。黄石公园里另一群从加拿大引入的原始狼群——德鲁伊特狼群（Druid pack），可能是世界上最受关注的狼家族。[16]1996年，一匹性情暴烈、野心勃勃的雌狼 40 号，打败了她的母亲 39 号，成为这个家族新的雌狼首领。随后 39 号不得不逃离这个家族，游荡出了公园边界线，被误认为是郊狼而遭到射杀。在 1997—2000 年，40 号这位"铁爪领袖"，弃姐妹之情不顾，使用武力令她的同胞妹妹 42 号屈服。40 号只要有机会就会欺凌、攻击妹妹。即使遭受喜怒无常的姐姐再三欺辱，灰姑娘—— 42 号也从不还击。但是作为狼迷们最喜欢的角色，42 号后来明智地与家族中其他姐妹结成了联盟，其中就有她的两个姐姐 103 号和 105 号。

当灰姑娘试图在家族附近挖自己的洞穴时，40 号通过跟踪发现了这一情况，再次凶狠地攻击她。灰姑娘还是没有抵抗，只是低眉顺耳地躺在地上，表示臣服，然后放弃了洞穴。生物学家不确定残暴的 40 号是否已经杀害了灰姑娘的孩子，或者灰姑娘挖洞只是"假孕"的征兆。如果灰姑娘确实产下了幼崽，那么很不幸，他们都没能存活下来。道格拉斯·史密斯在他的文章《42 号的形象特征》(*Portrait of Wolf Number 42*) 中这样写道："脾气暴躁的 40 号用绝对权威统治着兄弟姐妹们。"但是当 40 号产下幼崽时，却没有一个姐妹愿意帮忙抚育。这匹专制的雌狼首领只能依靠她的伴侣，也就是"长期有耐心的雄狼首领 21 号"。

就像人类家庭，最终虐待兄弟姐妹的行为往往会受到惩罚。这是我们在故事中等待的——善有善报，恶有恶报。当光明降临时，阴霾必将散去；暴政被推翻，人民必将欢呼，正义终将战胜邪恶。

当灰姑娘有自己的幼崽时，她的同盟（包括忠诚的姐姐 103 号和105 号）就帮她照料。她们会带给灰姑娘很多食物，以便她哺乳新生幼崽。此时作为雌狼首领的 40 号在附近有了另一窝幼崽。通常狼妈妈会在孩子 5 周左右断奶，在这之前，她几乎不出窝。在孩子们大约 6 周大的时候，灰姑娘才在成为母亲后，首次冒险跟随同盟姐妹们一起外出狩猎。不幸的是，也就在那一天，40 号发现了灰姑娘和 105 号。就像以往一样，残忍的雌狼首领 40 号毫不留情地攻击了灰姑娘，随后便径直走向灰姑娘的洞穴和孩子……当黑夜降临后，黄石公园的生物学家开始深深担忧，德鲁伊特雌狼首领 40 号很可能会醋意大发，杀掉灰姑娘所有的孩子。

那是一个令人焦虑的夜晚。当寒意袭人的黎明到来后，出人意料的结果才被揭晓。家族的长期统治者——40 号身上血迹斑斑，几乎不能站立。她的颈动脉破裂，后颈上的撕咬伤口很深，"伤口深到我的食指探不到底"。生物学家道格拉斯·史密斯说。她身上已有多处骨折，所以生物学家起初推测 40 号可能被汽车撞伤了。由于这被认为是人为造成的重伤，属于"非自然事故"，所以生物学家决定出手对 40 号施以援助和治疗。但是，曾经强大且恶毒的雌狼首领 40 号刚被抬进卡车车厢，便咽下了最后一口气。[17]

生物学家们凑在一起，推测那天晚上究竟发生了什么。很可能 40 号冲向狼窝的目的就是蓄意谋杀灰姑娘和杀婴，但灰姑娘与两个长期且忠实的姐姐（103 号和 105 号）的联盟反而摧毁了暴君。"40 号缺少盟友。"道格拉斯·史密斯评论道，"也许是到了该偿还的时候。"这次对专横的 40 号的反抗是"第一次科学记录到狼的首领被她自己的下属所杀"。叮咚，女巫死了！就这样，40 号的黑暗统治结束，被无尽压迫但能忍耐的灰姑娘（42 号）一跃成为德鲁伊特狼群新的首领。在一片祥和与团结的氛围下，到 2001 年时，德鲁伊特狼群还有三窝幼崽，成为黄石公园里数量最大的狼家族。

狼的兄弟姐妹有竞争甚至暴力残杀的一面，当然也有团结协作、忠诚友爱的一面。

21 号仍然是这个狼群的雄性首领。此前他每天为性情暴戾的 40

号带来食物，直到 40 号生命的结束。德鲁伊特狼群进入了由 21 号和灰姑娘领导的新时代，但 40 号的新生幼崽也由他们共同抚育。里克·麦金太尔对 21 号面临巨变后泰然处之的表现赞不绝口。麦金太尔指出，这无关优势地位，因为真正的雄狼首领表现出"安静的可靠（confidence）和自信（self-assurance）……知道什么是对狼群最好的。你以身作则……对狼群发挥安抚镇静作用"。[18]

麦金太尔在《纽约时报》的一篇采访中说，他很少看到狼群的雄性首领"表现得对其他成员富有攻击性，不论是伴侣、子女或兄弟姐妹"。21 号和 42 号这对夫妇对家族成员很友善，但当需要御敌时则表现得很强硬。德鲁伊特狼王朝在他们的领导下，进入持续约 5 年之久的和平与繁盛时期。

但是在 2004 年，德鲁伊特狼群不得不面对另一个原始狼群的冲击——那就是我们于 1995 年在拉马尔山谷里看到的水晶溪狼群，而且后者将会变为莫利斯狼群（Mollies pack）。莫利斯狼群虽然个体数量较少，但在与德鲁伊特狼群争夺领地边界上丝毫不落下风，并且最终赢得了胜利。灰姑娘也在这次领地争夺战中不幸遇难，而不是像生前那样在相对平静和非暴力中死去。当道格拉斯·史密斯告诉那些定期前来观狼的人，他们喜欢的那个温柔的灰姑娘已经死了时，很多人都流下了眼泪。[19] 在灰姑娘死去后，所有那些原来用于恢复黄石公园狼的原始奠基者狼都彻底不复存在。但是，他们的后代还在那里快乐地生活，并吸引着数百万的游客。

1995 年，当我们还站在山腰上用望远镜观察水晶溪狼群时，我就意识到能见证这些黄石公园的奠基者狼是一种荣幸和开端。我总是能回忆起那天看到水晶溪狼群集体嗥叫时的场景：他们全体和谐地高昂头颅，发出哀婉而可怕的叫声，由嘹亮到低沉，曲调像弹珠一样弹起又跌落，响彻山谷。狼能相互听到嗥叫声的距离，在开阔空间为 9 英里，在密林中为 6 英里。我们所处的拉马尔山谷的山腰离狼群有 1 英里远，因而能清晰地听到狼的嚎叫声。后来，嚎叫声渐渐消失，开始出现犬吠声。最终，狼群的奏鸣逐渐被淹没在家犬的呜咽声中。

这是我第一次在野外听到真的狼嚎，后来我一直都在听他们的声音。黄石公园里狼的奏鸣让我想起凯尔特旋律（Celtic melody）——《冬天的狼》（Winter Wolf），它伴随着丰富、相互交织的和声：

> 高高地屹立在林线之上
> 嚎叫声在山谷里回荡
> 观望着、等待着。

"在近 60 年里，黄石公园一直有一种不自然的沉寂，缺乏这种在过去成千上万年里几乎每天都能听到的声音。"麦金太尔说，"今年打破了沉寂。"

最后，水晶溪狼群里的幼崽们欢快地举起尾巴，跟着成年狼钻进森林里。等待他们的冒险将会是什么？猎物美餐？休憩？或是更多的玩耍？一切尚未可知。

当我们收拾东西准备回到温暖和可预测的营地时，麦金太尔提醒我们说，狼会花费一天中大部分时间玩耍。然后，他把我拉到一边，让我跟他回到停在一边的卡车旁。接着他便从破旧的防水布下面拿出一张狼皮，小心翼翼地递给了我。

"当我给学生们讲课的时候，我带着这个。"他笑着说，"孩子们总是想摸摸狼皮，去感受冬天狼身上丰厚的皮毛。这就像狼还在这里一样。"

我惊奇拿起厚重的狼皮，手指抚摸银灰色的狼尾。

"看这里，"麦金太尔平静地说，"这就是穿戴时应该的样子。"他把那匹巨狼的头骨放在我的头顶上，又把长长的狼皮像披肩一样覆盖在我的背上，然后把狼的前肢围在我的脖颈上。

我能感受到狼皮传递的温暖和责任。麦金太尔把手轻轻搭在我肩上的狼皮上。

"狼需要讲故事的人。"他说。

第 6 章

营养级联:
故事并非那么简单

科学不仅建立在一直进步的研究的基础之上，而且基于不断更新和日益复杂的理论。"营养级联理论"（trophic cascades theory）就是一个实证。在狼被重引入黄石公园之前的数年里，和在他们逐渐回归的 20 年里，不同的情景在黄石公园生态系统中不断上演。

情景一：没有狼的荒野

一大群马鹿聚集在被侵蚀的河岸周围，很少会警惕地四处扫视。它们悠闲地啃着新生的柳树和棉白杨，从茎叶直到根部都不放过。稀疏的树木很少有机会长高，所以河狸找不到足够的木材去堆建它们的堤坝。这样的结果就是：泥沙淤积在松散的土壤中，河水的流动变慢，能为本地的鱼、两栖动物（蛙类等）提供的栖息地变少了。鹿群在山谷中肆意漫步，因为饥饿而贪婪地啃食植物，同时它们的种群正以不可持续性的方式飞速扩大。在雨林中，蕨类植物铺满了地面，抑制了原本生长健康的下层灌木和矮树丛群落。

在我的家乡华盛顿州，古老的霍赫雨林（Hoh Rain Forest）似乎仍然壮观。但自从最后一匹狼在 1920 年被杀后，古老的树木、河流以及各种各样的动物遭受痛苦的巨变。2009 年，俄勒冈州立大学的生态学家威廉·里普尔（William Ripple）警告说："一旦狼消失了，生态系统将会瓦解。"[1]1909 年，美国总统西奥多·罗斯福（Theodore Roosevelt）创立了奥林波斯山国家纪念地（Mount Olympus National Monument），以保护数量 3 000～5 000 只的马鹿种群。但是自从没有了狼控制马鹿种群数量，奥林波斯山里的霍赫雨林现在便"完全不正常"，出现了生态失衡。[2]另一位俄勒冈州立大学的研究人员罗伯特·柏斯查（Robert Beschta）指出，自从狼从森林中消失后，很少有树苗能长到"超过膝盖的高度"，而且有一个地区在"过去半个世纪里，没有一株新生棉白杨能在马鹿的啃食下存活下来"。他警告说："我们所看到的公园的退化是深刻的。它是灾难性的。"那些两岸曾经被茂密的下层灌木和原木所遮蔽、孕育着美国西北部标志性的鲑鱼物种的湍急河道，正在可悲地缩减，河岸也在崩塌侵蚀。

情景二：狼回归后的荒野

当再次暴露在一个有顶级捕食者的环境下时，马鹿和其他鹿从河岸边和草地撤退。这些被当作猎物的动物对从山坡上追踪它们的狼很警惕，往往躲在正生长繁盛的灌丛中。没有了马鹿贪婪的啃食和剥皮，棉白杨树苗、柳树、铁杉和枫树都发芽了。草木绿叶萋萋，安全地扎根河岸，环境重新焕发生机。有"生态系统工程师"之称的河狸，找到了木材来建造能滋养它们家族的水坝，而且那些由木堆围起来的水域为水鸟、鱼和爬行动物提供了凉爽的觅食和栖身之所。与此同时，鼬类和狐狸捡食狼吃剩下的猎物，蝴蝶欢快地在花团锦簇的草丛间穿梭和传粉，棕熊在繁茂的灌丛中发现了更多的美味浆果，鸣禽在茁壮的树上欢唱和筑巢。由于狼控制了郊狼的过度繁殖，所以公园里有了更多的鼠类和野兔。雄鹰、猎隼不再在退化森林上方的高空滑翔，而是开始窥视地面上躲躲闪闪、来来往往的众多猎物，并决定在这里粗壮的大树上安家；渡鸦也成群结队地回来了。河流恢复了生机。

　　自从把野狼重引入黄石公园及其周边地区之后，关于狼如何增强和帮助滋养整个生态系统的新故事就被反复地讲述和讨论。事实证明，狼可能是最好的野生动物和栖息地管理者。在黄石公园和其他地区狼恢复 20 年后，狼所回归的荒地（wild land，即野地）发生了巨大变化。国家公园管理局的区域首席科学家戴维·格雷伯（David Graber）说："在狼的种群发展到足够大之后，整个生态系统都重新洗牌。"[3]

　　科学家称恢复顶级捕食者带来的好处是由此产生营养级联效应。华盛顿大学的生态学家罗伯特·佩因（Robert T. Paine）是第一个提出专业术语"营养级联"和"关键种"（key species）的人。[4] 狼对猎物的取食和其他行为产生干扰和限制，从而为多种多样的物种共享栖息地打开了大门。俄勒冈州立大学的保护生物学家克里斯蒂娜·艾森伯格（Cristina Eisenberg）将营养级联形容为一种动态的瀑布，一旦像狼这样的关键种恢复了，它就流经整个食物网。[5] 克里斯蒂娜在《狼牙：关键捕食者、营养级联和生物多样性》（*The Wolf's Tooth: Keystone Predators, Trophic Cascades, and Biodiversity*）一书中写道："营养级联是以水生和陆地景观为基础、扩大了的生态系统。"狼和其他捕食者能帮助将荒地恢复成"希望的景观"（landscapes of hope）。

　　这种营养级联的概念根植于 1960 年提出的绿色世界假说（green world hypothesis）——顶级捕食者能帮助世界维持绿叶繁茂和健康。[6] 它还借鉴了一些关于狼等关键种如何通过再生健康的土壤、植被甚至清洁的水来帮助退化的生态系统恢复稳定的前沿研究。"狼培育着整个生态系统。"克里斯蒂娜解释说,"如果我们降低狼的数量或者消灭了他们,整个系统将会变得贫乏甚至崩溃"。

克里斯蒂娜是研究人员中的先锋之一,报道了为什么狼对健康的生态系统如此重要,而且她的研究和著作已经彻底改变了我们看待狼的方式。我是在 2008 年的艾奥瓦州的研讨会"野性、荒野和创造性想象力"(Wildness, Wilderness, and the Creative Imagination)上认识她的。记得我在 2 月飞往艾奥瓦州,勉强熬过了一场暴风雪,但很多时间在受冻。迫于大雪天气原因,我和克里斯蒂娜以及其他作家——包括已故的爱尔兰作家帕特里夏·莫纳亨(Patricia Monaghan)、黑土研究所(Black Earth Institute)的联合创始人迈克尔·麦克德莫特(Michael McDermott)、艾奥瓦州的桂冠诗人兼回忆录作家玛丽·斯旺德(Mary Swande),在舒适的小屋里度过了许多时间。我们围坐在埃米什(Amish)岩石凿成的壁炉附近,用完全干燥的木头烧着熊熊大火。就在那个风雪交加的晚上,我们被这些鼓舞人心的作者环绕,讲着故事——大多数是有关野生动物的故事。

克里斯蒂娜身材修长,深色的头发披在肩上,脸上带着迷人、友善的微笑,她的墨西哥血统也以优雅和好客的方式表现出来。克里斯蒂娜告诉我,她的祖父曾经在靠近西马德雷山脉(Sierra Madre Occidental)的墨西哥奇瓦瓦州(Chihuahua)获得和后来失去面积巨大的农场;这里也紧邻索诺兰(Sonoran)边境荒野,后者是奥尔多·利奥波德在 20世纪 30 年代研究狼的地方。每年夏天,克里斯蒂娜的父亲在牧场里放牛,并为牛仔狩猎野味。在他的鞍囊里,汇集着他最喜欢的欧内斯特·汤普森·西顿写的野生动物故事。尽管他被下令要杀死所有看到的狼,但他指出,狼并没有打扰到牛,也从来没有向他挑衅。

在《狼牙》(The Wolf's Tooth)那本书里,克里斯蒂娜写了她父亲的事。[7] 他怎么也不可能让自己去射杀一匹狼，因为狼群"看上去总是在去其他地方的途中穿过畜群。而且狼的行进方式，以及他们眼睛里的某种东西，迫使他让他们平和地离开"。她的父亲"意识到，根据他的直观经验，狼并不像我的祖父和牧场帮手描述的那样，所以他不会去伤害狼"。

克里斯蒂娜的故事让我好奇有多少牧场主观察到狼无害地穿过牛群的领地，只是为了前去猎杀他们喜欢的马鹿等鹿类猎物。实际上，狼很少捕食牲畜，而牲畜更多死于疾病或者被郊狼、狗、熊和美洲狮杀死。如果狼捕食了牲畜，牲畜生产者可以得到补偿。人们对于狼的误解太深，如果这些统计数据能更广为人知，或者有更多像克里斯蒂娜的父亲这样的牧场主告诉大家关于狼的真实故事，那么我们对于狼是牲畜杀手的刻板印象则会因为有更准确的信息而大为改观。

当克里斯蒂娜和我在炉火旁交谈时，我问她出于什么原因选择研究狼，是否是她祖父和父亲要求她做这份工作的缘故？我注意到，很多狼研究者是在听过有关狼的故事——在许多文化里狼是最具灵性的动物（spiritual animal），才开始他们这份毕生的工作。克里斯蒂娜的回答并不例外，也有这样的故事，而且她还说自己的科学研究是一种服务形式。

在谈话的过程中，我经常觉得对方不仅是一位科学家，而且是一个很会讲故事的人。"我与丈夫和女儿们在20世纪90年代初搬到了蒙大拿州，当时狼刚从加拿大自然引入到那里——他们自己迁移南下。"克里斯蒂娜说，"我们家住在蒙大拿州一个偏远、荒凉的乡村，这片土地毗邻鲍勃·马歇尔和大熊荒野（Bob Marshall and Great Bear Wildernesses），那就好像你家后院是数百万英亩的荒野。一天夜里，我听到一种既原始又完全熟悉的声音——狼的嚎叫声，于是我连忙跑到窗户边听。那些狂野的声音却让人感到安慰——就像在说'欢迎回家'。"

当地的牧场主和研究人员已经向克里斯蒂娜保证过，周围没有狼。但如果有狼的话，也只是寥寥几匹刚回归的狼。她的家庭搬到蒙大拿州并不是来研究狼的。"当时狼对我来说只是一种陌生的动物，"她解释说，"但是后来一切都变了。"

一个夏天的早晨，克里斯蒂娜和她的女儿们正在给花园除草。花园毗邻占地 3 英亩、郁郁葱葱的山地草甸。她们常常能看到山脚下的马鹿一连站上几个小时，啃食富含营养的草和树叶。"我们没有想到，那些马鹿是如此大胆不怕人，它们站着就像草坪上的装饰品一样。"她笑着说，"那时我还不是一个生态学研究人员。这片土地教会了我生态学知识。"

突然，附近的森林爆发出惊叫。一只身材瘦小的鹿又跳又跑起来，伸展四肢，像受惊的纯种马一样飞奔。在它身后是两匹狼，其中大的一匹黑色，小的一匹灰色。"那只鹿向我们的方向跑来，像是为了寻求保护。"克里斯蒂娜说，"它在距离花园大概 20 英尺内停了一下，然后迅速转到草甸的另一边，最后消失在森林里。我们完全震惊了，因为之前从未见过这样的状况。我们呆呆地站在花园那里好一会儿，直到我的一个孩子说：'我们去追吧！'"

克里斯蒂娜已经教过她的孩子们如何辨识灰熊和美洲狮的足迹，以便在偏远的荒野小屋附近徒步和玩耍时发现危险，保护自己。这些技巧意味着她们永远不需要担忧来自捕食者的威胁。"所以我们就跟着狼的踪迹去看了。"克里斯蒂娜加快语速继续说，"我们可以闻到狼的气息，那是一种美好的、混着泥土的味道。我们注意到，在被鹿蹄和狼爪踩踏之后，草正在弹起和恢复原状。我们甚至追踪到那匹灰色的狼转身看我们的那一刻——她已经察觉到我们跟在后面。灰狼肩膀的轻微抖动改变了她的步态，我们在她的足迹上发现了这种变化。我不禁很好奇：在我们的小屋旁，这些狼之前进行过多少次这样的捕猎，而我们根本就没注意到？"

"接下来发生了什么？"我问道。

"狼在灌丛中飞奔时留下了一撮一撮的毛。我把这些毛收集到一个塑料袋里，然后交给林务局的管理员。他对我说：'哦，女士，那是大狗的毛。'"

虽然林务局的管理员对克里斯蒂娜采集到的野外样本不予理会，但狼项目（Wolf Project）的成员汤姆·梅尔（Tom Meier）却非常好奇地看着她拿来的证据。狼真的重新回到了他们原来的蒙大拿领地了吗？"汤姆盯着皮毛样本看了很长时间。然后，他转向我，微笑着。'愿意为我追踪他们吗？'他问道。"

这是克里斯蒂娜研究的开始，这项工作使她成为世界上最顶尖的狼研究专家之一。"在那个夏天我们第一次看到狼之后，"克里斯蒂娜总结说，"我发现我们的草地完全变了。三年内，这片草甸上长出了深深的灌木和乔木。我们一直为康奈尔大学记录鸟的种类和数量。现在，很多莺类出现了，它们只栖息于繁盛的幼龄林中茂密的林下层。这就是我怎样开始研究营养级联的。"

至于克里斯蒂娜首次见到的黑色和灰色的狼，她说："结果证明他们分别是繁殖雄狼和雌狼。两三年后，他们带着幼崽一起来到这里。这就好像狼把家族成员介绍给我们认识一样。"

克里斯蒂娜还将研究顶级捕食者（比如狼和灰熊）与猎物之间关系的恐惧生态学（ecology of fear）。当捕食者从生态系统中消失时，它们的猎物就会像黄石公园里的马鹿和其他鹿一样数量过剩。根据克里斯蒂娜的说法，"恐惧是自然中必不可少且非常健康的力量。作为生活在恐惧景观（landscape of fear）中的物种，我们（包括人类）是协同进化的。这使我们受到限制，并使自然界能达到某种形式的平衡。[8] 如果移除恐惧，那么我们就在消除野性，而野性是使我们成为人类的力量一部分，也是使世界运转的力量的重要组成部分……就像草甸上的马鹿没有了天敌，它们就会肆意地啃食灌木和幼树"。

后来，我经常与克里斯蒂娜通信，讨论有关狼的问题。在 2016 年冬天，我还向她讨教如何理解有关营养级联理论的最新研究结果。

"营养级联"就像任何广为流传的理论一样，也面临着争论。科学的理论总是在不断地修正并完善。最近有一些研究人员认为，狼并不是减少马鹿和其他鹿的种群数量、恢复黄石公园退化生态系统的唯一因素。[9] 野外生物学家阿瑟·米德尔顿（Arthur Middleton）声称，"狼所起的生态作用比之前预见的要小"。他说柳树和颤杨并没有像一些人声称的那样得到恢复。他承认"黄石公园的一些乔木斑块确实因马鹿的减少而受益"，"但狼不是马鹿数量下降的唯一因素，人类狩猎、数量不断增长的熊和几次严重的干旱也导致了马鹿数量的减少"。米德尔顿总结说，与其认为狼是黄石公园马鹿数量减少的唯一原因，不如说狼只是几个重要影响因素之一。他敦促科学家和保护主义者集中精力，"务实地努力去帮助人们学会如何与大型食肉动物（carnivore）共处。从长远看，像重引入消失的物种这种简单的修复并不是保育生态系统的唯一方法，而（更重要的是）是找到能缓解最初造成这些物种消失的矛盾冲突的解决方案"。

一篇发表在英国《自然》（Nature）杂志上的文章，也对任何关于狼和营养级联效应影响复杂生态系统的简单推论提出质疑。[10] 文章中研究表明，在帮助柳树恢复上，"河狸和水文变化所涉及的更复杂的故事"可能比狼的作用更大："重建黄石公园完整的生态系统需要恢复柳树和河狸。生态系统恢复通常是有清晰阈值的。[11] 保护学家发现，柳树高必须超过 6 英尺。这个高度非常重要……让采食的马鹿够不着，这样柳树才能结下种子、产生下一代。"

2010年，怀俄明州的鱼与野生动物合作研究单位（Cooperative Fish and Wildlife Research Unit）对黄石地区颤杨的研究结论是，"影响这些树生长的主要因素是马鹿种群的大小，而不是马鹿对狼的反应。除了狼，很多其他因素也对马鹿数量有影响"，比如灰熊、干旱和冬季时马鹿从公园迁出。

克里斯蒂娜附和了《自然》杂志的这篇文章，并补充说："我们已经养成了一种世代文化，认为每件事都有一个简单的解决办法。当我们引进狼群后，黄石公园在三四年内发生了明显的生态冲击。马鹿突然变得小心翼翼，而不是安然地站着，过度啃食草场。包括我在内的很多保护组织认为'这是一个伟大的故事。感觉完美！'"

但是，越来越多的研究会导致对问题的理解更加复杂，这不仅包括狼如何改变其栖息地和其他动物的行为，还包括气候变化，尤其是干旱对生态系统的影响。"气候变化使黄石公园里的无霜日减少了33%。"克里斯蒂娜解释说，"这促进了柳树的生长，却给拉马尔山谷里的颤杨造成更干旱的胁迫。此外，自1988年黄石公园发生大火以后，颤杨就没有遭受过火烧，所以林火是理解黄石公园生态现象的另一个主要因素。这真是一块生态镶嵌图（ecological mosaic）。"

研究人员指出，在黄石公园的一些地区，比如河岸边灌丛中，颤杨生长繁茂。与此同时，处在拉马尔山谷底部的颤杨，生存状态堪忧。对马鹿种群的进一步研究揭示了更为复杂的情况：气候变化影响了马鹿的食物来源。"马鹿在春天所能获得的热量决定它们如何在冬天生存。"克里斯蒂娜说，"在5月和6月初，草刚长出来，其蛋白质含量达到高峰，而且这时正好在马鹿产子之前。因此，这种状态的草对于马鹿的健康出生率来说至关重要。如果因为气候变化导致草的生长没有达到营养高峰，那么马鹿的出生率和存活率就会下降。"

在20世纪90年代，黄石公园马鹿的数量达到20 000只；到

2015年，这一数字已降至4 000～5 000只。一些科学家认为，现在马鹿的数量才是黄石公园真正的环境容纳量。与此同时，在过去的20年里，美洲野牛的数量已经翻了两番，以致黄石公园的生物学家们正在对野牛群进行有争议的选择性猎杀。"狼的数量也在变化。"克里斯蒂娜指出。从2012年开始，联邦政府将狼的管理权归还给了各州，而一些州通常对狼怀有敌意，于是狩狼政策便重新推行，狼的出生率也出现波动。克里斯蒂娜说："在被猎杀的第一年，狼对人的警觉心不高，导致狼群有损失。""狼已经学会需要做些什么来应对变化，以便活下去。"

在2003年，狼的数量达到了顶峰，然后便暴跌。狼崽数量从顶峰时的每年160匹下降到只有3匹，平均每个家族每年只有一匹狼崽幸存下来。这与一波对所有犬科动物都非常危险的犬瘟热或犬细小病毒在狼群中的爆发有关。克里斯蒂娜解释说，科学家称这种种群数量的大变化为随机性效应，是无法预测或控制的意外事件。风暴、干旱、疾病等因素促成了达尔文所描述的自然界的非常复杂的"交错河岸"（tangled bank）。[12]

克里斯蒂娜阐述道："每项研究都回答一些问题，同时产生新的问题。随着我们对生态问题的研究，科学工作越来越细致，更加深入复杂问题的实质——自然界的交错河岸。我们所描述的生态故事和构建的科学理论必须像自然界本身一样复杂和精细，才能触碰到复杂问题的实质。"

在克里斯蒂娜后续的关键种和营养级联研究中，还包括了火如何急剧地改变生态系统的新研究。在加拿大阿尔伯塔的野外实验中，克里斯蒂娜记录了在1处马鹿密度高、有两群狼的生态系统实施火烧之后的变化。她解释说，把狼和火结合在一起就得到了真正的强大的营养级联。

火、气候变化、干旱、狩猎等环境因素，马鹿与柳树增长的相互关系，狼与美洲野牛、河狸的种间作用，所有这些因素交织在一起，共同形成了黄石公园里的生态格局，也就是"生态即故事"（story-as-ecology）。科学需要时间来理解和描述这些并不简单的故事。即便是在20年后，黄石公园里的狼恢复工作仍处于初期阶段。在狼重引入后几年，黄石公园的生态系统正在发生变化时，讲述一个简化成狼单枪匹马独力拯救黄石公园的故事很有诱惑力，因为马鹿数量减少，植被增加，树木繁盛，鸣禽和河狸更多，甚至河岸也在变化。然而，以顶级捕食者为核心、自上而下决定的营养级联理论，取代了先前基于植物、自下而上决定的理论。

在营养级联理论中，影响最大的是由捕食者自上而下的过程，还是由植物自下而上的过程？这关系到究竟是狼、河狸等物种，还是气候变化最能塑造和改变黄石公园这样的生态系统。科学家们在这个问题上莫衷一是，但是有一种说法得到大家一致认可："生态系统具有巨大的复杂性，而事实真相可能位居二者之间。"科学家们同意引入狼的确对生态系统的恢复起了很大作用，但狼"不是生态舞池里的唯一舞者"。狼单独难以恢复黄石公园这样的退化生态系统。

克里斯蒂娜提醒我们说："科学的意义在于接近事实真相。"如果狼独自能拯救生态系统的过度简单化的营养级联理论被证明是错误的，那么这将给那些排斥狼的人提供理由。与许多喜欢冲突和竞争的科学家不同，克里斯蒂娜经常谈到要在不同的科学派别之间寻找"中间道路"。这也是她与国会、牧场主和保护主义者合作的处理方式。当然，克里斯蒂娜成功地获得足够的研究经费，包括来自凯奈民族机构（Kainai Nation）、地球守望者研究所（Earthwatch Institute）、数个基金会和加拿大国家公园管理局（Parks Canada）给予她最新（2015—2016年）的项目资助，用于研究狼及其与火等自然力量之间的关系。[13] 这同时揭示，就像野生动物与人类，科学家们也能共处。自 2008 年以来，克里斯蒂娜就在沃特顿湖群国家公园（Waterton Lakes National Park）研究大范围火灾对物种的影响，那里栖息着北美洲有记录以来密度最高的马鹿种群之一和繁盛的狼群。[14]

有趣的是，尽管有许多马鹿，狼仍然让它们保持移动，并与野火一起使颤杨和草场都保持着极好的健康状态。[15] 现在，克里斯蒂娜正在与第一民族组织（First Nations）合作，研究（当地）自然界中的第三种力量——美洲野牛。因为在欧洲殖民者来此定居之前，美洲野牛、狼和火在历史上就已经存在，所以动物们可能与这些（其他）力量共同作用，使这片景观保持平衡状态。在这项工作中，克里斯蒂娜正在利用尖端科学方法（cutting-edge science）去证明，原住民在管理这片景观时所使用的传统生态知识在今天仍然适用；并且在所有这一切中，狼都是不可或缺的部分。

在任何关于狼重引入和栖息地恢复的故事中，共存都是一个作用巨大的因素①。我们需要讨论的是，狼不仅要回归国家公园，还要回归他们以前的领地——曾经广达北美洲面积的 2/3。"即使是黄石公园这样的地方，在事物的计划中也不过是比受保护土地邮票（postage stamp of protected land）稍微大一点而已。"克里斯蒂娜说，"国家公园和保护区并不是最终答案。"[16]

近年来，北卡罗来纳州久经磨难的红狼（red wolf）的案例给了我们启发。在联邦政府逐渐丧失对红狼的关注，而且野外红狼种群仅剩下 50 匹后，当地对红狼保护的支持让许多试图放弃恢复的人感到惊讶。[17] 2016 年初，一些私人土地拥有者签署一份请愿书，请求 USFWS 支持保护他们土地上濒危的红狼。正是这种来自受狼恢复影响

---

① 在物种重引入和栖息地恢复项目中，建立人与动物共存的格局尤为重要。——译者注

最大的人们的合作，为狼重返他们在这个国家中原来的领地带来希望。

当科学家继续发现营养级联和狼恢复故事中的"新皱纹"时，全球气候变化让这个更复杂的故事变得黯然失色。很多科学家认为，地球正处于气候变化驱动的第六次生物大灭绝时期。如果有一个生态系统具有巨大的韧性，其中狼等顶级捕食者能通过进化发挥其生态功能，那么它反过来将有利于维持生物多样性。

克里斯蒂娜解释说，丰富和充满活力的生物多样性是我们应对气候变化的"保险政策"，有利于应对变化的冲击。"因此，如果我们要为未来世代留下一个有韧性的世界，那么保护这些顶级捕食者是完全有意义的。"她举了下面的例子：假设现在有 10 种麻雀，到 2100 年时可能麻雀灭绝 1/4，而生态系统仍能维持其功能；但是如果现在只有 2 种麻雀，而气候变化又来袭，将来生态系统也许就倒霉了。

在这个日新月异的世界，为了我们自己的健康和地球的未来健康而采取一切可能的生态保险政策，何乐而不为？狼作为关键种，是那种保险政策的关键部分。"由于关键种所具有的深远影响，把他们带回来有利于提升生态系统功能和增加生物多样性。"[18]克里斯蒂娜说，"他们在任何繁荣的自然界都是重要参与者。"

克里斯蒂娜提醒我们："我们需要讲一个更复杂的故事，其中狼是故事图景的一部分，但他也与生态系统中的其他动物和成分一道起作用。"

情景三：狼和营养级联的可能未来

狼把一群马鹿从河边的柳树旁驱离，将它们赶回森林里。马鹿现在在更高的草甸上采食，那里因为紫色的鸢尾和勿忘我、粉红的流星花（美国樱草）和千里光属植物等山花而很明亮，但颤杨仍在挣扎求生。因为与密集的柳树交错，凉爽的小河和溪流更缓慢地流淌；回归中的河狸忙着在岸边建造家园，把柳树的树干和柳叶堆积成水坝，从河流中滤下很多沉积物，而这些生物基质更有益于柳树的生长。在附近的山谷里，一场大火使得林下植被获得更多的空间和阳光；在大火过后，熊类爱吃的美洲越橘长得更旺盛了；燃烧后的灰烬使土壤更肥沃，给更多植物提供了肥料，树木长得更茂盛了。

在冬季，马鹿和叉角羚依靠厚厚的草和灌木茁壮生长。大火过后，愈加盛开的野花吸引了很多昆虫和鸟类。受人为控制的火烧清理了森林地面上分解太慢的倒木，使之成为未来野火的燃料。随着干旱和气候变化的加剧，如果不采取任何措施，这些森林可能会失去控制地燃烧。在燃烧之后，新鲜的禾草、灌丛和树就会重新长起来，为新一代野生动物提供营养。美洲狮、灰熊、郊狼、狐狸和狼一起生存，不再有物种消失，顶级捕食者和富饶的栖息地开始恢复。

致力于恢复狼的保护主义者希望看到狼重新定居在其历史分布区。许多人想象，北美洲的荒地在这种"捕食者"的帮助下，会再次恢复平衡状态。他们也希望子孙后代能听到狼嚎，即野狼呼唤同伴的声音。科学家们预计，未来野狼分布范围将扩展到美国的西部、落基山脉、大湖地区（Great Lakes）和东北地区。把狼带回到故乡不仅需要花费时间，还需要改变文化价值观——美国人性格（American Character）的演变。

第7章

06号：世界上最著名的狼

一些狼像人一样，拥有传奇故事，很强大但又出奇地脆弱。黄石公园里的雌狼832F就是这样一个典范。她因为出生在2006年，也被称为06号[1]。她是一匹坚强而自信的雌狼。她的皮毛在其他季节是灰黄色的，到了夏季则换成银灰色；膝部有一簇古铜色的毛，腹部有白毛，粗壮的尾巴上有标志性的黑毛——狼的象征。最让人印象深刻的是她深邃的褐色眼睛，不停地四下扫描，目光如炬，好像能洞察一切。在黄石公园拉马尔峡谷狼家族（Lamar Canyon family）[2]中，她能力非凡，引人注目，以致吸引了两个雄性伴侣。在其他狼面临严重饥荒时，她带领家族成功捕猎，养育后代。这匹母狼是富有魅力的家族首领，除非给她佩戴无线电项圈，否则抓捕到她太难了。相反，她"抓住"了我们的心。

科学家没有给他们研究的动物命名，而是更喜欢给狼群中的个体起谱系名称，正如雌狼"832F"。一旦我们给了他们这样的名称，每

---

[1] 06号狼的照片：参见 www.shumwayphotography.com/Yellowstone/Wolf-06/n-f58Vq/i-B2qFdr4。
[2] 根据原文，拉马尔山谷中的那群狼被称为拉马尔峡谷狼家族或拉马尔峡谷狼群。——编辑注

匹狼就有了身份和个性，这是对他们个体生活的认可。就像人类天性会给所爱的人起绰号一样，832F 的绰号"06 号"让她广为人知。她出生在势力庞大的玛瑙狼群（Agate pack，即阿盖特狼群）。黄石公园里的狼已被详细研究了 20 年，他们的血统谱系都被记录在案。[1] 追溯黄石公园里狼的家谱，就像历数王族血脉，我们能查阅到每一个狼群内部的世代关系、年龄和社会地位。他们的共同祖先就是黄石公园里于 1995 年重引入的第一批狼。

06 号是著名的德鲁伊特狼群——21M 雄狼和 42F 雌狼的孙女，而 42F 就是最终反抗同胞姐姐残暴统治的灰姑娘（参见第 5 章）。06 号是一匹强壮雌狼的后代，黄石公园里的观狼人士注意到了这匹强壮雌狼的不同之处。当 06 号还是一匹幼崽时，就很有力量和好奇心。她身上有一股强大的吸引力，这在科学家和观察者中间引起了轰动，后来就变得家喻户晓了。

劳里·莱曼是一名退休教师，多年来一直在记录黄石公园的狼。[2] 在 06 号两岁的时候，莱曼与母亲和姐姐一起拍摄到 06 号的照片。莱曼说："06 号吸引了所有雄狼。那时我们就知道她将会是杰出的……并且会一直不断进步。"

尽管 06 号所在的玛瑙狼群是黄石公园中最具统治力的家族之一，但他们也没能对灾难免疫。当她两岁的时候，她的首领父亲死了，这一损失让她的家族陷入混乱状态。由于马鹿数量减少，失去配偶的雌狼首领和幼崽面临着食物匮乏的困境。随后，一些家族成员离开了，另有几匹则死于饥饿。在玛瑙狼群最初的 17 匹狼中，只有极少数个体幸存了下来，于是这个狼群分崩离析。06 号勉强熬了过来，但由于家族的没落，她决定离开，去寻找她的伴侣。

狼有强烈的异族血缘交配本能，所以他们长大后，通常会离开家族，去寻找一个没有亲密血缘关系的伴侣。如果一匹孤单的雌狼想找到伴侣，那么她必须打败雄狼的现任伴侣。通常，雌狼会在几个月内找到一个愿意守护她的伴侣，但 06 号的情况并非如此。她有如此独特的影响力和好奇心，注定不只是一匹雄狼首领的下属。由于没有家族成员陪她一起狩猎，06 号不得不通过捕食草原犬鼠等小型啮齿动物果腹。她腹部的肋骨凸显，两侧布满了疥癣，行动缓慢无力。当离开家族、没有食物时，许多瘦小的狼不得不放弃求生，独自死去。在一年多的时间里，06 号都冒着危险，孤单地生活在黄石公园里。

　　观察者们看到 06 号的生态状况如此挣扎，担忧她可能活不到春天来临。但 06 号奇迹般地经受住了风雪、竞争对手、饥饿的考验。春天到来时，人们看到 06 号急速地穿过布满野花的草丛。[3] 她对求爱者很挑剔，因此仍在寻找伴侣。"在交配季，她至少有 5 个求爱者。据我所知，那是生活在野外的狼的最多追求者纪录，"麦金太尔写道，"并且她一个都没看上。"

　　2010 年的一个明媚春日，人们发现 06 号身旁跟着两匹小狼兄弟。她像摇滚明星一样被簇拥着，显得高傲、尊贵而镇定。06 号是"狼版安吉丽娜·朱莉"（Angelina Jolie of wolves），麦金太尔这样称赞她。经过社交媒体和网络视频的报道，以及人们的口耳相传，全世界的人们都在关注 06 号的故事，以致人们后来称她为"拉马尔山谷传奇"。[4]

　　06 号对追求者的选择让研究人员感到困惑，因为她最终接受了一对不成熟的兄弟，分别是 754M 和 755M。他们外形蓬乱但身强力壮，有着银灰色的鼻子和结实、流线型的腿。这两兄弟离开了有 7 个姐妹的家族，讨好并追随 06 号。[5] 一般来说，狼组建家族只需要一雌一雄，但 06 号却和两匹年轻的狼兄弟开创了历史，这也令公园里众多观察者惊奇不已。虽然雌狼首领 06 号选择与雄狼首领 755M 组成主要繁殖对，但 754M 是个性随和而亲切的叔叔，而且有时充当 06 号的配偶。

　　但研究人员很快注意到，这对年轻的狼兄弟对于如何当父亲几乎一无所知。他们更多的时候是在参与颌式摔跤（jaw wrestling）和玩耍，而不是为任何幼崽提供服务，所以很多人希望这两兄弟能尽快认识到自己的责任。幸运的是，由于06号的洞穴离道路很近，所以研究人员和观察者可以为养育狼崽提供一些帮助。

在纪录片《她狼》（She-Wolf，也被译为《母狼王》）的一个场景里，06号从一头熊那里成功夺得一部分马鹿残骸。[6] 那时06号还在哺乳期，乳头因为幼崽的贪吃变得肿胀和磨损，身体和步态显得沉重而疲惫。在附近的兄弟俩并不关心和保护马鹿残骸，以储备将来的食物；相反，他们只知道在一起嬉戏打闹。于是06号叼起来之不易的食物，穿过多石的山地，准备回去带给她的孩子。但是，当她缓慢地向前走的时候，空中一只巨大的鹰盘旋而下，突如其来地抢走了06号嘴里的晚餐。惊魂未定之余，06号也只能再次回到马鹿残骸那里。但是，一头熊正在守卫着宝贵的猎物，对她咆哮，将她驱赶开。06号和幼崽只能继续挨饿。

狼往往成群结队地捕猎，其中体型最大的个体会冲在前面，带领其他成员从后面追逐猎物，而且通常需要4匹120磅重的狼才能猎捕一头重达2 000磅的公野牛。然而，这对狼兄弟太不成熟了，他们很少帮助06号狩猎。06号必须发展出她自己独特的狩猎风格，麦金太尔称之为"面对面的破釜沉舟的殊死搏斗"，这是最危险的狩猎策略。一只700磅重的雄马鹿可以踩扁一匹雌狼，也可以用鹿角把她挑起来，然后在她落到地面的时候再用角施出致命一击。但是06号速度敏捷，而且很快就学会了躲避任何反击。她高高地腾向空中，从侧面旋转，锋利的牙齿紧紧咬住马鹿的喉咙，很快杀死了猎物。麦金太尔目睹了06号在分娩后还虚弱的情况下，10分钟内捕获了两头马鹿。[7] 06号在郁郁葱葱的拉马尔山谷中独自漫游，她的威慑力足以让其他的狼远离她的领地。

看着 06 号的家族，有人想知道她选择两个伴侣的意图。兄弟俩可以扮演双重雄性角色——父亲和忠诚的叔叔。如果其中一个兄弟被杀了，还会有另一个替代伴侣。后来，当两兄弟长大后，06 号教会了他们和狼崽如何团体狩猎。06 号生下 3 窝共 13 匹幼崽，逐渐壮大了她的家族。06 号产下的第一窝幼崽中有 3 匹是灰色的，这是令人诧异，因为他们的父亲是深黑色的。这 4 匹幼崽都强健、自立，特别是女儿们。研究人员用颜色区分这些狼兄弟姐妹，其中一匹雌性幼崽被称为"中灰"，还有两匹雌性幼崽分别为"浅灰"和"深灰"。06 号的儿子们在成年之后都离开了家族，去寻找他们自己的伴侣。几年之间，拉马尔峡谷狼家族迅速发展壮大。

但是这不意味着 06 号的家族奋斗故事结束了。她的领地附近也生活着竞争对手——莫利斯狼群，他们是我在 1995 年第一次看到的水晶溪狼群的后代。莫利斯狼群是 06 号家族的死敌，两个家族互相不敢掉以轻心，都格外警惕地巡视领地边界。麦金太尔讲述了这两个狼群在 2012 年命运交织的故事。那时 06 号在她的洞穴里，正哺育她的孩子。莫利斯狼群就好像觉察到 06 号的脆弱，她们嗅出了对手的洞穴。16 匹成年狼一起出动，准备进攻。突然，观察者看到一匹大灰狼从森林里拼命地跑出来，身后跟着的对手正是莫利斯狼群。那是 06 号，她逃向了悬崖边上。她要么得跳下去，要么转身面对 16 匹暴怒的狼。

即使是像 06 号这么强大的狼，也无法与整个狼群对抗。麦金太尔通过望远镜观看了战斗场面，认为 06 在劫难逃，预感到"她将被撕裂"。随后，急中生智的 06 号跑进峡谷里，成功地从莫利斯狼群的围追堵截下逃脱。莫利斯狼群没能跟住 06 号，但她们决定寻着 06 号的气味找到她的洞穴，计划毁掉她的新生幼崽。

麦金太尔说，接下来发生的事情表明，"06 号在家族中多年的付出都得到了回报"。06 号的一个训练有素的女儿突然从森林里跳出来，暴露在莫利斯狼群面前。她将自己作为诱饵以分散敌人的注意力，当然，也可能是无畏的牺牲。像母亲一样，06 号的女儿也非常敏捷。但是，她是否足够快，能够逃脱 16 匹狼的追捕？莫利斯狼群立即从 06 号的洞穴附近撤回，加速奔向 06 号的女儿。她们都跑到洞穴东边的方向，一声声咆哮着，但是 06 号的女儿还是甩掉了她们。麦金太尔说："莫利斯狼群沮丧地放弃了。她们回家了，从此再也没有打扰过 06 号的家族。"

06 号拥有两个伴侣和许多强壮的后代，这可能是她最好的结局。但是 06 号远不止同类这一个竞争对手，人类将是她最大的威胁。由于观察者的讲述、媒体及网络的传播，06 号的名声已经传到世界各地。在重引入前，生物学家认为狼将会躲在人们视线之外。但是狼的家族经常选择靠近道路的洞穴，即便道路旁边是成群使用望远镜的人。狼群继续过着令人着迷的日常生活，成千上万的人目睹了这一切。复杂的领地战争，不顾死亡的狩猎，以及那些永恒的抚育后代的斗争，这比任何一部迷你剧或电影都要好看。很快，06 号不仅在黄石公园，而且在美洲、欧洲和亚洲都受到了人们的喜爱。她是一个传奇。然而，一些传奇角色活得没有他们的故事长。[8]

就像公众人物或者摇滚明星一样，越受欢迎，潜在风险反而越大。06 号的名声会使她更容易受到伤害吗？和麦金太尔一样，黄石公园的生物学家道格拉斯·史密斯自从重引入之后就对这些狼开始研究。他告诉美国全国公共广播电台一个事实，那就是当试图给 06 号戴无线电项圈的时候，他所面临的困境——那会使她变得更加引人注目。三年来，史密斯曾经试图用直升机追赶 06 号，用麻醉枪向她射过去，安装无线电项圈以便跟踪研究。研究人员的目标不仅是为了保护她，也是为了研究野生狼，以便更好地了解狼的生物学资料、行为和天性。但史密斯每次试图锁定目标时，06 号都能成功地逃脱他的监视。她会突然消失在森林里，或者跳进灌丛中。

"大多数其他的狼会跑开。"史密斯说，"然而06号会看着我，我们的目光会在那一刻交汇。我能从她的眼神里读出：'我一点也不喜欢你，我比你更聪明。'"

正如06号能机智地逃脱莫利斯家族的追杀，她也能在无线电项圈博弈中智胜。直到有一天，她也失败了。令人啼笑皆非的是，那时史密斯已经决定放弃给06号佩戴无线电项圈了，尽管只需要几分钟就能给她戴上项圈。"当你了解另一个物种，就像我们对她所做的那样时，你就会开始尊重那只个体。"

06号最终犯了一个错误，被抓住了。尽管史密斯原本计划抓捕的是06号的女儿，但由于误打误撞，06号还是被麻醉枪射中了。当史密斯看到躺在地上的目标时，他才意识到她正是拉马尔山谷的象征——06号。"我原本已经不打算给她戴项圈了。我害怕那样做。"他解释说，"但是从科学的角度讲，这是值得的。了解这些我们非常想要帮助的动物，得到你想要研究的头号目标。"

即使是戴着难看的无线电项圈，06号仍不失优雅。中年的她，牙齿仍然干净、锋利，完好无损。她的体质是如此健康和强壮，不难看出她将她的体质遗传给了她的一个女儿。在06号被错误地戴了项圈几天后，她带领的家族又遭遇莫利斯狼家族。这两个狼家族持续已久的领地之争，终于有了一次全面的爆发。其中一个狼观察者内森·华利（Nathan Varley）博士，目睹了这场生死搏斗。[9]就像两支小型军队一样，莫利斯狼家族和拉马尔峡谷狼家族疾驰而过，粗大的爪子和强壮的肩膀相互碰撞，用锋利的牙齿互相撕咬对方。从观察者的角度来看，双方都勇猛无畏，为生命和领土而战。

在狼被重引入17年之后，马鹿种群数量跟先前"狼的天堂"相比，已经下降了不少。狼群之间的厮杀也是种群内部一种调节方式。

由于实力悬殊，最终 06 号的狼群战败、溃散，而观察者们担心 06 号的狼群可能就此覆灭。莫利斯狼群围攻了 06 号的一匹幼崽，令人惊奇的是，06 号的这匹幼崽最终活了下来，并且回到了 06 号的狼群。华利在报告中总结说："当两个愤怒的狼群厮杀时，我原以为会几乎没有幸存者。事实证明，他们不会赶尽杀绝。"

经验丰富的狼观察者里克·兰普卢（Rick Lamplugh），在他的《狼的圣殿》（*In the Temple of the Wolves*）一书中，记述了黄石公园里令人着迷的狼群。他描述了狼群通过留下气味标记以抵御敌对的狼，从而划清领地界线。[10] 要知道，狼的嗅觉灵敏度是人类的一百倍。就像人类一样，狼的生物驱动是为了找到配偶、领地和组建家族。然而，他们也对外界保持警惕。一匹孤狼从自己的家族中分离出来，去寻找配偶是有风险的，特别是目标配偶已经是一个紧密团结的群体的一员。兰普卢也在书中记录了拉马尔峡谷狼家族与一匹孤狼的英勇战斗，因为那匹孤狼可能是越过了边界或者只是想加入进来。

当孤狼靠近他们的领地时，06 号的配偶 754M 和 755M 兄弟俩就立刻发现了敌情。转瞬间，两个木炭色的身影便浮动在远处山地，已经成熟的兄弟俩沿着雪地冲向入侵者。在他们的后方是拉马尔峡谷狼家族的两匹雄性和两匹雌性幼崽。06 号也在密切关注着事态动向。那匹孤狼在山坡上观望等待，就在这时，拉马尔山谷中的兄弟俩突然停下来，犹豫了一下。在雪地里，孤狼紧张地面对 7 匹狼，不知道会受攻击还是被接受？旁观者在寒冷的空气中集体屏住了呼吸。

"突然，"兰普卢写道，"兄弟俩毫不留情地攻击了那匹孤狼。幼崽加入了战斗，而且雄狼比雌狼更积极，06 号在最后也加入了这场混战。孤狼已经被狼家族包围，仰面躺在雪地里；7 匹狼围住他一阵狂咬。"

那匹孤狼不知何时用剃刀般的锋利牙齿狠狠地咬了一匹狼崽一口。战局急转直下，狼崽们从战场上退下来，只留下了兄弟俩。06 号在这场斗争中并不十分活跃，因为她在不断地搜寻其他的敌对狼。战斗结束后，孤狼在雪地里又待了片刻，抖净毛发，最后径直离开了拉马尔峡谷狼家族。当时看起来这匹孤狼只流了少量的血，后来研究人员才发现他因被犬齿刺穿而流了许多血。然而，最终他很幸运地存活下来。

黄石狼项目的研究人员基拉·卡西迪（Kira Cassidy）用录像记录下孤狼与06号的家族的整个遭遇。在1995—2011年，卡西迪共记录了292例狼的追逐性攻击，其中有72例升级为身体冲突，但只有13例被攻击致死。至于与拉马尔峡谷狼家族发生冲突的那匹孤狼，尽管身上有很多伤口，但他还是幸存下来。后来，他被看到仍在黄石公园里继续寻觅他的伴侣和家庭。

通常来说，野狼的寿命只有8～10年。在06号6岁的时候，她的家族达到了鼎盛。在黄石公园成千上万的游客中，很多是为了来亲眼看一下06号和她的家族。有些人每年都会来参观，狼的确成了他们生活的一部分。安妮·格里格斯（Anne Griggs）和道格拉斯·格里格斯（Douglas Griggs）夫妇第一次去黄石公园是在20世纪90年代早期，后来每年都会去。1995年狼被重引入之后，他们每年会去2次。"我们的参观时间通常在每年5月末。"安妮告诉我。狼不仅是这对夫妇的试金石，他们也借此认识了世界各地的很多狼爱好者、自然摄影师、博物学家，这种友谊超越了国界和语言。

安妮最喜欢的狼是06号和42F，后者既是德鲁伊特狼群的祖先——灰姑娘，又是06号及其玛瑙狼家族的祖母。"我印象最深刻的场景之一，"安妮回忆道，"是德鲁伊特狼群聚在一起照顾幼崽，享受天伦之乐。"安妮的丈夫是一位心脏病学家，他恰好在得知自己罹患肝癌前有了这次难忘的目击。2008年，安妮与儿子们和她的妹妹一起爬上拉马尔山，把丈夫的骨灰撒到荒野。她在葬礼上这样念道："云层低垂，积雪消融。除了渡鸦的叫声和拉马尔河的流淌声外，一切都很安静。山顶上有一排狼爪印。回到拉马尔山谷已经成为我的朝圣之旅。"

在信件、博客、网站帖子、脸书和推文中，有太多的人在讲述狼的故事，因而黄石公园的狼的命运与人类紧密交织在一起。正是这种与野生动物的亲密关系让看似无休止的狼恢复斗争呈现这样一种个人性质（personal nature）。著名且受爱戴的狼成为扩大的家族（extended family）。

有时人们会收集有关狼的纪念品，如T恤、汽车保险杠贴纸、棒球帽、咖啡杯、绘画，当然还有文身，这听上去多少有点狂野。在一个与狼有关的场合，我曾经见过一个从颈到脚满是狼文身的高大女人。她的皮肤就像一幅活生生的壁画，背上是狼在对月嚎叫，手臂上是一只巨大的狼爪，胸前则是一幅黑色的狼肖像，并随着她每一次呼吸而跳动。当她邀请我到洗手间去看那些藏在她穿的短而暴露的猩红色无袖短衫下面的狼文身图案时，我有点不敢直视。

当对野生动物的认同感与恐惧感相冲突时，会发生什么呢？狼的回归是否会对人们生产生活构成威胁？这场领地之争不仅发生在人类的心灵和想象中，也发生在公共荒地上。

2011年春天，一项国会附加条款提议将华盛顿州东部、俄勒冈州东部、爱达荷州、蒙大拿州和犹他州北部的狼从《濒危物种名录》中剔除，并附在一份不相关的国会法案上。这份提议最后通过了，开创了一个令人不安的先例。它是自《濒危物种法案》通过以来，第一次由政治而不是科学，成功地决定了公共土地上野狼的命运。否认先前对狼实施的联邦保护意味着与黄石公园接壤的州接管了狼的种群恢复管理任务。通常来说，任何《濒危物种法案》中物种的撤销，都有60天的时间供公众评论和诉讼。但在此后的几天内，爱达荷州州长布奇·奥特（Butch Otter）签署了一项法案，宣布将灰狼种群列为一项

"灾害紧急情况"（disaster emergency）；如果狼被重新列为濒危物种，他将在自己的州拥有更多的权力。其他州，比如蒙大拿州也紧随其后，而且批准了合法的猎狼行动。对于那些一直拒绝狼回归的人来说，这些狩猎活动很受欢迎；对那些珍惜野狼回归原生领地的人们来说，这是一场噩梦。

起初，这些政治争议对于黄石公园的狼没有意义。狼意识不到政治边界的存在，他们只认得自己标记出的领地范围。06号和拉马尔峡谷狼家族很少到黄石公园外游荡。直到2012年的秋天，面临马鹿种群下降、食物资源的不足，06号不得不带领家族走出保护地去狩猎。对他们来说，公园外就像是另一颗行星，到处是柏油马路、牧场住宅、汽车尾气，空气中都是人类的气味。拉马尔峡谷狼家族的成员以前就在园区公路上、直升机上、山谷中接触过人类的气味。在黄石公园里，人类总是存在于狼附近，在此之前这些狼没有理由畏惧我们。

因此，总是走在狼群最前面的06号进入了黄石公园外部的世界。突然间，宁静的森林响起了一种爆裂声。06号那敏锐的耳朵能听到6英里外的声音，但她之前听到过枪声吗？正如里克·麦金太尔指出的那样，黄石公园的狼"也许不知道相机的咔嚓声与猎枪的咔哒声之间的区别"。[11]

06号那时还不了解人类的狩猎，直至754M突然倒下，身上还在流血。没有敌对狼群攻击，没有咆哮和打斗，周边甚至没有活物。这匹炭灰色的狼只是简单的躺在地上，就像被闪电或无形的力量击中一样。这位溺爱孩子的叔叔，曾经陪伴和保护过06号的许多幼崽的雄狼，突然死去了。很快，06号的家族逃回黄石公园。

道格拉斯·史密斯和其他生物学家希望06号及其拉马尔峡谷狼家族已经"吸取教训"。史密斯解释说："我原以为她是安全的，人们不会伤害她。结果证明是我们太天真了。"

2012 年 12 月的一天，饥饿驱使 06 号再次带领伴侣 755M 和家族，到了离公园 17 英里外的地方。在那里，她遭到了枪击。顷刻间，这匹激发过如此忠诚、热爱与奉献精神的伟大的雌狼首领，就此死去。06 号被猎人合法地猎杀。这位猎手拒绝向公众透露身份，也拒绝认领战利品，因为他杀死了世界上最著名、最受爱戴的一匹狼。正如一些抗议者所言，"一个猎人有了战利品，但 10 万个狼观察者和游客为 06 号的死亡而悲愤"。

突如其来的灾难引起的公众反应是及时的，且多是负面的。《纽约时报》盛赞了"06 号受到许多游客的爱戴和科学家的重视"。[12] 那一年，在黄石公园外有 10 匹狼被州政府批准猎杀，其中 5 匹戴着贵重的无线电项圈。06 号是第 8 匹被合法猎杀的狼，很多人怀疑是因为戴着价值 4 000 美元的项圈，才使得她容易遭受反狼派的攻击。

猎人是否偏好猎杀戴项圈的狼？公众社论和社交媒体对此表示怀疑。[13] 黄石狼项目志愿者劳里·莱曼告诉记者说："我一直站在路边看狼。有时，人们会停下车并提醒我说：'女士，你最好给那些狼拍一些照，因为这可能是你见到他们的最后一面。'"

许多经验丰富的观察者认为，猎人们的目标是 06 号，因为她太有名了，对这匹著名的狼进行杀戮是反狼抗议者的"政变"。《户外》杂志曾经转载了猎狼网站 www.huntwolves.com 于 2010 年的一篇帖子（现已撤回），证明了科学家之外的人通过无线电项圈对狼实施不道德的追踪。

尽管生物学家将这些狼的项圈频率保密，但非法侵入无线电项圈波段并确定狼的位置并不是特别困难。这篇帖子建议猎人最好在深夜里狩猎，并在一个特殊的频率上搜索无线电项圈，还解释了如何用强磁铁关闭无线电项圈。摧毁死狼的无线电项圈意味着科学家们最终因此失去了重要的研究对象。

合法猎狼活动的复兴以及 06 号的死亡引发了国际社会的谴责。人们普遍感到沮丧，以致蒙大拿州的野生动物管理部门暂停了狩猎和即将到来的下一个陷阱捕猎季。许多狼拥护者想要扩大黄石公园的边界，给狼更多的保护。然而，也有一些人反对给狼提供更大的空间。现在黄石公园附近的州，每个狼管理单元（Wolf Management Unit）都有捕杀配额，猎杀行为仍在继续。在 06 号被射杀的 2012 年，黄石公园生活着 80 多匹狼，而猎杀狼的配额总计达到 30 匹。同年，蒙大拿州众议院以 100 ∶ 0 的投票结果，否决了该在公园周围建立缓冲区以保护狼免受陷阱和枪支伤害的提案。[14] 于是，猎狼仍在继续。2016 年，蒙大拿鱼与野生动物委员会（Montana Fish and Wildlife Commission）还考虑一项在黄石公园边界地带的一个管理单元，把狼的猎杀配额从 2 匹增加到 6 匹的提议。该地曾有多匹狼被合法或非法地猎杀。

对于在黄石公园里做研究已经 20 年的生物学家来说，任何一匹狼的失去都是痛心的，特别是像他们一直在记录、研究并尤为珍视的 06 号这样的个体。我们对狼的生物学研究才刚刚开始。黄石狼项目的主任道格拉斯·史密斯指出，研究狼的社会生活是至关重要的，且目前还只是处于早期阶段。"狼是一种社会性动物，意味着狼群由领导者和从属者组成。"他解释说，"我们正在研究狼群中领导者死亡与从属者死亡相比的冲击。因为狼是社会性的，一匹狼比另一匹狼更重要。一旦领导者消失，会对整个狼群有怎样的影响？"

06 号死去后，她的伴侣——755M 就离开了家族。755M 从未经历过没有兄弟陪伴的日子，直到几周前他的兄弟被猎杀。动物有哀伤——我们现在已经从大量关于动物的情绪（emotion）和行为的研究文献中了解到这一点。例如，大象会集体站在死去的雌性首领的身边，用敏感的鼻子触摸她的身体，好像举行葬礼仪式；海豚妈妈会带着一个死胎，并轻推和小心地保持平衡，直到死胎解体；著名的大猩猩"可可"（KoKo），现在 ① 可以用手语来表达对一只宠物小猫的喜悦，也会对失去小猫而感到悲伤并哀嚎。[15] 狼是世界上最具社会性的动物之一，他们会对家族成员的死亡感到悲伤。根据进化生物学家马克·贝科夫（Marc Bekoff）的说法，当狼靠近一匹家族成员被杀死的地方时，往往会失去嬉戏精神，低垂尾巴和头，就像我们的家犬一样。狼的表情和动作清楚地表达了他们的情感——从快乐一直到悲伤。[16]

贝科夫说，狼具有天生的道德罗盘（moral compass，即道德心或道德指南），这在他们牢固的社会关系和复杂的信息沟通，以及同理心、公平感和合作上得以体现。贝科夫引用了经验丰富的学者戴维·梅奇（David Mech）的研究观点："狼群规模由社会关系而不是食物资源调节。"狼家族的大小取决于有多少个体能够"紧密结合"，而紧密的亲属关系帮助他们友爱相处。事实上，对动物伦理和情感的认识正在修正我们看待同类生物的方式。这项研究使我们在对待其他物种时，达到更高的道德标准。

"我们一直看着并无比珍视她。"劳里·莱曼说，表达出对 06 号的赞美，"我们都知道她是家族的'基石'，她死后一切都崩溃了。这令人悲伤不已。"

06 号的女儿们没有领导者，她们都四散奔逃了，拉马尔峡谷狼家族支离破碎。莱曼说，06 号的一匹年轻的女儿 820F 曾经像 06 号一样独自养育两匹幼崽。但 820F 不知道黄石公园外有多么危险，那里不是她能随意踏足的地方，那里的鸡也不像寻常的猎物马鹿和其他鹿那样好。可是，一切都晚了。820F 因为到黄石公园外捕猎家鸡，不幸被杀

---

① "可可"在 1971 年出生于美国旧金山动物园，后来学到一些人类知识和技能。它在本书英文版发表后的 2018 年 6 月 19 日于睡梦中去世。——译者注

死了。当"没有她的领导和监督"时，她的家族像是一间"没有教师的教室"。

755M不能与自己的女儿配对，他不得不踏上独自寻找伴侣的旅途，而这个过程既艰辛又危险。里克·麦金太尔曾记录到黄石公园里有两匹"又大又凶的雄狼都因此而殒命"。

在失去伴侣一年半之后，755M逐渐与莫利斯狼家族中的两匹雌狼建立了亲密关系，要知道，之前他们是传统上的死对头。[17]他们又结成了有三匹成员的伴侣家族，只不过这次是两姐妹与一匹雄狼。姐妹俩都怀孕了，但其中一匹后来死掉了，而另一匹生出下一代。经历06号睿智的教导，755M现在成为一位优秀的猎手和合格的父亲。他已经帮助抚育了三窝狼崽。但755M带着新建的家族回归原来的拉马尔峡谷狼家族时，却遭到了粗暴对待。06号的女儿们有了新的伴侣们，后者威胁了755M，并且杀死了他的伴侣。他们把原有的雄狼首领从拉马尔山谷中驱逐。在2014年，755M又成了一匹孤狼。

在拉马尔峡谷狼群（Lamar Canyon pack）中，令人钦佩的06号的一个女儿已经成为新的领导者，继续维系着这个强大母系家族的血脉。[18]06号的"遗产"也得以传承——不仅仅存在于她的家族世系，也在科学和故事传说中传播。他们能杀死那匹狼，但不能终止她的故事。每到06号的死亡纪念日，就可以在网络上查到相应并更新的纪念活动。她的家族的绰号为黄石公园的"王室"，像其他王室一样得到关注。关注王室成员的生死深深印在我们的DNA和历史中，不同的是，将那种对戏剧性的大起大落关注延伸到对其他动物的谱系与血缘、联合、配偶和征服。

珍·古道尔挑战科学教条，给她的研究对象黑猩猩个体起了不同的名字，使它们成为自身戏剧中的角色：菲菲（Fifi）——养育后代且明智的雌性首领，弗雷多（Frodo）——菲菲的强壮又自信的儿子，并且这样世代相传。古道尔在站立并热烈鼓掌的听众面前进行的那些演讲中，经常在说话前以高声气促（pant-hoot，即喘嘘）方式模仿黑猩猩的吼叫声。当她讲述尼日利亚贡贝黑猩猩的故事时，观众会聚精会神地听，仿佛她在描述我们自己的家庭、担忧和命运。古道尔曾去过中国一个偏远的村庄，一个农村女人还热切地向她询问："菲菲怎么样？"

这样的故事之间的纽带关系既引人注目又具有威胁性。蒙大拿射击运动协会（Montana Shooting Sports Association）主席加里·马尔布（Gary Marbut）抱怨说："狼的支持者就是想把狼进行人格化，给他们起名字，让人们觉得他们看上去是毛茸茸的可爱生物，好让那些不需要和狼一起生活的人接受狼。我认为这是使狼成名的主要动机。"

要宣告一个人或一个动物是敌人，他就必须是丧失人性的或非人道的。长久以来，狼被宣布为"头号公敌"，任何其他的故事情节都是一个巨大的威胁。人与动物建立亲密的关系，正是那些想要消灭狼的人最害怕看到的。[19] 语言在这个过程中起着至关重要的作用，正如当我们想消灭任何动物物种时，我们称之为"害虫"或"讨厌的动物"，甚至更糟的称呼。就像第二次世界大战的宣传一样，美国人把日本人都贬称为"日本鬼子"，把德国人戏称为"德国佬"。一旦其他生物被妖魔化，我们就可以自由地摧毁它们。

英国作家亚历山大·蒲柏（Alexander Pope）曾经说过："在有偏见的眼里，一切都是有偏见的。"如果几代人都把狼叫作"无情的杀手"，那么这种看法就会掩盖其他的观点。同样，对于那些看过诸如《从不哭泣的狼》（Never Cry Wolf，也被译为《与狼共度》或《狼踪》，影片中生物学家开始尊重，甚至敬畏野狼）这样的影片成长的人来说，他们或许会转变对狼的印象，因为大家透过镜头看到了之前从未见过的狼的真实。此外，由于野狼的生活在某些方面跟人类非常相似，我们通过自己的心理投射，在认识上就会逐渐理解并接受这种同类生物。[20]

　　母狼 06 号是凶猛、强大的捕食者，也是尽职尽责的领导者，她以同样的技术熟练地杀死她的猎物和对手。事实上，她既不是无情的杀戮机器，也不是一个感性的偶像。她只是简单地过着一匹狼的日常生活——领导家族，哺乳幼崽，勇猛地守护她的邮票领地（postage-stamp territory），每天为生存打拼。我们缩减中的荒野保护地对于天性独立、爱冒险的狼来说还是太小了，所以 06 号才会跨越受保护的公园边界去寻觅猎物、开拓领地。就像她在独自狩猎中拓展自身力量边界，以及与那两兄弟（而不只是其中之一）组建家族并立即成为狼群非凡的领导者一样，冥冥之中也许注定了她将殒命于此。对于黄石公园来说，06 号太大了；对于人类的视域，06 号也太大了。06 号这样的主角需要成为经久不衰的故事。我们会把那些我们认为是最好的或最坏的传奇故事变成神话。无论我们的观点是什么，任何神话中的主角不是恶棍就是英雄，这完全取决于是谁以及在何时何地讲述故事。但现在这种形势正在改变：随着更多的人亲眼看见狼的生活，跟踪狼的后代，了解狼的生态作用，我们就能更清楚地理解并行动起来保护这种同类生物。和所有的精彩传说一样，狼的真实生活故事将改变我们看待自己和世界的方式。

第 8 章

原始林的老树和
年轻一代的嚎叫

2011 年的一个子夜，在俄勒冈州布卢里弗地区（Blue River）寒冷而偏远的山中，我们几个人时不时满怀期待地将冻僵的手拢在嘴边。

"嗷～～～"我们向浓密深远的原始林中的老树发出嚎叫。夹杂着低沉的男中音和高扬的女高音的嚎叫声中充满期许。

我们仔细地听着是否有狼的回应。几声尖戾的猫头鹰叫，一架隐约可见的飞机从高空飞过的长啸，几只受惊的小兽从灌丛中散去——然而没有大家期盼的狼（Canis lupus）的嚎叫。作为回应，这种沉默已经持续了数十年。

"但是狼从 2008 年开始确实已经慢慢地回到这里了啊。"我们之中的一位生物学家嘀咕着。[1] 他来自美国林务局下属有名的 HJ 安德鲁斯实验森林（HJ Andrews Experimental Forest）。"我们现在在俄勒冈州拥有一套相当健全而明智的管理制度，但狼群一直隐匿不现。当然啦，他们对人类一直非常警觉。这能怪他们吗？"

又能怪谁？仅在 3 周前，也就是在 2011 年 4 月，共和党控制的国会通过了一项预算方案中"狼的附加条款"（wolf rider），结束联邦政府在蒙大拿州、威斯康星州、爱达荷州、华盛顿州、犹他州以及俄勒冈州对野狼的保护。[2] 狼的管理重归于各个州，狼的狩猎也已然计划于爱达荷州、怀俄明州和蒙大拿州。据自然资源保护委员会（Natural Resources Defense Council）估算，仅在爱达荷州，600 匹狼（占该州狼种群数量的一半）将会被消灭。整个落基山脉涉及的全部 3 个州共有 15 000 匹狼。在 2010 年，爱达荷州的牧场主仅损失了该州 2 200 000 头牛中的 148 头。该条款开启了一个令人担忧的先例——在野生动物管理上政治优先于科学。[3] 这引起许多抗议：从爱达荷到中央公园（Central Park）有许多示威中，可以见到"为狼嚎叫"（Howlings）和"为狼打电话"（Phone-ins for Wolves）之类的标语牌。动物之友主任普丽西拉·费拉尔发表声明说："在爱达荷州、蒙大拿州和怀俄明州，灰狼将遭遇什么？生态系统的关键部分到底是谁？这太卑鄙了！这些州的州长使狼受制于中世纪那样的大屠杀。"

我刚在《西雅图时报》上就联邦将狼从《濒危物种名录》中剔除一事写过一篇文章《狼因政治捕食者而濒危》（*Wolves Endangered by Political Predators*）。《西雅图时报》的标题是我的编辑写的，不是我写的。即使 USFWS 的前任局长杰米·拉帕波特·克拉克（Jamie Rappaport Clark）也因将狼从《濒危物种名录》被剔除的提议而沮丧："这项条款意味着：'我们完了。游戏结束。在美国无论狼发生什么事，那都是各州管的事。'他们早在科学告诉他们可以这样做之前就宣告胜利。"[4]

在蒙大拿州有家野营用品公司，它的广告语是："最大化你的捕猎经历……在你的猎狼计划中，增加一只倒下的黑熊。"该公司提供一份"已验证的捕食者呼唤技术"来引诱狼、熊、美洲狮、郊狼和狐狸，"以及更多的产品"到你的十字准星下。我们这群现在在森林里嚎叫的人相当在意在其他州的对狼的暴力对抗。我们坚信在对狼的恢复上仍然处于早期阶段的俄勒冈州，应该以一种更明智且有远见的方式来建立管理策略。

"嗷～～～"再一次，我们哀伤而又充满希望的嚎叫在整个山谷回荡。在我们脚下，马更些河（Mckenzie River）幽深而快速地流淌着。

没有狼回应。

我怀疑这些缓慢回归到喀斯喀特地区（Cascade Range）西部的狼此刻正在我们附近，轻嗅着，观望着，想判断我们是否为人类中危险的一群：枪支代替了相机，射击代替了歌唱。一些科学家坚信狼不仅能嗅出危险，而且能嗅出我们的情绪，就像经过长期社会化、能陪伴我们的家犬一样。我刚刚读过一项新的研究，说狼能跟随人类的凝视——这是社会伙伴关系的惊人迹象。跟随人类注视的目光的技巧对大多数动物而言是很难的测试，只有类人猿、秃鼻乌鸦、渡鸦和狼在测试中做到了。[5] 我们已经知道狼很容易追寻我们的声音并且可以选择回应人类的嚎叫，所以我们继续嚎叫，作为一种古老的不同物种间的呼唤与回应的合唱，如同这些古树一样持久。

"听！"一声遥远的嚎叫从树林里掠过时，有人低语道。没有我们手电筒的光，周围格外地黑，无穷无尽的黑暗仅被遥远的星光点亮。我们紧紧地闭上眼睛，竖起耳朵。

"哦！"听出来是嘶哑的呜咽和嚎叫，我们失望地叹了口气，"是远处山下的家犬在叫。"

"至少我们得到了一些犬科动物的回应。"一个人说道，我们能听出他在笑。

我的同伴中有一些是健壮且知识渊博的林务局员工，因 HJ 安德鲁斯实验森林的一个周末研讨会而聚集起来，而我当时在这儿作为 2011 年春天的驻地作家。这片森林设立于 1948 年，一直被明智地保留下来，生长着花旗松、雪松和铁杉，林冠被苔藓覆盖，混合着树龄100～500年的大树和老树。很多关于斑点林鸮的研究都在这些叹为观止的树林中进行，这是一个原始林被保留下来不仅有"多种用途"，而且可以用于长期研究的例子。

太平洋西北森林距离我的高山谢拉（High Sierra）出生地仅300英里远，来到这里非常有助于养精蓄锐。我们每天结伴而行，白天进入原始林深处研究树木抚育和森林衰退，晚上聚在一起谈论森林和野生动物。一位参与者给我们读了一首10世纪的中国古代小诗，名字叫作《小松树》[①]，其中一句的意思是：

> 千年以后
>
> 松树遒劲如苍龙
>
> 谁将绕着它吟诗？

身处这些古树之间，我确实感觉像被绿色的巨龙所包围。这种感觉使我记起第一次走入森林时，我的父亲把这些巨大的红杉叫作"永远矗立的人类"。

突然间，我们在徒步中听见一句话："不要害怕。你能做到！"一个身穿红色工装裤、深蓝色夹克的男孩，站在一棵高约250英尺的花旗松树下朝着厚厚的林冠层喊道。

我顺着他凝视的方向，看到7个约10岁大的孩子身着攀爬装备，全副武装着——白色的安全帽和带有黑色皮具的吊绳——高高低低地全部吊在巨大的树上。借助脚上牢牢地绑着的夹钳，他们像小猴子一

---

① [唐]齐己《小松》："发地才过膝，蟠根已有灵。严霜百草白，深院一林青。后夜萧骚动，空阶蟋蟀听。谁于千岁外，吟绕老龙形。"——译者注

样很有技巧地一步一步地向上攀爬。他们时不时地停下来，在长长的红色绳索上摇摆晃荡着休息、闲聊。几个成年人悬挂在攀爬者之间，为孩子们提供专业的保护。

"如果我死了，我的手机就是你的了！"一个孩子朝着下面试图追上他的其他孩子喊道。

正在攀爬的人们爆笑不已。几只松鼠应声而鸣；几只渡鸦鼓噪着从林冠飞出，扇着翅膀从头顶快速飞过。

伟岸的花旗松树上，几个孩子爬得如此之高，以致我只能看见他们的网球鞋一下一下地蹬着覆盖着苔藓的树干。但是一个胖胖的、感到恐惧的男孩觉得软弱无力了，卡在距离树冠仅有 15 英尺的地方。他的眼睛紧紧盯着森林的地面，希望自己此时回到松软的地面上。

"用你的膝盖向上爬。"向导轻声地指导着，他悬挂在这个被吓坏了的男孩的右侧，"接着一步一步地顺着绳索向上。"向导把绳索下降了几英尺，伸出手来稳住这个摇摇晃晃的男孩。他再次向男孩展示如何以一个胎儿的姿势蹲下，然后踏入与他的绳索连接的金属装备中，最后顺着救生索再上升一个身体的长度。

这个男孩沉重的身体一步一步地缓缓上升，在他之上和之下的其他攀登者都为他加油。经过了几次成功的尝试，这个男孩的神情变得轻松，最终成功地佩戴了绳索和升降装备。他以一种惊人的爆发速度，同时以我们灵长类祖先的优雅径直地向上爬。其他人都大喊着表示欢迎。

"现在，轮到你了。"向导咧嘴笑着转向我，并把全部装备交给我。

我犹豫了。我已经有几十年没爬过树了——更何况眼前的这棵树这么高大。

几乎所有的孩子都已经到达树顶了，那里布满苔藓的树枝被阳光照得斑斑点点，而我还站在树下的阴影里。

"难道你不想爬到那很少有人上去过的树顶看看风景吗？"

当然咯，我好想爬上去和孩子们一起，像只渡鸦或者红背鵟一样从最高的树顶看看这个神奇的绿色世界。我是通过阅读杰瑞·富兰克林（Jerry Franklin）的工作，知晓有关林冠层的研究。[6] 富兰克林是华盛顿大学的森林专家，也是从树冠层往下看而不是从下往上看这些古老森林的先驱。富兰克林称他的研究为"森林建筑的说明"，他的工作给护林人以启发。[7]

我接过安全帽，向导专业地在我的臀部系好升降带，拉紧系带以确保安全。当攀爬这棵巨大的花旗松时，我惊奇地发现我的腿部似乎记得如何坚定地去踩踏以有效地使攀登绳上升。爬树是项艰苦的体力活，我的肌肉很快开始变暖，并有些疼痛。

"嗨，孩子们，"向导朝所有人喊道，"让我们休息一下，并且保持两分钟绝对的安静。能做到吗？试着听听树木和动物在这么高的地方所听到的。"

没有任何嗤笑或低语。所有的孩子都沉浸在相同地被古老的树木举入空中的翱翔的沉静之中。我想起安德鲁斯的森林生物学家告诉我们的话："每棵树都有共鸣（resonance）。当风以特定的振动频率吹过，树和风便会产生共鸣。这就像乐曲一样。"

当风吹过每棵树，便会有不同歌曲。这棵花旗松的歌唱高亢响亮，带着来自屹立 500 年的振奋的低音声调。它从幼苗开始便是这片林地的探险者，远在欧洲定居者到达这片海岸之前。在我的人生中，这些太平洋西北部森林中的古老树木的 80% 都倒下了，而且和曾经漫步于此的野狼一样，森林只存活于它们过去的生境中的一部分。但是这棵花旗松始终是一个强势的存在，并且狼（至少在俄勒冈州）也一直被保护着。我深深地希望这棵树能屹立不倒，直到这些孩子长得高过我，并且他们自己已经成为曾曾祖父母。

我悬挂在这些孩子下面，意识到这些孩子会比我活得更久远。他们会比我看得更远，我想。他们已经在远远的未来里了。他们的绿色世界将会怎样？这些古老的树木会庇佑他们吗？像狼一样的野生动物还会是他们生命中和土地上重要的一部分吗？

最后我们全部降下绳索。一个接一个，滑下时绳索发出令人愉快的"滋滋"声。我们在树下聊了一会儿。我问其中的几个孩子爬入高高的神秘的树冠中是什么感觉。

"我们在世界之巅！"一个笑容满面的小女孩欣喜地说，她的马尾辫上沾满了苔藓和细枝。

"太酷了！"一个小男孩附和道。他不想归还那顶带有树的图案、酷酷的安全帽。

"你呢，在这儿做了什么？"一个孩子问我。

我告诉他们我在倾听和写野狼。在我说另外一句话之前，所有的孩子同时开始嚎叫。这次嚎叫是比前一天晚上我们在森林里的嚎叫音调更高但也更悦耳的合唱。当时我意识到，虽然狼在我们太平洋西北森林几乎已经灭绝，然而狼在这些孩子们脑海中的形象从未消失。

"你们对狼重返这里有什么想法？"当孩子们完成悠长的嚎叫后，我问他们。

"这很酷！"他们再次异口同声地回答，语气里还带着狼嚎的音调。

"是的，我们在黄石公园看过狼。"其中的一个孩子说，并非常高兴地享受吹牛的权利，"他们正在捕猎！"

不甘于被超过，一个女孩热切地翻着她的背包，寻找她的大眼镜。"我们这个班刚刚从狼教育中心（Wolf Education Center）认领了一匹狼！"她的语气里充满骄傲，并且当她谈论起狼姐妹莫托奇（Motoki）和阿亚特（Ayet）时，立刻引起了其他孩子的兴趣。"莫托奇很害羞，处处被她的姐姐占上风。"这个小女孩谈论起这两匹狼，就好像她们是她自己的家庭成员。

她解释说，在学校科学课上，她们学习过狼，且观看过纪录片《与狼同行》（*Living with Wolves*），了解过锯齿狼群（Sawtooth pack）①，该狼群是世界最著名的圈养狼。该纪录片的制片人兼狼的研究者吉姆·达彻（Jim Dutcher）和杰米·达彻（Jamie Dutcher）夫妇住在荒凉而遥远的野外的一顶帐篷里，花了 6 年时间生活在这个狼家族附近。[8]他们的工作为野狼的生态和行为提供了稀有而亲近的视角。爱达荷州的锯齿山脉（Sawtooth Mountains，即索图斯山脉）在距离我们俄勒冈州的实验森林 500 英里的西方，但是这些刚爬过树的孩子已经计划好在返回的途中去爱达荷州温彻斯特（Winchester）的内兹佩尔塞（Nez Perce）部落的狼教育和保护中心（Wolf Education and Conservation Center）看望莫托奇和她的姐姐阿亚特。[9]

许多爬树的孩子已经知道"狼的附加条款"，以及落基山脉各州计划在冬季开启猎狼运动。

"如果他们试着在俄勒冈州对狼进行狩猎，我们会阻止的。"这个女孩好像对所有的孩子说，"我们能做到！"

站在巨大的古树仁慈的树影里，我确实相信他们能做到。

这次与古树和心志坚定的孩子们的聚会的记忆我一直保留着。下一年是多事之秋，猎狼再次成为我的日常新闻。2011—2012 年的冬季，猎狼在落基山脉各州再次开始，并且这些运动被许多州的野生动物官员急切地批准。

埃德·邦斯（Ed Bangs）是一名退休的 USFWS 狼恢复项目（Wolf Recovery Program）的协调员，他认为猎狼并不合理，而且"这不是野

---

① 锯齿狼群最初 8 匹狼的照片参见如下网址，由迈克尔·达斯廷（Michael Dustin）拍摄：http://wolf-whisper305.tripod.com/id15.html。

生动物管理——这是收割。你在收割马鹿的捕食者"。他补充说，回归到通过猎狼来"安抚猎人"，说明"一点儿血能平息很多愤怒"。[10]

　　杀戮欲与对狼的强烈抵抗意识再次袭来。[11] 在蒙大拿州，猎狼配额是 220 匹，其中 166 匹狼被杀。这些狼中大多数体重少于 100 磅。甚至在 2012 年蒙大拿州官方狩猎季节结束后，该州的鱼与野生动物和公园部（Department of Fish, Wildlife, and Parks）将狩猎期限延长至原定的截止日期（12 月 31 日）以后，因为"在狩猎季节内没有足够的狼被猎杀。到目前为止仅仅猎杀 105 匹狼……官员们想让猎人收获 220 匹狼"。怀俄明州的猎手利用陷阱和圈套，缓慢地把试图脱逃的狼勒死。在爱达荷州，所谓的"地面清零"（ground zero）行动是从直升机上射击戴着无线项圈的狼——州长布奇·奥特一直在支持这个策略，野生动物管理局也悲剧地沿用至今。

　　甚至在我的家乡华盛顿州，虽然狼一直被联邦保护着（至少在西部地区），但反狼派再次瞄准了狼。牧场主认为狼会攻击牲畜、宠物和人，他们呼吁狼只在华盛顿州西部的城镇中恢复，那里宽容的城市如西雅图强烈地支持狼。将这种观点放进历史的视野里，在北美洲过去的几百年里，据说只有两个人被野狼咬死。[12] 然而，熊从 2002 年至今已经伤害 35 人，美洲狮从 1990 年至今已伤害 11 人。在美国，每年家犬咬死 20～30 人。猎人在美国和加拿大每年杀死 100 人并重伤 1 000 人。甚至家牛伤害的人也比野狼多。

　　在 2011—2016 年，当狼的战争在各州的控制下爆发时，我对美国国家地理影片《狼的隐匿生活》（Hidden Lives of Wolves）中狼的研究者吉姆·达彻和杰米·达彻夫妇着了迷。在西雅图的只有站席的音乐厅中，12 000 人听达彻夫妇讲述故事、展示他们关于锯齿狼群的野外研究录像。近一半听众是孩子，超过 5 000 人。当达彻夫妇介绍他们无比熟悉的狼时，无论孩子和大人都被深深地迷住了——他们能根据叫声识别出每匹狼，并且能读懂狼的表情（expression），无论狼在害怕、高兴或谨慎。

"我们确实从回归的狼身上学到了很多。"杰米解释说。她的头发黑而发亮，戴着一副小小的金属框眼镜，在讲台上缓慢踱步。吉姆满足地坐在讲台上的一个凳子上，他的银色头发反射着大厅里微弱的光。"实际上，正是狼让我们变得文明。随着时间的推移，我们驯化狗的时候——狗是一种已经灭绝的普通的狼祖先的后裔——他们帮助我们驯化牛羊。所以，我们形成了稳定的农业社会。"

杰米·达彻补充说："很多人还不知道狼的伴侣是终生的。"

达彻夫妇在他们的"与狼共存"（Living with Wolves）网站和许多图书上，讲述着关于我们长期的历史偏见的故事。"我们完全误解了狼，而且对狼保留了莫名的憎恨。我们从不对其他动物这样。"杰米说。

当杰米告诉孩子们落基山脉各州正在进行猖獗的猎狼时，他们一起以同一个强烈的声音叫了起来："不！！！"

仅就 2014 年这一年，关于所有捕食者的死亡统计数据是令人悲痛的：野生动物管理局杀死了 332 匹狼、61 702 匹郊狼、580 只美洲黑熊、305 只美洲狮、796 只短尾猫、454 只水獭、2 930 只狐狸、1 330 只鹰和 22 496 只河狸。纳税人付给野生动物管理局用来杀死这些野生动物的费用为 10 亿美元。[13] 杰米宣告，截至 2014 年春天，自 2011 年联邦主管部门将狼从《濒危物种名录》中剔除后，已经有 2 262 匹狼被杀。她说，爱达荷州州长布奇·奥特提议把狼的数量减少到 100 匹（这项提议将很快在爱达荷州参议院表决中通过），而这个数量对狼的发展来说是不可持续的。

多年来，达彻夫妇的研究一直有助于反对野生动物管理者在猎狼方面履职上的倒退。"这项政策毫无科学可言，而且毫不理解这个物种的生存条件。"吉姆·达彻在随后一次会面中告诉我，"我们不能像对待兔子、鹿或其他很容易恢复种群的动物一样对待狼。想象一下，如果你杀死了狼家族的大部分成员，还能期望狼好像根本没被摧毁过一样继续繁衍？"

这个类比能让我们深刻理解狼家族的复杂性和整体性，就像我们人类。他的经验与新的研究一样，证实扑杀狼（wolf culling）最终可能会伤害猎狼的牧场主。

"当你捕杀一个群体的大多数，尤其是经验丰富的头狼时，你会得到一个年轻、机能失调且更小的家族。"吉姆总结说，"年轻的狼实在不知道如何照顾自己，或者如何捕获大的猎物。所以他们尾随行动迟缓、较易获得的食物，比如牧场主的家畜。"

"狼是如此高智商且社会化的动物，"杰米回应道，"但是我们不想承认这点……毕竟恨他们要容易得多。"

接下来她解释说，当狼群失去一匹家族成员时，他们的嚎叫通常会改变。"当锯齿山狼群在一次美洲狮的攻击中失去一匹序位低的狼时，整个狼群因此而哀悼。他们郁郁寡欢，尾巴收起，耳朵向后。他们甚至有 6 周时间停止了游戏。他们的嚎叫里充满了寻找和悲伤。"

达彻夫妇的工作以新的视角揭示了狼家族内部的紧密联系。"我们曾发现过一副下颚有损伤的狼头骨，"杰米解释说，"但是这副下颚骨已经愈合了，说明这匹狼在受伤后继续活了好几年。这匹狼能存活的唯一方式可能是家族里其他成员喂养他，反哺食物给他，而不是把他丢在一旁。"

吉姆说，这并没有很不一样，就像一个人去世后他的狗变得沮丧并且哀嚎。吉姆提到，一匹狼被射倒后，"整个家族整夜整夜地哀嚎。他们以'八'字队形前进，好像在搜寻失去的那匹狼"。

我们谈论起狼在美国的将来。"不要忘了在西雅图的半数听众是孩子。"杰米提醒我说，"你知道'护狼儿童'（Kids4Wolves）这个组织吗？他们的社交媒体自发来帮助狼。"

　　他让我想起了在俄勒冈森林里爬树的 3 个孩子和他们对狼恢复的浓烈兴趣。此前，我从未听说过"护狼儿童"，以及这一组织非常受欢迎的照片墙、推特和脸书网页。这些网页创建于 2013 年，现在有21 000 名粉丝。

　　"我真的认为我们可能需要等待下一代人。"杰米推断，"希望在孩子身上。"

　　下一代狼的教育者和拥护者已经出现，并且已经致力于挽救野生狼。华盛顿州的高中生斯托里·沃伦（Story Warren）是"护狼儿童"的创建者，也被授予 2016 年美国总统环境青年奖（President's Environmental Youth Award）。[14] 我终于在 2016 年初夏追上这个忙碌的年轻女孩，恰好在她将要踏上去往国家首都、在白宫接受总统环境青年奖的行程之前。在我的海滨工作室，她首先做的事情之一，是借我的双筒望远镜去观看一只鹗潜入水下并用它的喙牢牢地钳住一条挣扎的鱼。

　　斯托里明白捕食者与猎物的关系是一个自然的生命循环。长期在野外对狼进行钻研让她有了生物学家的视角。"我第一次在黄石公园看见一匹野生的狼是在 6 岁的时候。"她回忆道。她的声音清晰，深蓝色的眼睛依然注视着水面的波纹——也许在观看另一只鹗在萨利希海（Salish Sea）里捕鱼。"那匹狼在望远镜里只是一个黑点儿，但是我在雪地里一直追踪着那个黑点。"

　　看见一匹狼在雪地里跳跃而行的第一眼，斯托里的注意力就被吸引了。从此开始，她便一直观测并且追随着野狼。自那以后，她的家人每隔几年便会返回黄石公园。"但是很快，"斯托里笑道，"我们将会每年 3 次看望……黄石公园的狼……只要我有超过一个星期的离校时间，我就来。"

斯托里投身于一项详细而令人印象深刻的黄石公园狼的家谱记录，最终完成时她称之为家族动态的"所有疯狂的情节转折"。听着斯托里解释她的研究，几乎不能把她同任何一位我认识的狼的生物学家区分开。斯托里同他们有着同样的热情和实践，能轻松飞快地说出统计数据——狼的领地或种群受到的破坏、每个家族里被偷猎的狼、在每个地区内威胁狼恢复的法律法规，以及从北卡罗来纳州的红狼到最近被杀害的一匹编号为 OR4 的俄勒冈州的雄狼首领。一位在照片墙上拥有 21 000 名粉丝，并肩负教育这些粉丝责任的人确实需要如此全面的知识。

"你为什么创办'护狼儿童'组织？"我问她。

斯托里的脸色沉了下来。"当他们在黄石公园边界外射杀了雌狼首领袖 06 号和她配偶的兄弟 754M 后，"她说，"我非常沮丧，并对我的父母说：'我对你们成年人无所作为实在痛心。我能为孩子和狼开通一个照片墙网页吗？'"

那是 2012 年 12 月的事。现在，斯托里每天花一个多小时处理"护狼儿童"在线草根组织事务。这是她的家庭作业之外的任务。对于这个年轻的理工科学生，野生动物不仅仅是一项学习，它已然成为一项职业、一个副业。在许多周末，她吃力地肩负着一个沉沉的背包走在膝盖深的雪地里，追逐和记录一个现在正在华盛顿州的山里建立领地的狼群。斯托里在 2013 年开始寻找野狼，直到 2014 年夏天才找到。

"这个狼群经历了许多事情。"斯托里解释说，她的语调变得非常忧郁，"至少一匹成员被偷猎了，并且去年没有狼崽出生。"

"在华盛顿追踪狼和在黄石公园的某个地方观察他们，有什么不同？"我问她。

"很不一样。"斯托里说，"要知道，黄石公园没有家畜。但是当你在华盛顿州的野外追踪狼时，有很多牛羊在公共土地上游牧，你能切实看见狼和牛羊是如何接触的。狼在家畜之间将幼崽养育大。大多情况下狼不把家畜当成猎物，有时这种共存状态能持续好些年。"

　　斯托里一直密切追踪的这个已经成功地与家畜共享领地5～6年的狼家族，直到去年，没有发生一起捕食家畜事件。斯托里注意到家畜变得更警觉以适应狼的存在。"母牛的行为更像马鹿。现在，有狼在周围的时候，牛会角朝外地聚集起来。"斯托里解释说，"并且我听说过母牛会驱赶狼来保护她们的孩子的情况，就像马鹿那样……狼不会追逐他们前进途中遇到的牛，而牛却经常会驱赶狼，让狼迅速离开！"

　　如同任何优秀的在野外工作的野生动物学家一样，斯托里一直坚持记录有关她所追踪的狼的数据。"在夏季放牧期间，每天狼和牛都在一起。"斯托里提醒我，飞快而认真地说，"我们在看见狼的足迹的地方也看见牛。狼不可能一直生活在没有牛的地方……只能共享领地。"

　　斯托里称赞华盛顿州的牧场主，后者用前瞻性、非破坏性的手段，把狼阻挡在他们于公共区域自由放牧的牛群外。"许多牧场主雇佣骑手牧工在一定范围内巡视他们的牛群，并且只在万不得已的情况下才会杀死一匹狼。"

　　斯托里很想自己接受骑手牧工的训练，以便将来和牧场主一起工作，以使狼的恢复更加容易。她已经与给她的博客或者脸书发邮件的牧场孩子进行了沟通。

　　"当我最初从一位年轻的牧场主或者猎手那儿听到什么，"斯托里苦笑着说，"它通常以某些含有憎恨或暴力的事开始……而我常常试着开始一段文明的交谈。如果我问他们为什么不喜欢狼这类问题，我也能从中学到许多。"她停下来，深思着。"有的时候当我与其他孩子交谈并展示数据给他们……比如狼实际上杀了多少头牛或者牧场主成功地利用非致死性工具的例子时……存在坦率交流的机会。孩子们仅仅知道父母告诉他们的事，而且他们在交流中经常没有其他观点。所以我先是倾听并且询问他们与狼相关的经历，然后告诉他们关于我的经历。如果他们证明我错了，那好，我会学到一些东西。"然而在谈及让她感觉实在讨厌的一些事时，斯托里丝毫没有考虑措辞——比如野生动物管理局在扑杀狼策略中使用的"犹大之狼"（Judas Wolves）。

"大多时候我能明白野生动物管理者的所作所为，然而有些时候从野生动物的处境来看很难说清怎么做才是对的。"斯托里说，"但是对于狼这种社会性的聪明动物来说，我相信科学和伦理应该作为管理的首要考虑。然而在有些情况下，我根本看不到这点。"在她的"护狼儿童"博客里，斯托里写道：

> "有时这些狼因为学术研究的需要而被戴上无线电项圈，但有时他们被特意地戴上项圈，只是为了在以后能指引直升机找到他们的群体。[15] 狙击手们在已经尽可能多地杀死一个狼家族的成员后，会让戴着项圈的狼活命，希望他以后加入其他群体或者形成自己的家族。这样做的话，直升机在第二年返回时，就能利用戴有项圈的狼再次追踪并杀死他的家族成员。毫无疑问，这匹戴着项圈的狼年复一年地看着他的家族成员死去，很明显是这匹狼引导直升机找到他们。这样的狼有时被称为'犹大之狼'。"

这个"犹大之狼"策略被爱达荷野生动物管理者正式地称为"戴上项圈以便以后控制"。[16] 想象一下失去你的全部家人——一遍又一遍地发生的情形。这匹孤狼因为项圈里能持续 4 年寿命的电池，重复地失去他的家族成员。这是最不人道的控制狼的举动之一，简直能匹敌过去的老西部方式，即 4 位骑在马背上的牛仔每人用绳索套住一匹被困住的狼的一条腿，然后朝着四个不同的方向骑去，活生生地将狼撕扯得支离破碎。

斯托里的"护狼儿童"在网络视频上最切中要害、最精彩的帖子之一是《孩子们致内政部长萨利·朱厄尔（Sally Jewell）的公开信：尊重科学》。[17] 这种简短而有力的视频评论反映了来自全国各地 7～18 岁的孩子们，反对内政部长萨利·朱厄尔在 2014 年关于将灰狼从《濒危物种名录》中除名的提议。孩子们在视频里指出，萨利·朱厄尔曾经保证过在狼的恢复问题上会遵守"能获得的最好的科学"，然而科学家们反对他关于除名的提议。孩子们质问道："谁会从你们的决定中获利？谁将承担后果？"

看着这些孩子向我们要一个与野狼同在的未来，我想起了在最近一份西雅图读物上的受人尊敬的作者乌尔苏拉·勒吉恩（Ursula LeGuin）。当一位青少年站起来问勒吉恩"你们这代人能给予我们这代的最珍贵的东西是什么？"时，勒吉恩毫不犹豫地答道："希望。"

斯托里是否对野生动物的未来——尤其是美国的狼——感到充满希望？

这个年轻女孩直率而诚实的回答让我感到吃惊。"我是一个相当愤世嫉俗的人。"她说，"我怀疑自己从未通过'护狼儿童'组织完成什么实质性的事情。"斯托里停了一下，然后继续讨论。"在乡村文化里仍然存在很多憎恨，并且这种憎恨似乎世代传承。"她加重了语气，"但是有所进步，尤其在华盛顿。我在这儿看到了最大的希望，利益相关者互相讨论，就像与狼咨询小组（Wolf Advisory Group，WAG）讨论一样。""护狼儿童"网页上最近的一条公告提及爱达荷州对学校的花费在全美国排名第 49，并在所有教育花费上排名第 46。"这让人惊讶。"她说，"立法机构每年花费在猎狼上的 400 000 美元，如果花在教育爱达荷州的孩子们身上会更好。"

这是个很好的倡议。这些花在猎狼上的钱，如果花在教育下一代上会怎样？或者给牧场主用来建立非致死性防狼障碍会怎样？联邦机构通过一项国会的预算附加条款，在爱达荷和其他州将狼从《濒危物种名录》中剔除，开启了事关野生动物未来以及我们的孩子继承的遗产的一个危险先例，并且预示着现在反复出现、通过茶党（Tea Party）的预算削减迫使国会摧毁受欢迎的《濒危物种法案》的企图。

美国对狼难以改变的态度显现出一些改变和希望的迹象。"嘿，看那儿。小红帽①！"一辆时尚的红色汽车播放着嘶哑的流行歌曲，沿着幽暗树林中的公路快速行驶。突然间司机停下来了，因为在路上站着一匹野狼。这不是车前灯照到并定住的鹿。就和我们几个世纪的妖魔化的那样，这匹狼嚎叫着，露出锋利的牙齿，好像要发动攻击。

如果这个场景发生在怀俄明州或者爱达荷州，或者在决定再次批准猎狼的任何一个州的树林里，这个男司机就会直接钻出汽车，并且射杀眼前的这匹狼——这些州的律法已经声明了对猎狼的开放。但是，接下来的情节有了惊人的转换：他只是改变行驶方向绕过了狼，并且快速驶过。然后，他转向后排座，我们看见他的小女儿正坐在那儿，而她穿着一件红色的带帽衫。

"狼说什么了？"他问她。

"嗷～～～～～！"他的小女儿嚎叫着回应，这是狼的世界通用语言。

---

① 《小红帽》（*Little Red Riding Hood*）是德国童话作家格林兄弟整理的欧洲民间文学故事《格林童话》中的一篇，并被改编为音乐剧。剧中的"小红帽"是一个戴着红色天鹅绒帽子的可爱、善良、勇敢的小女孩，但她及其外婆被恶狼吞噬，后由猎人救出。然而随着网络文学的演变，"小红帽"却被赋予新形象——狼。——译者注

第4部分

狼的王国

第 9 章

狼与国家公共土地

　　我家第一次驾车从加利福尼亚州跨大陆到马萨诸塞州波士顿时，我们这样的孩子们都忍受着堪萨斯州的单调。那是一种令人发狂的单调状态，眼前永远是仿佛"唑唑"作响的绿色和黄色的玉米垄，以及反刍着的牛。时不时地，每次当一个稻草人拍打着它身上的红色格子衬衫，并从它疯狂的手臂上撒下稻草时，我们就从幻觉般的平原发呆中茫然醒来。没有能让如同林务局实况档案的父亲给我们提供名称并要记住的树木，没有耀眼的山川湖泊，没有灰熊或美洲狮，当然也没有狼。一路上，只有人和无趣的农场动物。

　　我们对无聊的农田的抱怨让我父亲有了发表关于公共土地的演讲的想法，后来这个演讲很引人瞩目。[1] 他在演讲中说，国家公园或者国家森林必须为将来的发展预留出来。父亲解释说，美国中西部几乎没有荒野，一切都变成了人类文明定居的城镇区域。

　　我父亲对农民没有偏见，因为他出身于欧扎克斯（Ozarks）的农业家庭，但他在美国林务局的日子激发了他的激情和一生对联邦荒野的保护。事实上，在这之后几年，一部具有里程碑意义的 1964 年版《荒野法案》（Wilderness Act）就会通过——这项立法保护了美国大片地区，尤其是西部的荒野。[2] 这是世界上第一项里程碑式的荒野保护立法，将成为许多其他国家的榜样，鼓励人们宣布保护措施，为子孙后代的生存留出荒地。

在那次横跨全国的驾车旅途中，我父亲一直滔滔不绝地对困在他身边的孩子们进行独白式地说话，但后者却被极具吸引力的糖果和小东西搅得心烦意乱。但那时我第一次真正地听了进去，我记得当时父亲告诉我们，全世界 99% 的人居住在 1% 的土地上。[3]

在空旷的堪萨斯州级公路上开车时，听众会很容易相信父亲所说的这个令人震惊的统计数据。但在我看来，堪萨斯州 100% 的人都在经营农场。中西部的每一寸土地都是由用来制作饼干的作物、灌溉用的沟渠、破旧的谷仓拼凑而成，偶尔有整齐且几乎总是白色的农舍。对于一个在森林里出生的孩子，他会在沙斯塔山（Mt. Shasta）的神秘里长大。千篇一律、具同一性（sameness）的堪萨斯州在视觉上直观地解释了"驯化"（domesticate）这个动词的定义。那时候我上三年级，刚刚学会这个单词。我最近在有关学校的文章中谴责人们对马的虐待，我曾经在词典里看到"被驯化的"（domesticated）的同义词是"驯服的"（tamed）或"破碎的"（broken）。这就是堪萨斯州在我眼中的样子——破碎的大片土地，肮脏的道路在上面穿梭形成的瘢痕，以及无情的驯服。马被驯服，牛变成了生产奶的牛。那是一个农民的天堂，也是一个牧场主的王国。虽然有无尽的地平线，但是没有野生动物的空间，也没有不为我们服务的动物的任何空间。

后来作为一个成年人在欧洲旅行时，我再次感到沮丧。除了他们尚未被破坏的山脉，意大利或德国的大部分地区是高度发达和驯化的土地。代表性的公共土地被修建成花园、公园和整洁的森林。欧洲既美丽又环保，但这是一片完全被征服、被管理的土地。当欧洲的移民们开始在北美洲的新世界之旅时，欧洲所有的原始林都被砍伐了。我依旧很想回到有着原始林和野生动物的美国。虽然有一些将狼重引入欧洲的时髦尝试，尤其是在西班牙、意大利和罗马尼亚，但那些地方已经失去了大部分荒野。

美国人现在正热议我们是否要发展成像欧洲一样的城镇化，或在我们的公共土地上保留一些荒野，使我们的人性和灵魂中保留一些自然天性。东北和南部的公共土地更原始，那里拥有更少的顶级捕食者，但为荒野和捕食者恢复的战斗正在落基山脉北部和西部地区上演。支持和反对狼的斗争是美国特有的激情游戏和身份危机。

美国人是只有羊和牛相伴的孤独牛仔吗？或者我们是城市人，已经失去了一切自然的野性，却热情地呼唤野性？或者我们鄙视比人身安全更珍视枪支权利的农村人？或者我们是一个更大的团体的一部分，谈论文化的变革，同时容忍外来者甚至其他顶级捕食者？人们中的裂纹线是清晰的，而且通常是紧张的。狼的重引入能在这样复杂的冲击下、不可避免的强烈反对下成功吗？

一次又一次的全国民意测验告诉我们，绝大多数的美国人是希望恢复狼的，尤其是在公共土地上恢复狼的支持率更高——公共的土地属于我们所有人，不只是牧场主或养殖户。[4]2013年，当奥巴马政府提议永久剥夺联邦政府对美国大部分地区的狼的保护的提议时（除了亚利桑那州和新墨西哥州的高度濒危的墨西哥灰狼），只有1/3的选民支持这项除名的提案。[5]许多野生动物学家强烈谴责这项撤销保护计划的提议。[6]在给内政部长萨利·朱厄尔的一封信中，科学家提出了这样的观点："狼在某些地区才刚刚开始恢复，并不是在所有的地区都恢复了"，因此联邦保护必须为了生态系统的健康而继续进行下去。[7]吉姆·达彻和杰米·达彻在《纽约时报》一篇专栏文章中写道："不要抛弃灰狼。"他们还提到，狼的管理"依然受到狩猎和牲畜利益的挟持"。

该文章最后以一个尖锐的问题结束："我们将狼带回来的唯一目的就是为了猎杀他们吗？"

阿拉斯加狼峰会的一个故事至今仍萦绕在我的脑海中，它代表了一种逐渐消失的"最后的边界"心态。一位野生动物管理人员在那个会议室里若有所思地说："我的爷爷是一个在北方设陷阱诱捕兽类的老猎手。有一次，他发现了一匹体型大的狼被他的金属陷阱夹住了爪子。'那匹狼就站在那里看着我。'爷爷说，'他只是一直盯着我看，然后就那样摇着他那该死的尾巴，直到我最后开枪。'"

我自始至终都没有机会问那位野生动物管理人员："你也会向那匹落入陷阱的狼开枪吗？"对他的表达，我凭直觉就能知道——曾经骄傲但又陷入烦恼，他可能至少考虑过做出不同的选择。他会因为他的祖父的故事而十分困扰。

2012 年后，狼的管理事务回归密歇根州、明尼苏达州、威斯康星州、爱达荷州、怀俄明州和蒙大拿州的野生动物委员会（wildlife commission）。97% 的灰狼所在的美国本土 48 州，很快同时宣布猎狼合法，所有的赏金方式、武器狩猎和陷阱捕猎都是允许的。到 2014 年，大湖地区有 1 500 匹狼被杀死。[8] 在爱达荷州，2016 年的冬天，带有恶意的反狼州长布奇·奥特和该州的鱼与狩猎部在一次狩猎中射杀了 20 匹佩戴无线电项圈的狼，但直到狩猎结束都对公众保密。[9] 这次狩猎的目的是为了提高该州的马鹿数量。

到 2015 年底，联邦法官贝丽尔·豪厄尔（Beryl Howell）推翻了联邦政府先前将灰狼从《濒危物种名录》中剔除的决定。[10] 这是一位法官第四次推翻将灰狼"摘牌"的企图。豪厄尔法官指出，法院"必须俯下身子，以确保相关机构知道，而不是使用不确定的术语：这种事已经发生得足够多了！"豪厄尔法官命令密歇根州、明尼苏达州和威斯康星州在《濒危物种名录》中恢复狼。

尽管科学家和保护主义者对这一决定表示欢迎，但敌对的共和党控制的国会立即以另一项附加在预算法案上的政治条款的形式引入了立法。这项附加条款，就像 2012 年成功的那项附加条款一样，将再次剥夺狼的濒危状态，并推翻豪厄尔法官的命令。如果这项 2015 年的附加条款通过，这项立法将阻止在大湖地区相关各州对狼更多的司法保护。

在 2016 年初的最后一分钟里，这项附加条款被撤销了，而预算法案也通过了，狼仍然得到联邦政府的保护。

2016 年，联邦政府将美国所有的狼从《濒危物种名录》中剔除的提案仍悬而未决，而对狼保护的无休止的反对也在继续。俄克拉何马州共和党参议员吉姆·英霍夫（Jim Inhofe）在 2016 年总统大选之前，是美国国会中和鱼与野生动物管理局相关的委员会的主席，他声称气候变化是一场"骗局"。他和国会其他共和党人正在为"如何取消《濒危物种法案》而制定另外的方案"，其中包括取消对许多濒危物种的保护。[11] 共和党 2016 年总统大选的纲领将灰狼作为三种从《濒危物种名录》中剔除的目标物种之一。《国家地理》杂志的一篇文章《为什么这些稀有物种是共和党的目标》（Why These Rare Species Are Targeted by GOP）指出："反对物种保护的主要原因"是狼的保护限制了人们的工作机会和财产权利。这篇文章总结说："但是大多数公众对在狼恢复后就立即杀死当地的标志性物种的想法感到不安。""也许共和党在他们的纲领提到过这些物种，更多的是与普遍存在的文化战争而不是野生动物科学有关。"

像加利福尼亚州的芭芭拉·伯克瑟（Barbara Boxer）这样的民主党人发誓要停止任何削弱《濒危物种法案》的行动。她发誓说："为阻止这些法案取得大的进展，我们将携手进行战斗。"根据生物多样性中心（Center for Biological Diversity）的数据，2012 年和 2016 年，美国联邦政府将超过 4 000 匹狼猎杀。即使在 2016 年，在美国本土 48 个州中只有五六千匹狼，只占不到他们原有栖息地面积 10% 的土地，但一项被讽刺为"两党运动员的法案"的立法却要"在怀俄明州和西部的大湖地区永久结束《濒危物种法案》对灰狼的保护。"[12]

在这场战争中谁在真正的战斗？在过去的 20 年里，我一直在倾听这些声音，并一直站在所谓的"永远的战争"的前线。因为我的童年不是在一个有狼的环境中成长的，而是被猎人和野生动物管理人员包围，所以我非常熟悉那些认为狼必须受到"致死控制"的人。我对狼已经报道了很久，因此我收到很多来信，而且人们在信中毫不犹豫地分享他们的意见。为了让这些来信人有发言权，我选择了其中一些人在这里介绍。这些人之所以脱颖而出，要么是因为他们具有代表性，要么是因为他们有独特的观点。他们每个人都提供了很多观点，不只是简单地支持或反对狼的立场。因此，我把他们想象成灰狼保护争议中的灰色地带。

第一个声音来自迈克（Mike）。[13] 这是一个聪明、魁梧的人，最近从西雅图的航空航天工业退休。他还是一个忠实的渔夫，由于大部分时间在户外，所以胡茬蓬乱，头发灰白，脸部饱经风霜。他和他的兄弟也喜欢狩猎很多马鹿或其他尾鹿。他粗犷且直率，尊重科学，即使科学是多变的，并且需要不断地修正。虽然迈克是个聋子，但他能很容易地读懂唇语，并清楚、明确地说出他的观点。他的男中音在拥挤的人群中也能听清楚。他尊重事实，不容忍愚弄，而且经常说公众的意见很少是基于现实的。我经常遇到迈克和他的妻子玛丽（Mary），如果需要的话，她会用手语将我们的对话翻译给他。迈克抵制政治标签，并以投票给个人而不是政党而自豪。迈克有很多关于狼回到我们的土地的看法。

我们在他家吃午饭。这里有让他骄傲的大汽艇，大得几乎盖过车道。迈克向我讲述了一个他最喜欢的狩猎故事。

"在阿拉斯加，我和好伙伴们一起打猎。但不知怎么的，最终我一个人留在山脊上，旁边是一头灰熊，还有一群狼在山坡下。"迈克停顿了一下，激起了我的强烈兴趣，然后说，"那样在夜晚，地形不好，同时天气又开始冷下来。我当时害怕那些狼，其中一匹狼有点疯狂，旋转着，嚎叫着。但也许那匹狼仅仅是在玩耍。"

迈克不得不冒险回到露营地，而大多数狼都跟在他后面。"但是，我不得不疾步直接从一匹孤狼旁边通过。"他笑着停顿了一下，接着说，"当我回到营地时，我的伙伴们才是真正的威胁。他们用胶带把我捆在我的睡袋里，然后把我扔进河里。"

迈克让我想起了我的父亲和他的林务局的朋友们围坐在篝火旁或餐桌旁回忆打猎的情景。对一个孩子来说，这些故事形象生动，有时却扭曲人的本性；或者野生动物的故事比童话好得多，因为它们是真实发生的。我喜欢听迈克讲故事，就像我小时候关注那些坚定的猎人一样。

"在美国历史上，狼的重引入并没有什么真正的传统。"在一个春天，当我们在他的走廊上相遇时，迈克生硬的声音变得更加严肃了，他同时调整了他的大眼镜。可能因为耳聋而被经常误解，他用严肃的语气纠正我："狼的回归对我们来说是全新的事物！在你判断猎人反对狼的恢复之前，我想提醒你，媒体不应该总是把猎人和牧场主放在一起讨论。难道你不知道大多数狩猎团体实际上不喜欢牧场主吗？"

"为什么不喜欢呢？"我问。

"牧场主们不喜欢人们在他们的牛羊周围开枪。这就是为什么。"迈克像个挑剔的科学老师审视我。"对猎人而言，大量的公共土地作为熊和狼的栖息地非常有利，而它们却被租借给牧场主。"他往后一坐，眨了眨眼。"当然，射杀母牛是不被允许的！"

迈克讲述了几年前的一个灰熊恢复项目的故事。"一个牧场主向我抱怨，他不得不忍受那些在他的土地上威胁羊群的熊。"迈克简短而轻蔑地哼了一声。"我指出我同意他的意见——为了支持熊，他应该把他所有的牛从公共土地上搬走，从而失去他的租约。"迈克咧嘴一笑，继续说，"他的回答是问我：'什么对你最重要？谋生的人，还是熊？'"迈克停顿了一下，力求他的话达到最大效果。"那你认为我怎么回答？"

"我不知道。请告诉我。"

"嗯，我告诉他：'人民是最重要的。既然人民拥有土地，就不应该只让一个牧场主获利！'"迈克坐在他的草坪躺椅上，仔细地看着他那无可挑剔的后院，里面有花园、圆顶屋，甚至还有一个喷泉——都是他亲手打造的。"那天深夜，那个牧场主威胁要把我揍一顿。他说如果在他的土地附近抓到我，他会杀了我。"

当我问迈克，他对狼回归的底线是什么时，他毫不犹豫地告诉我："很多猎人都很喜欢狼，希望看到他们恢复到原来的样子，但是我们也认为狼应该被控制。我们不相信那些关于狼有权利的废话。像土地或树木一样，狼是国家的财产。"

我们停下来，一起吃了一顿简单的午餐，然后把一些食物扔给迈克那只杰出的、训练有素的黑色拉布拉多猎犬。"你知道吗，最近有匹郊狼住在一处水沟里。在你的公寓附近，不是吗？"

我记得我住在西雅图时，附近的一个古老的公园里有一匹母郊狼；她杀死了几只宠物猫，睡在垃圾桶里。然而，事实是，之后那匹母郊狼就被动物控制机构杀死了。

迈克高兴地对捕食者之间的比较进行猛烈地抨击："你的西雅图社区甚至不能容忍后院的郊狼——所以你认为当狼追逐他们的羊或牛时，牧场主们会有什么感觉？我也不想让任何狼在我的附近游荡，而且我会射杀任何在这里伤害我的家犬的狼、狗或人。"他把手放在他的拉布拉多猎犬的头上。"问题是，你必须了解这些牧场主，他们害怕失去什么。他们不是敌人，只是善良、正派、努力工作的人。他们努力工作和谋生，而且真的没有对狼的战争，"他热切地宣称，"只是普通人想知道如何在自己的后院和狼一起生存。"

我指出，牧场主的大部分牲畜已经注定要被屠宰。还有一些政府机构和保护组织，比如野生动物卫士组织，已经花了几千美元来补偿牧场主在过去 20 年里因遭受狼捕食而造成、极为有限的损失。

迈克把我的论点放在一边，坚持说："但这对牧场主来说是一件麻烦事，他们要证明那是狼杀死了他们的牛。牧场主现在是狼的邻居，他们必须和狼一起生活。"

他告诉我："保护主义者必须赢得牧场主的支持，否则狼恢复的努力要么注定失败，要么将被限制得毫无意义。"

"但是怎么做呢？"

"保持对话！"迈克建议，"你可能会惊讶，有这么多的牧场主对狼的恢复非常宽容，但他们却不敢公开发表意见，因为有来自同行的压力。"

我采纳了迈克的建议。当我和与捕食者共存的牧场主和农民交谈时，我遇到了伊丽莎白（Elizabeth）。为了她丈夫的技术职位，她和丈夫在西雅图待了几个月。这对夫妇和他们的 3 个儿子在弗吉尼亚经营着一个不起眼的养牛场，而从 17 世纪初开始，她先祖的家庭就在那里劳作。她是一个瘦弱、纤细的女人，但脸上带着充满活力的微笑，还有一种朴实的智慧。伊丽莎白四十多岁，对可持续农业很有热情，也很精通。

"对我来说，可持续农业就是与自然合作，而不是与自然作对。"伊丽莎白告诉我。她是个农妇，许多夜晚都要接生小牛，不得不接受兽医技能的教育，因为她去找最近的兽医也有一个小时的车程。她还是一位母亲，试图教儿子们务农。

"当我们在外面筑篱笆或驱赶母牛时，我们会听到郊狼的嚎叫，或者看到浣熊在泥地里的踪迹。我总是告诉我的孩子们，生产食物并不意味着你必须消灭你周围所有的野生动物。相反，我们欢迎野生动物。郊狼会减少兔子、土拨鼠和其他啮齿动物的数量，这对我们的农场有好处。"

"那么郊狼是弗吉尼亚州的主要捕食者吗？"我问道。

伊丽莎白点了点头说："对于牧场主来说，没有什么比让牲畜被捕食者杀死更令人苦恼的了，所以我明白有些人为什么要杀死狼。作为一个养牛的人，我也认为牧场主们很难接受那些不依靠土地为生的人要求把狼重新带回野外的呼吁。"

伊丽莎白停下来，沉思了一会儿。"但是在东部，我的家人养牛，我们必须采取不同的方法去避免大规模屠杀野生动物。"她身子前倾，乌黑的眼睛流露出一种特有的热情。"相反，我们的策略是保护我们的牲畜不被捕食。我们不会让我们的母牛在森林里或在最遥远的牧场上产羔。我们把我们的母牛带到离家更近的地方来保护它们。"

"但是如果你的一头牛被郊狼吃了，怎么办？"

伊丽莎白坐了下来，考虑了一会儿。她那黝黑的脸陷入了一种专注的寂静之中。"好吧，如果一只野兽杀死了我们的牲畜，那么我们就知道我们已经松懈了，必须重新评估我们的管理策略。在过去的 15 年里，我们从未杀过一只野生动物。"她说。

"这真是令人印象深刻。你怎么看待西部的狼回归问题？"

伊丽莎白皱起眉头，难过地摇了摇头。"在公共土地上放牧的西部牧场主——我们在东部没有这种奢侈的东西——已经有了特权姿态（entitlement attitude），给所有农民带来一个坏名声。"

"怎么会这样？"

"噢，如果我们东部的人不得不努力保护我们的牲畜，而西部牧场主使用纳税人资助的土地，然后要求公共机构使用公共资金来杀死狼而不是加强自己管理家畜的策略，那么显然他们已经离开了所谓的牛仔，而是站在了福利队列（welfare line）之中。"

"这是农民的强势语言。"

"是的。"她点了点头说，"这些话很强势，因为农民们都是直来直去的人。我们就像这样说。底线是，西部牧场主也可以学会承担更多的责任来保护自己的羊或牛。[14]这只是他们工作的一部分。"

越来越多的牧场主和农民了解并实施了伊丽莎白那样的农场模式——积极保护他们的家畜免受捕食者的侵害。在我的家乡华盛顿州，狼仍在《濒危物种名录》上。我们希望，在遥远的西部，人们会像伊丽莎白说的那样以不同但更可持续的方式，在落基山脉的无休止的与狼的战争中少持挑剔的态度。

2015 年，太平洋狼联盟（Pacific Wolf Coalition）的报告说，有 10 万西海岸居民加入到全国 100 万公民的行列，敦促联邦政府维持对灰狼的联邦保护。

"华盛顿有西部最好的狼管理计划。"西北自然保护组织（Conservation Northwest）的米切尔·弗里德曼（Mitchell Friedman）指出。他补充说："我们不想让狼成为另一个引起分歧的城乡问题。"弗里德曼希望利用牧场主和狼拥护者之间的对话来建立"一种社区的感觉，做正确的事情，这样我们就能在成功的牧场和农业生产的基础上，恢复狼的数量和健康的野生生态系统"。[15]

弗里德曼参与了狼咨询小组的合作工作，该小组包括运动员、牧场主和狼拥护者。在华盛顿州、俄勒冈州和加利福尼亚州，牧场主们正在学习用非致死的方法来保护他们的牲畜。[16]他们雇佣的是骑手牧工，不会在已知的狼群附近放牧。牧场主可以与华盛顿野生动物官员签署协议，以"避免冲突"。这一合作为参与的牧场主们提供了每日的无线电项圈警报，以预警家畜附近狼的情况。

　　华盛顿州牧场主萨姆·凯泽（Sam Kayser）在公共土地上放牛。他解释说，他正在与政府合作，以适应狼的存在。他的牧场在西雅图以东100英里。2015年夏天，当狼杀死他的一头牛时，凯泽告诉农业媒体——资本出版社（Capital Press）的West's ag网站："他仍然相信，他的牛可以与那些回归的捕食者共存。"[17]凯泽不是野生动物的拥护者，而是一个现实主义者。"我对此并不感到兴奋，"他对狼的回归发表看法说，"但不管我是否兴奋都不重要。我们被迫接受他们。我想，在那里我们所有人和狼都有空间。"

　　凯泽的养牛场位于华盛顿州的中部，靠近提那维狼群（Teanaway pack）。在这个家族的6匹狼中，有3匹被安装了无线电项圈。每天3次，这些项圈将狼的位置传递给凯泽的经验丰富的骑手牧工比尔·约翰逊（Bill Johnson）。提那维狼群仍然受到联邦的《濒危物种法案》的保护，因为它处于华盛顿州西部。即使这些狼捕食牲畜，射杀他们也是不允许的。因此，牧场主们必须学习猎杀狼的非致死替代方式。需要确实成为发明之母——如果不接受，那么请宽容对待。从2011年开始，骑手牧工约翰逊一直在保护凯泽的500头牛。在一次巡逻中，他停下来查看了一些狼留下的痕迹，发现狼吃了马鹿、啮齿动物和知更鸟蛋，而不是牲畜。约翰逊的工作得到了西北自然保护组织的部分支持。作为一个职业牧工，约翰逊现在认为自己是支持狼的人。

　　西北自然保护组织的杰伊·克内（Jay Kehne）解释说："狼引发了各方的很多情绪。我们希望找到中间地带，与牧场主合作，为他们提供最好的非致死性的驱赶狼的工具。"这样的工具包括明亮的闪灯、警笛、眩晕手枪、警犬，以及舞动的红色布条——被称为恐吓布条（fladry），它们似乎可以吓跑狼。对付狼最简单有效的方法之一是清除牲畜尸体，以免吸引任何捕食者。在华盛顿州，一个新的设施正在建设中，在那里的牧场主可以将死牲畜用来堆肥。

骑手牧工约翰逊钦佩狼敏锐的智慧。"不管我们在哪里放牛，狼都知道。"当他在马上巡逻时，狼似乎并不害怕他。约翰逊和其他骑手牧工采用了任何牛仔或牧羊人都会采用的永恒的战术——人为保护。为了放牧和避免可能出现狼，人们迁移牛群。约翰逊每天早上都要检查电脑是否有狼发出的无线电信号。他和训练有素的边界牧羊犬尼皮（Nip）一起工作，保护牛免遭狼咬。

华盛顿州完全补偿了凯泽这头牛的损失。凯泽说："我很欣赏这种做法，这是应该的。我不必为公众要拥有狼而承受经济负担。"也许会有更多的狼来袭，但是"当我们来到这里，我们就会走过那座桥"。凯泽总结说："到目前为止，我们都取得了成功。但是我们让我们的狼有了足够的栖息地。"

在 2016 年夏天，华盛顿州容纳了 19 个狼家族，包括 90 匹狼，其中有 8 对双胞胎。[18] 西北自然保护组织已签订合同，在全州范围内多雇 5 个骑手牧工。虽然他们可以保护牲畜免受狼的侵害，但他们无法保护狼免遭非法捕猎。不幸的是，在狼杀死凯泽的小母牛后的一年内，偷猎者杀死了提那维狼群的雌性首领。

其他牧场主指责凯泽和约翰逊出卖了他们，因为凯泽已经和州政府签署了协议，共同努力适应狼的恢复。凯泽反对这一指责："我就此给 B.S. 打了电话。对我来说，目标就是共存。"

尽管反对狼的牧场主只占人口的少数，但是他们的声音非常响亮，在历史上占主导地位，已经决定了迄今为止的野生动物政策。他们现在仍有很大的影响力，然而新的美国人口结构挑战了他们的力量。

不断变化的美国人口特征将深刻影响我们如何看待其他顶级捕食者。美国人口普查局（Census Bureau）表示，到 2020 年，"全国一半以上的儿童将成为少数民族或族群的一部分"。[19] 先前 72% 的婴儿成员却是白人，但 2000 年以后出生的美国人中只有 50% 是白人。到 2050 年，西班牙裔人口将增加两倍，亚洲裔和非洲裔美国人的数量也会增长。随着美国变得更加多样化和城市化，我们对公共土地和野生动物的政治和政策将会改变。[20]

在另一个转变中，现在有许多千禧之子（出生于 1982—2004 年的人）与婴儿潮一代一样到了投票年龄，而他们当中只有 56% 是白人。[21] 千禧之子这代人是"受教育程度最高、最多样化、最自由的一代"，也是"美国历史上数量最多的一代"。这是经历了"占领华尔街"（Occupy Wall Street）和"黑人的命也是命"（Black Lives Matter）的一代，他们看重的是政治办公室里候选人的真实性和完整性；这也是一个在社交媒体上训练有素的集体声音。

有趣的是，虽然很少有千禧一代把自己标榜为"环境主义者"，但他们在政治和偏好上却是最环保的一代。[22] 他们支持可持续发展的公司、太阳能和风能，并支持更强有力的政府监管。[23] 事实上，从食品标签到人道地培育的肉类和奶制品，再到保护，千禧一代越来越支持政府的干预。千禧一代吃的肉比前几代人少，在地方、基层的绿色组织中更活跃。2/3 的千禧一代认为人类造成的全球变暖是真实的，气候变化需要解决；只有 25% 的人认为美国应该扩大石油、煤炭和天然气的生产。这种所谓的"绿色一代"预示着自然保护和动物福利的不同未来。[24] 正如一位千禧一代的作家所指出的，"环境主义和现代城市生活方式并不是相互排斥的……我认为，千禧一代开始摆脱那种'关注地球和物种的未来只是环境主义者的事'的心态。"[25]

我在北卡罗来纳的野生动物问题上采访了一位千禧之子，这是新一代更广泛接触的例证。[26] 考特尼·佩里（Courtney Perry）20 多岁，身材苗条，和蔼可亲，但却有一种黑色幽默。她对象广泛的文章发表在《赫芬顿邮报》上——从宠物到慢性焦虑症。她遇见了她的丈夫艾萨克（Isaac），两人那时都在佛罗里达群岛的一个海豚研究机构工作。小时候，考特尼想当海豚教练，所以和海豚共度夏日是她的梦想。和她的许多同龄人一样，考特尼患有哮喘和强烈的食物过敏；她必须研究食品标签，并且对空气污染和食品中的危险的添加剂都非常敏感。考特尼大学毕业时获得了心理学学位，然后成为北卡罗来纳州温斯敦—塞勒姆（Winston-Salem）一所医学艺术学院的学生服务部主任。现在她在一家当地的非营利组织工作，向那些患有自闭症或发育障碍的孩子传授生活技能。

"当我还是个孩子的时候，我就在社交技能上挣扎。"考特尼告诉我，"但谢天谢地，我的父母意识到了这一点，并把我放到了一个可以学习的项目中。"

考特尼有着明亮的蓝眼睛和轻松的笑声，很难想象她曾经在"社交技巧"上有什么困难。但她确实有一种急躁和讽刺的生活态度。她患有慢性梦游病，经常梦到自己"睡在一堆需要抢救的小狗身上"。

回馈和社区是像考特尼一样具有国际化思维和超连接的千禧一代中许多人的两大主题。看看照片墙、脸书或微博客（Tumblr，即汤博乐）的网页，你就会发现各种各样的要求，从宠物收养到河流修复，再到濒危物种保护。考特尼喜欢所有的动物，但对大多数狗过敏。有一天，她的丈夫给她介绍了一只名叫"亨利"（Henri）的不会让她过敏的拉布拉多猎犬。拥有巧克力色卷发的亨利是我见过的最可爱的狗之一，她的黑眼睛很像人类。考特尼和艾萨克用他们的海豚训练技巧来提高亨利的社交天赋，现在它成了正式的治疗犬。考特尼带着亨利去小学，帮助孩子们学习阅读，亨利同样受到当地老年中心热情和感激的长者的欢迎。

当我采访考特尼的时候，她的拉布拉多猎犬靠在我的膝盖上，用一种几乎令人不安的目光盯着我。虽然亨利是驯养的，但她的警觉性和强度都来自其远房表亲——野狼。

当我问考特尼，她对狼群恢复到美国以前的牧场有什么看法时，她回答说："我真的支持狼群回到他们的家园和以前的领地。我们已经向自然索取了这么多的东西——为什么不试着把狼和其他动物恢复到他们所属的地方呢？"

我问考特尼，她是怎么看待有争议的恢复红狼种群的努力的。红狼是世界上最濒危的狼，而北卡罗来纳州是世界上唯一红狼没有灭绝的地方。北卡罗来纳州曾经有过一项红狼恢复计划，但是联邦机构最近却放弃了将圈养的红狼放归野外的努力。环保组织正在提交一份紧急请愿书，起诉 USFWS 的失职，没有拯救将在他们的眼皮底下灭绝的红狼种群。

当我们谈到她所在州的红狼可悲的衰落时，考特尼说："我只希望我们能给他们应得的空间和尊重。我虽然住在城市，但是很高兴知道野生动物仍然在我的家园生存。也许有一天，我的孩子们会听到甚至在野外看到一匹红狼。"[27]

我们现在可能见证了牧场主、猎人和农民统治公共土地和野生动物管理的最后日子。事实上，在过去的半个世纪里，在联邦土地上放养的牲畜减少了，从 1953 年的 1 800 万英亩减少到 2014 年的 800 万英亩。牧场主对政治的影响也在变小。[28] 然而，这并不意味着我们的美国土地和身份的转换和演变不会引起动荡、不安或暴力。

新兴的战场之一是各州与联邦政府之间对公共土地的控制。各州发起的"收回"公共土地与抵制联邦的狼恢复计划的运动不可避免地联系在一起。那种斗争体现在 2016 年 1 月，一些武装分子在俄勒冈州的沙漠中占领了马卢尔国家野生动物避难所（Malheur National Wildlife

Refuge），反对联邦"拥有"这片偏远的187 757英亩的公共土地。[29]这些武装分子是内华达州牧场主克利文·邦迪（Cliven Bundy）早期抗议运动的一个分支。联邦政府已经将邦迪的牛群从公共土地上赶了出来，因为他拒绝支付已经逾期的放牧费用。邦迪的儿子们策划了对马卢尔国家野生动物避难所的占领。

在那片萧瑟荒凉、仲冬下的荒野上，武装的抗议者用铁锯弄断了步道标牌，并将其焚烧。他们没收了一辆USFWS的车子，并威胁要使用暴力。戴着牛仔帽、全副武装的男人在马背上挥舞着一面美国国旗，在偏远的游客中心巡逻，守卫着该野生动物避难所，其他人则高举标语"夺回俄勒冈州"和"BLM——另一个侵入的、专制的政府机构，他们在做他们最擅长的事情——滥用权力、压迫美国的脊梁"。其中，"BLM"是土地管理局（Bureau of Land Management）的首字母缩写。这些愤怒的抗议者真的是"美国的脊梁"吗？他们是否反映了我们真实的美国人性格，或者抗议者是一个边缘群体，是一些要退回到过去的人？不管答案是什么，他们肯定代表着在公共土地和野生动物管理方面的对抗，尤其是在西部地区。

接管马卢尔国家野生动物避难所揭示了一个州与联邦政府之间的争斗。具有讽刺意味的是，当占领者宣称马卢尔"被联邦政府非法剥夺"，导致"在这片土地上曾经工作过的超过100个牧场主和农民流离失所"时，似乎忘记了这个避难所坐落在对派尤特族部落（Paiute tribe）来说仍然神圣的祖传土地上。[30] 9 000年前，派尤特人的祖先就住在这片土地上，但联邦政府在1879年签订条约后迫使他们离开了他们的土地。

在齐膝深的雪地里，这个部落被装上了马车。"他们公然把我们的人民、孩子和妇女从我们的土地上带走了。"派尤特部落委员会成员贾维斯·肯尼迪（Jarvis Kennedy）说。这个有200个成员的部落仍然在这片孤立、冬季尤其荒凉的俄勒冈州土地上挣扎。在肯尼迪看来，如果他的部落想要接管该野生动物避难所，"我们就会被枪杀，被炸死，或者被关进监狱。他们是白人。我们与他们是不同的"。

对马卢尔反政府占领者的最生动的反应之一不是来自部落或政客，而是来自野生动物的拥护者，尤其是观鸟者。[31]保护主义者一直珍惜马卢尔，将它视为众多鸟类生活的圣地，从大雕鸮和横斑林鸮到优雅的红鹮，再从西部雪鸻到大白鹭。马卢尔国家野生动物避难所是"320种鸟类和58种哺乳动物的家园"。根据经验丰富的观鸟者诺厄·斯崔克（Noah Strycker）的说法，他一天内在这个避难所发现了50种鸟。

一个长期观鸟者发出的愤怒的信在网上疯传，上面说"观鸟社区对俄勒冈州恐怖分子发出警告：我们在监视你"，并引发了一场"夺回马卢尔运动"。这封信疾呼马卢尔占领者撤出，并声称："在马卢尔和其他野生动物避难所、国家公园、国家森林公园和土地管理局所属的土地上，你们数十年不断地偷猎被保护的野生动物的行为已经得到了充分的记录。"信中还指出，"现在美国大约有4 000万野生动物摄影师和野生动物／鸟类观察者，我们旅游的花费支撑了西部许多农村的经济"，并承诺"我们正在注视你们，而且多年的观鸟摄影让我们有了默默奉献的精神和决心"。[32]

不仅愤怒的观鸟者谴责了对马卢尔的占领，而且有线新闻网（CNN）的安全分析师、哈佛大学教授、国土安全部前助理部长朱丽叶·卡伊姆（Juliette Kayyem）称俄勒冈州反政府占领者为"国内恐怖分子"。[33]朱丽叶·卡伊姆写道："他们是危险的，他们是无情的，他们蔑视联邦法律……他们显然愿意用暴力来达到目的。"她提醒那些武装分子说："如果一个联邦特工或公共安全官员在任何包围中被伤害或被杀害……你们都将成为一级谋杀的帮凶。"她建议联邦执法官员等那些占领者自己离开，毕竟在一个下雪的偏远地区，占领者甚至连从同情者那里得到物资都有困难。"我们并不在伊拉克。"她总结说。

在媒体铺天盖地的报道之后，对于这些牛仔武装分子占领野生动物避难所的行为，公众对他们的声援几乎没有。俄勒冈州的居民们在市政厅举行集会，要求在野生动物避难所的反政府抗议者"回家！"[34]《基督教科学箴言报》（*Christian Science Monitor*）一篇关于马卢尔占领事件的文章呼应了大多数人的共识，即把这次占领描述成"把他们的西部同胞描绘得惨淡可怜，漠视（甚至破坏）许多寻求在没有革命的情况下重塑西部未来的人所青睐的方式的政治舞台"。这篇文章同情那些正在挣扎、失去农场、难以适应新的经济发展趋势的小镇牧场主和农场主。

事实上，《高乡新闻》（*High Country News*）指出，自大开拓时代（frontier days）以来，美国西部年龄 45～64 岁的白人男性自杀率最高，大多数是用枪自杀。这是与马卢尔占领者相同的年龄和种族，许多人完全预料到他们可能会在与联邦政府的激烈对抗中死去。这些人感到被文化和经济的快速变化剥夺了公民权利，而这些变化使他们处于边缘化和无权的状态。他们武装占领野生动物避难所并进行暴力威胁是一种正在消退的生活方式的最后一种抵抗。他们的愤怒、权利声索和暴力揭示了一种适应障碍，也是一种无力改变的状态。许多马卢尔占领者错误地认为在公共土地上放牧是宪法所保障的权利，而不是一份需要支付的合同。[35]

在接受采访时，占领者既没有意识到这片土地的历史，又没有意识到如果联邦土地被归国有或私人所有，那么它和它的野生动物将会变成什么样子。如果这种情况发生，可能的结果将是贪婪的土地抢购和真正的接管，以及无情地消灭小农场、牧场主和野生动物。与这样一场私人和企业的土地热潮之后的结果相比，联邦政府可能会被认为是善良的。

许多白人定居者最初是在联邦政府提供用于宅基地的免费土地

（即赠地）的情况下被征召到西部的。"西部的命运几乎从国家的开始就与华盛顿联系在一起。"[36] 所以很讽刺的是，那些曾经被联邦政府免费提供土地的人，在过去一个多世纪里一直在利用我们的公共土地来放牧，而现在许多西部人对政府的反抗并没有减少。《西雅图周刊》（Seattle Weekly）一篇名为《牛仔的虚无主义》（Cowboy Nihilism）的社论提醒读者，正是共和党总统西奥多·罗斯福在 1908 年创建了马卢尔国家野生动物避难所，以保护那些被羽毛猎人（plume hunter）所摧毁的本土鸟类种群，而那些羽毛被用来做女士帽子上的装饰。罗斯福写道，每当他听到"物种毁灭"这个短语时，他"就会觉得好像一些伟大作家的作品被毁灭了"。

野生动物保护者在反对马卢尔的占领事件中扮演了重要的角色，这是一个重要的标志，表明野生动物对美国公众和我们演变中的身份有多么重要。《纽约时报》注意到，不仅有环境主义者谴责马卢尔国家野生动物避难所的武装接管，还有许多猎人和垂钓者"担心他们的狩猎场和鳟鱼会被卖给私人进行开发"。"与联邦政府不同，许多州要求他们的土地尽可能多地被利用。"按照此前的"鼠尾草叛乱"（Sagebrush Insurgency）传统方式进行的马卢尔占领事件意义重大，因为这是一部非常引人注目的戏剧，象征正在西部焖烧的州政府与联邦政府之间的紧张关系就像创纪录的夏季野火一样迅猛燃烧。[37]

大约 6 周后，马卢尔占领者被监禁，其中一人死亡——这位抗议者在停车标志前拒捕。2016 年 2 月，当马卢尔武装接管接近尾声的时候，传出令人不安的"黑钱"新闻——美国亿万富翁科赫兄弟（Koch brothers）为一些竭力攫取公共土地的州政客提供资金，试图将国家森林公园、纪念地和公共土地的控制权转移到州一级。[38] 这种通常被称为"解放土地"（Free the Lands）的土地掠夺运动得到了科赫兄弟的充分资助，并"已经与民兵关联且有极端反政府意识形态的团体和个人结成联盟"。不像一小撮武装分子占领马卢尔国家野生动物避难所那样，这次摊牌是一场全国性的、非常有力的资金支持活动，目的是将公共土地归还给那些反对联邦保护土地和野生动物且日益激进的州级官员，他们称保护主义者是"支持动物的极端分子"。在联邦的审判中，所有马卢尔国家野生动物避难所占领者都被判无罪——这一判决震惊了许多保护主义者。[39] 国家奥杜邦学会主席戴维·亚诺德（David Yarnold）评论道："荒地属于我们所有人，而不是用枪支威胁得到这些土地的人。"

在这种反对联邦政府保护公共土地和野生动物的行动中，追踪这些根源和处在阴暗处的参与者是很重要的，因为现在美国是一个野生动物在各州被射杀的主要国家。在西部一些州——尤其是那些对狼的恢复越来越有抵抗力的州——正由支持准军事起义、反对联邦政府对公共土地进行管理的议员控制。[40] 在马卢尔被占领期间，来自犹他州和俄勒冈州的几位共和党众议员活跃在一个自称"奶牛"[COWS，即西部州联盟（Coalition of Western States）的首字母缩写]的团体中，并在联邦调查局和当地法官明确反对的情形下，对马卢尔占领者进行访问。美国全国公共广播电台报道了这一事件，并指出，这次"奶牛"之旅"是这些立法者（特别是那些军事运动的政治力量）正在进行的最后一步有组织的行动，使一度激进的政治事业成为主流的组成部分"。

"奶牛"在网站上宣布，这一事业是"恢复宪法规定的州管理公共土地"。在新闻发布会上宣布"这是一场对美国农村的战争"后，"奶牛"在共和党控制的国会中找到了同情。[41] 在这样的国会中，一些犹他州的众议员要求剥夺土地管理局和美国林务局的执法权力。2014 年，得克萨斯州参议员泰德·克鲁兹（Ted Cruz）提议"阻止联邦政府拥有任何州一半以上的土地"。西部很多地区在联邦管理之下。人口统计数据与我的父亲曾经告诉我们的一样："5% 的西部人几乎孤独地生活在西部的一半土地上。"

在马卢尔占领事件之后，有新闻报道说，从化工、喷气燃料、化肥和电子工业中继承财富的极右翼——科赫兄弟，实际上是通过各种游说团体资助了邦迪的土地掠夺运动。[42] "这就是为什么我们总是在试图阻止狼、野牛、野马和其他濒危物种被野蛮屠杀，以及地方被侵占或破坏时受到阻碍的原因吗？"检查者网站（Examiner.com）问道，"他们还能秘密地阻止濒危物种被列入《濒危物种名录》或执法实施吗？事实上，他们是否能够为了采矿、钻探、伐木、狩猎和牧场利益而使美国本土野生动物加快从公共土地上消失？"

影响力覆盖整个西部的《高乡新闻》在封面故事《鼠尾草叛乱的内幕》（*Inside the Sagebrush Insurgency*）中写道，马卢尔占领者和自20世纪70年代以来一直在与联邦政府斗争的鼠尾草叛乱者（Sagebrush Rebels）并不是牧场主和农民的代表。占领者中只有极少数的牧场主，而邦迪家族实际上拥有一个卡车车队的生意。邦迪对记者说，他不仅是在为"牧场主、伐木工人和农民"大声疾呼，而且还为"汽车工业、医疗保健行业和金融顾问们"发声。这是美国的一个相当大、更城市化的地带，与公共土地或野生动物没有什么关系。《高乡新闻》指出，各州与联邦政府在公共土地上的斗争是"右翼和自由主义极端分子的全国汇合点。他们中的许多人对放牧份地（allotment）、采矿法律或《荒野法案》兴趣不大。这些东西象征着什么才重要：对于一个专制的联邦政府，激进分子可以谴责、蔑视甚至可能与之交战"。

2016年，唐纳德·J.特朗普（Donald J. Trump）当选总统给美国的野生动物保护带来了沉重打击，尤其是狼的恢复。这是一场以整个共和党为特征的选举，其主要候选人否认气候变化，并一直投票反对生态系统和野生动物保护。特朗普总统发誓要削减对环境保护署的拨款，并不同情美国的荒地和野生动物。在他的亲商、反环境保护的政府治理下，《濒危物种法案》最终可能被共和党控制的国会推翻，这对狼和其他所有濒危物种来说都是坏消息。

美国的 6.4 亿英亩的公共土地是财富和"我们的国家公地"，作家威廉·德比（William DeBuys）写道。这些广阔而多样的荒地"在足够远的距离上不间断地伸展开来，提供了任何植物和动物为了尽可能适应变暖中的气候所需的连通性（connectedness）"。正如格雷泰尔·埃利希（Gretel Erlich）提醒我们的那样，它们提供了"开放空间的慰藉"。

在不断演变的美国政治和土地纠纷历史中，象征或象征性行动有着深厚的根基。不管是好是坏，野狼已经成为我们不断变化、经常自相矛盾的美国身份（American identity）的生动象征。美国人的性格是什么？有了足够的土地，我们就是意志坚强、成功的领土定居者；我们为等级和优势地位而奋斗一生。我们紧密团结，忠于家庭；我们有时好客，但更多时候排他，而且对外来者很警惕。我们既暴力，又好玩，还像野狼一样不被驯服。

美国人的性格有很多方面，就像有不同的州一样。不管是那个60 多岁的渔夫迈克，他接受了狼，但不太靠近他在华盛顿郊区的邻居；弗吉尼亚州的牛场主伊丽莎白，她为自己的非致死性的捕食者替代控制方式而自豪；华盛顿州东部牧场主萨姆·凯泽，他在牧场上容忍狼，并致力于与狼共存；千禧一代的城市社会活动家和狼的拥护者考特尼，她希望北卡罗来纳红狼能够生存下来；还是反野生动物和国家权利的武装分子，他们要求西部大片的公共土地首先为采矿和压裂油气开采公司这样的大企业而管理——这些性格将定义我们的国家认同（national identity），但不是没有斗争。在一个新的世纪里，老西部（Old West）必须改变它的身份认同，以反映新西部（New West）的现实和价值观——除非我们想看到我们的荒野只能被拍卖成农场和牧场的土地。这是一个无穷无尽的堪萨斯。

第 10 章

游戏中的狼

　　对于我们这些从事野生动物保护工作的人来说，在似乎无休止的政治和法律斗争中拯救濒危物种，往往会产生一种同情疲劳（compassion fatigue）。解决这种问题的方法之一是持久的友谊、高尚的游戏，甚至是喜欢动物的人分享的幽默。在他们的陪伴中，我经常听到自己吼出的笑声，这是因为受到他们的同志情谊、他们与其他狼恢复机构的合作，以及他们的慷慨所鼓舞。我特别敬仰那些每天为其他物种英勇战斗的保育律师。随着国会要无情地废止《濒危物种法案》，并努力开始新的、强化猎狼的行动，这些律师有最大的理由屈服于绝望。然而，他们是所有相关人群中最活跃、最英勇的。其中一个保育战士是阿玛洛克·韦斯（Amaroq Weiss），她住在旧金山湾地，是国际机构——生物多样性中心的西海岸狼保护的组织者。[1]事实上，她的名字"阿玛洛克"就是因纽皮特语"狼"的意思。

　　"我的客户是野狼。"阿玛洛克笑着说。阿玛洛克有一双锐利的眼睛，乌黑的头发用银色的丝线编织在一起。就像许多动物保护者与宠物主人一样，她把自己的一生都献给了她喜爱的动物，连同她以前的律师和生物学家背景一起。

这是我第一次亲眼见到阿玛洛克，尽管我经常和她就关于狼的问题通信。这是一个温和、阳光明媚的日子，我们在我的海滨工作室见面。在我们的身后，潮水涨得很高，而涛声一直伴随我们的对话。在我的厨房餐桌上，她倾身向前，挽起袖子。"我们赢是为了狼，只是有时候看起来不像。当我是一名辩护律师时，我很少取得胜利。但是关于野狼保护的胜利——当胜利发生的时候——真的很伟大。"她很高兴地点头，也很自豪。

阿玛洛克来华盛顿州参加 2016 年春季狼咨询小组（WAG）在埃伦斯堡（Ellensburg）的会议。[2] WAG 由华盛顿鱼与野生动物部（Washington Department of Fish and Wildlife，WDFW）创建，由来自畜牧业、运动狩猎团体和保护团体的代表组成，并由 WDFW 召集来帮助它实施该州的狼保护和管理计划——"狼计划"（Wolf Plan）。华盛顿州 "狼计划" 的部分目标是 "尽量减少可能发生的冲突，并认识到公众的接受对于狼的恢复是至关重要的"。"狼计划" 的一些关键策略和问题包括对牲畜损失的补偿，以及如何鼓励家畜生产者采取 "积极的预防措施，以减少损失风险"。这些 WAG 会议对公众开放，让任何想了解 WDFW 如何发展其狼管理政策和实践的人都可以旁听并了解不同利益相关者的建议，以便更好地与野狼共同生活。

非营利性的生物多样性中心是国际保护的领导者。它寻求通过法律保护濒危动物，包括佛罗里达美洲狮、猫头鹰、美洲虎和美洲黑熊；打击对公共土地的猎獭蚕食；利用科学、法律和创造性媒体宣传使人们参与拯救生物多样性。它的使命是："我们希望那些在我们之后来到这里的人，继承的是一个野生动物仍然存在的世界。"

连同他们的许多成功地代表濒危野生动植物的诉讼，生物多样性中心提出了一些有说服力的创新性提议，如用墨西哥灰狼、波多黎各蛙、夏威夷僧海豹、得州蟾蜍或座头鲸"摇篮曲"录制的移动电话铃声，以及将人口过剩与野生动物灭绝关联的避孕套。[3] 每个避孕套上都有一个动物特写形象，分别写着宣传口号，例如"在黑暗中摸索？想想帝王蝶"，或者"在它变得更热之前，记住海獭"，而我偏爱的口号是"当你感到温柔时，想想那些隐鳃鲵"，这种避孕套的特征是上面画着一只亮橙色、正在滑行的水生蝾螈。

当我问阿玛洛克关于这些让人们参与保护的有趣方式时，她笑着回答说："你知道，狼会抓住每一个机会参与游戏（play）。是吧？"

"是的。我读到过，狼每 30 分钟就要玩 1 次游戏。"我说。我很高兴我们触及我最喜欢的主题之一。我与野生海豚和鲸几十年的相处经验告诉我，游戏是一种对人类和动物的创伤的强大疗伤剂，而与动物的亲密接触经常会恢复我们的身体和灵魂。在洛杉矶附近的洛斯帕德雷斯国家森林（Los Padres National Forest）的洛克伍德动物救助中心（Lockwood Animal Rescue Center，LARC）有一个充满活力的人类—动物治疗项目。患有创伤后应激障碍（PTSD）的退伍军人很难与家人团聚并适应平民生活，然而他们与被从困境中救护的狼建立了牢固的联系。[4]

"战斗退伍军人被雇来当捕食者，就像狼一样。"LARC 的联合创始人兼海军退伍军人马修·西蒙斯（Matthew Simmons）解释说，"许多人带着内心的战争回家。他们不知道自己是步兵还是丈夫。"那些狼，其中很多是狼的混血，正处于混乱之中，因为他们在狼和狗的遗传之间挣扎。退伍军人在 LARC 与狼合作，给受创伤的人和动物带来安慰。

西蒙斯和他的合作伙伴、临床心理学家罗琳·林德纳（Lorin Lindner）博士设计了一个"生态治疗计划"来帮助人和狼保持"安全、理智和清醒"。许多退伍军人在经历了战争创伤后，极度抑郁、上瘾甚至自杀。像狼一样，退伍军人经常被误解，并且处于我们社区的边缘。

当一名士兵和一匹狼——经常有类似的身体和严重的创伤的情形——联系在一起时，西蒙说："他们之间就会有某种跨物种的交流。""我们计划治疗的是退伍军人，而狼也许会以一种特殊的方式与另一种有知觉的生灵分享他们的生活。这种现象神奇而独特。"

对某些人和动物来说，一个痛苦的事实是由于受到极度创伤，他们可能再也不会玩游戏了。对于动物来说，游戏（或玩耍）是一种生存技能，但它还意味着更多。研究人员发现，在刚果的大猩猩中，孤儿幼崽们由于在情感上被偷猎伤害得太深，它们必须被教会如何进行游戏。这些孤儿最后冒险加入游戏行为是他们恢复的一个重要里程碑。康复的大猩猩宝宝一天会游戏 7 个小时。每天互联网上的视频中充斥着野生动物游戏的镜头——大象画画、熊猫战战兢兢地玩雪、大猩猩用手语交流，还有圈养的白鲸吹泡泡来自娱自乐，以摆脱无聊。网络视频中家养动物也会游戏，例如猫试图与被激怒的家犬交朋友、㹴犬玩弹球机。

游戏对进化和改变是必不可少的。[5] 如果不是，为什么自然选择会保留这种不加掩饰的冒险行为呢？"每日科学"（*Science Daily*）网站上一项新研究"狼比家犬更容易冒险"表明，家犬和人一样，对"安全玩耍"（playing it safe）和"风险规避"（risk-aversive）有进化上的偏好。[6] 这项研究是在奥地利恩斯布朗（Ernsbrunn）的狼科学中心（Wolf Science Center）进行的，实验对象是人工饲养的家犬和在自然环境中的狼。实验提供两个倒扣的碗，其中一个藏着可预测且稳定的"清淡的食物颗粒"，另一个则有时是石头，有时是美味的牛肉、香肠或鸡肉。研究结果是，家犬 59% 的选择是风险程度较低、藏有清淡食物颗粒的碗，而狼在 89% 的情况下选择了风险程度更高、藏有真正美味食物的碗。该报告的第一作者莎拉·马歇尔-佩希尼（Sarah Marshall-Pescini）说，狼的具冒险倾向但更有收获的选择"似乎是天生的"。野狼的冒险行为"与风险偏好作为一种生态功能进化的假说是一致的"。

无论是在更谨慎的家犬还是在人类身上，驯化导致偏好规避风险，而这都有进化和生态上的代价：更少的探索，更少的新的激进或大胆的想法，当然通常值得兴奋的回报就少得多。

"狼崽的游戏不只是为未来的活动做准备，比如跟踪、狩猎和社会等级。"阿玛洛克继续说，"他们利用每次机会游戏，并且是为了乐趣而游戏（play for fun）。"她谈到了"拉马尔传奇"（Legend of Lamar）网站，上面有很多黄石公园狼正在游戏的视频："最吸引人的是游戏中的狼。"

她让我想起一段视频，它由野生动物摄像师鲍勃·兰迪斯（Bob Landis）拍摄，其中黄石公园的生物学家道格拉斯·史密斯讲述一匹试图猎杀马鹿的狼崽的故事。阿玛洛克经常向她的观众播放这段视频，以反驳所有认为狼只是高效的杀戮机器的刻板印象。阿玛洛克解释说："这很好笑，因为这匹狼崽只有七八个月大，就去追赶马鹿。""马鹿会边跑边做出四肢伸直、向空中弹跳的炫耀动作，表达出'瞧，你抓不住我，快走开吧'，试图把这匹狼崽赶走。这时，狼崽先是前肢趴在地上，撅起屁股，似乎是向马鹿鞠躬，然后像离弦之箭一样弹起、扑向马鹿，而马鹿又开始向前奔跑、跳跃……这个游戏练习环节会继续下去，同样行为按相同的顺序重复了很多次。在这一过程中，马鹿轻而易举地活了下来，而狼崽已经懂得捕猎马鹿不是一个简单的任务！"

阿玛洛克和我探讨了狼的游戏和为什么这类游戏能吸引我们如此热情地参与。我们接触了斯图尔特·L. 布朗（Stuart L. Brown）博士，他是一位精神病学家和临床研究员，创立了国家游戏行为研究所（National Institute for Play）。[7] 布朗博士率先研究了为什么游戏行为会使我们自己和其他动物如此成功。布朗博士在他非常受欢迎的技术、娱乐与设计演讲（TED talk）中说："没有什么能像游戏一样激活大脑。"他的工作，尤其是与动物有关的工作让他明白，游戏不只是成年人的技能排练。"游戏玩耍有一个生物学地位，就像睡觉和做梦一样……哺乳动物和拥有大量多余神经元的生物的下一步进化是游戏。"他预测道。

在他的文章《游戏中的动物》（Animals at Play）中，布朗博士扩大了游戏激励（rewards of play）的范围，从棕熊之间的嬉戏打闹，到新西兰鹦鹉之间把岩石当作玩具的实物游戏，再到黑猩猩之间翻筋斗和足尖旋转之类的社交游戏、狐狸和山地大猩猩学习肢体语言和面部信号，以及狼崽之间探索栖息地的游戏。[8]

詹姆斯·C.哈夫彭尼（James C. Halfpenny）的《黄石野外的狼》（Yellowstone Wolves in the Wild）解释了许多狼参与复杂游戏模式（sophisticated play pattern）的原因——奔跑是为了增强耐力，摔跤是为了学习如何制服大型动物，以及优势地位炫耀、灵活性、创造力和社会等级的维持。[9]他描述了一个 15 匹狼从森林里跑到结冰的湖上的场景。狼在光滑的冰面上滑行，就像碰碰车一样撞在一起，滚成一团，然后在冰面上翻滚着，这时生物学家们只能称之为"快乐的游戏"（gleeful play）。游戏总要有一些进化的目的或教训吗？[10]正如任何一个人都会告诉你那样，一点也不！有时候游戏只是一种乐趣，有时候游戏仅仅是游戏。

阿玛洛克讲述了她参加竞技女子场地跑道轮滑比赛近 5 年的经历，这让我感到惊讶。"这就像一盘在车轮上玩的棋。""当两支队伍在溜冰场比赛时，就叫'分组比赛'。"她说，"轮滑运动员们在这项真正复杂、不断变化的运动中挤来挤去、横冲直撞。"她停顿了一下后，笑着说："轮滑运动员都有滑冰时的名字，我最初的名字是'滑轮上的嚎叫'。""现在我们去进行狗拉自行车活动时，我用这个名字来称呼我和我的哈士奇（西伯利亚雪橇犬）组成的队伍。"

"那么，动物的生存就像在滑冰场上滑冰这么简单吗？"我问。

"这就是生存。"她说，"但你并不是独自一人。这是团队合作。这真的就像是团队的一部分。"

笑和游戏都是与生俱来的。[11] 老鼠的吱吱声被记录下来，这是一种原始的笑声。心理学家罗伯特·普罗文（Robert Provine）发现了黑猩猩和人类笑声之间的联系。他说："笑声是一种真正的游戏的声音，带有原始的气息。""体力游戏的费力呼吸变成人类的'哈哈'声。"笑并没有被有意识地控制，因此会从我们大脑最原始和本能的冲动中产生。随着科学继续寻找"控制快乐的基因"，笑似乎是理解甚至是治疗人类抑郁症的关键因素。

笑声不总是护狼人的全部旋律，因为还有很多令人伤心的统计数字，以及关于狼的世代仇恨和越来越多猎狼这类经常令人难以忍受的传说。我没料到会有这样一次与阿玛洛克的愉快的初见，我也不想记起第二天她在狼咨询小组的听证会上，听着什么情况下采取"致死干预"或"扑杀狼"是正当合法的。相反，我问阿玛洛克，为什么她认为与我所知道的其他保护主义者相比，狼的拥护者似乎是一个和谐、非竞争的群体。那些献身于狼的人有一种鼓舞人心、必要的乐观向上精神。

"有这么多女性正在参与狼的宣传，而且一直以来都是这样。"阿玛洛克说。根据她的解释，女性狼倡导者呼吁采用一种女性实用主义——合作，关注我们共同的栖息地的长期健康，并深刻理解当涉及像狼恢复这样有争议和不确定的话题时，这是一场马拉松，而不是冲刺。女人也真正明白，对于狼来说这一切都事关家族和后代。

"作为一名前刑事辩护律师，我知道人们会根据自己的情绪做出决定。"阿玛洛克强调说，"所以我认为更重要的是讨论当我们消灭这么多物种的时候，这如何使我们的灵魂变得贫乏。我们看到越来越多的人对动物具有内在价值的观点持开放态度。"

女性科学家带来的独特见解并不局限于对狼的研究。狒狒研究者芭芭拉·斯马茨（Barbara Smuts）挑战了所有男性科学家。这些男性科学家只是通过他们之前在这个领域的短暂尝试，就将狒狒描绘为陷于致死的"山大王"（king of the hill）等级之争的动物。相反，斯马茨在与狒狒一起长期生活的实地研究之后，记录到狒狒在择偶过程中的"雌性选择"现象。她发现，最成功的雄性狒狒是那些通过照看孩子和友谊与雌性首领建立牢固的伙伴关系的个体。

斯马茨在她的散文《朋友用来干什么？》（*What Are Friends For?*）中指出："动物之间的友谊并不是一个有充分证据的现象。"[12] 她发现"几乎所有狒狒都能交到朋友"，而且年长的雄性狒狒拥有最多的朋友。当他们互相梳理毛发、共同分担育儿任务时，雌性狒狒和她们选择的雄性朋友（不一定是她们的伴侣）形成了终生的友谊。有了这些雄性朋友，雌性狒狒"展现了真正亲密的最可靠的标志——她不理睬她的朋友，只是继续做她正在做的事"。对于任何一个物种的雌性个体来说，只需继续做她正在做的事情，而无需取悦、照顾或服务于一个占优势地位的雄性首领，这既是不寻常的，也是一种解放。

狼的家族通常由一对经验丰富的雄性和雌性首领统治，他们的权力和责任是平等的。狼家族中的其他个体之间的关系与性无关，因为只有首领夫妇才可以繁殖，这是一种狼自我调控的生育方式。那么，其他的狼在做什么呢？他们有自己的事务——合作照顾孩子，以确保家族下一代的生存。

随着野狼的回归，我们越来越了解他们亲密的家族生活。[13] 阿玛洛克告诉我，USFWS 的野生动物学家凯西·柯比（Cathy Curby）一直在密切观察阿拉斯加东北部的狼家族。柯比在她的讲座"一个狼家族"

中说，她"花了几百个小时观察驯鹿散步、野羊觅食和狼睡觉"。一个夏天，柯比在一个狼窝附近扎营，用她的望远镜观察并记录了一个狼家族的日常生活——8匹成年狼和4匹狼崽。[14]除了那匹被称为"珍珠"（Pearl）的雌狼首领（即母狼）为白色外，所有其他的狼都是棕褐色的。母狼对她的4匹幼崽十分爱恋，但又常常不得不离开他们去捕猎，这样她才能哺育这些饥饿的孩子。有一天温暖舒适，"珍珠"没有直接回狼窝，而是在中途停下来，歇了一会儿。一匹雌性保姆狼先在"珍珠"身边停顿下来，不久后就跑到狼崽们身边，留下"珍珠"独自在那里。任何一位新妈妈都知道，这段静谧的时光是多么地罕见——"珍珠"似乎在阳光明媚的北极冻原上尽情地享受着伸展和打盹的时光。

那匹保姆狼却没有这样的休息。一次又一次，她试图引导狼崽们离开狼窝，让他们翻越锋利的倒石堆和碎石坡，再穿过1/4英里的柳树林，以便与他们的母亲汇合。柯比写道，母狼会训练幼崽适应她的步伐："如果她以幼崽们的小短腿能跟上的速度慢慢地离开，那么他们就陪她一起走。但是，当她以成年狼的步速离开时，他们就学会在原地不动，直到她回来。"然而，这匹保姆狼并没有掌握能说服狼崽跟随她的合适步伐。因为不知道母狼在等他们，因此每一次尝试，狼崽们都要在越来越焦躁、动作滑稽的保姆狼面前退缩，并且固执地待在狼窝附近。

对于在远处观察的生物学家而言，目睹保姆狼花两个小时去说服4匹狼崽跟随她，就像看狼在学习游戏和生存课程一样。甚至在保姆狼变换了各种各样的动作，从笨拙且滑稽的慢速行走，到推着狼崽的屁股让他们向前，再到试图拽着狼崽毛茸茸的脖子挪动他们，都没有奏效。最后，保姆狼开始表演了一种活力四射、喧闹地跳跃和尖叫的舞蹈，同时向粗糙的岩石后退。她的行为看起来像是在向狼崽们发出邀请——"来玩吧！"，并最终被他们接受。除了一匹狼崽外，所有其他的狼崽都择路翻越陡峭的岩石，并穿过茂密的灌丛，而前方有奖赏在等他们——母亲的怀抱和充足且美味的乳汁！狼崽们随即兴奋地扑向她们的母亲。现在，他们已经学会了信任和服从他们的保姆——这同样是人类孩子们要花时间学习的课程。如果在未来这些狼崽的母亲被猎人杀死，他们将不得不跟随另一匹成年狼生存。

但是，"珍珠"还有一匹幼崽在窝边徘徊，任何捕食者都会威胁到他的安全。再次返回狼窝的保姆狼使出此前的所有招数，试图边走边诱导那匹狼崽跟她离开。然而，狼崽压根一动不动！事实上，他正蜷缩着躺在地上，仿佛决心不挪窝，而且永不让步。于是，保姆狼开始尝试一些新的方式。她叼起一根最近猎获的驯鹿小腿骨，咆哮着，晃动着骨头。狼崽立刻一跃而起，咬住美味的骨头，与保姆狼进行拉锯战。和狗玩过这个游戏的人都知道，这种宠物是多么地想赢得这场竞争。于是保姆狼咬着骨头，一边与狼崽玩着激烈的拔河游戏，一边引领倔强的他慢慢地翻越岩石、穿过柳树林。最后，那匹狼崽终于与"珍珠"团聚了。

"通过对狼家族这种行为的探究，我了解到许多狼如何相互作用并解决问题的知识。"柯比总结说，"它甚至教会了我怎样做母亲，提高了我的育儿技能。"

位于加拿大安大略省彼得伯勒（Peterborough）的特伦特大学（Trent University）的遗传学家琳达·Y.拉特利奇（Linda Y. Rutledge）是研究狼的另一个女性，她跟踪了狼的种群变化。在《新科学家》（New Scientist）的一篇开创性论文《狼家族的价值观：为什么狼会在一起》（Wolf Family Values: Why Wolves Belong Together）中，拉特利奇反对野生动物管理部门一门心思把狼的数量作为他们管理和猎狼的主要标志。仅仅研究野生动物的数量，然后设定选择性猎狼的数量目标，只会发现这些是最肤浅和最简单的数据。拉特利奇坚持认为，野生动物管理人员应该"看到数字以外的信息",根据"野生生物的社会动态"做出决定。我们对狼的社会生活和他们的家族价值观了解得越多,我们就越能在未来与他们生活在一起。

在我的工作室,阿玛洛克和我一起度过了整个下午的快乐时光。然而,她还得用几个小时的时间驾车穿越山口,前往华盛顿州东部参加狼咨询小组会议。当我们在一起的时候,她若有所思地说:"我们现在所做的一切都是为了后代——我确实对他们和狼抱有希望。"

阿玛洛克解释说:"我们确实需要野生动物委员会有对野生动物有更广泛的了解。不仅仅是牧场主、猎人和垂钓者,还有那些代表着非消费性用户的利益的人,比如游客、摄影师、教育工作者和保护主义者。我甚至知道有些猎人喜欢狼,不是因为他们想射杀狼,而是因为他们想出去和狼一起打猎。"

阿玛洛克说,野生动物委员会必须代表我们所有人,因为他们控制的土地和动物都属于所有公众。"长期以来,公众信托(Public Trust)的信条一直被应用于航道建设,并在全国各地的法庭上得到支持。这是整体公众的权利,而不仅仅是那些想要从水利工程中捞一笔的人的特权。"阿玛洛克坚定地指出,"野生动物拥护者正在努力争取在与野生动物有关的案件中应用同样的原则。这是野生动物管理人员的新现实,同时保护主义者认为,这将对公共土地上的狼的未来产生重大影响。"

《博兹曼每日纪事报》(*Bozeman Daily Chronicle*)的一篇文章说,平衡"那些想要抓到更多狼的猎人和想要看到狼的游客"的希望是每一个野生动物委员会的工作。[15] 黄石公园在经济上受益于旅游业——许多人来这里只是为了看狼。自1995年重引入野狼以来,爱达荷州、蒙大拿州和怀俄明州每年的旅游收入已达3 500万美元。2011年,野生动物观赏活动为阿拉斯加州的收入贡献了27亿美元。

新的报道显示,当允许在受保护的公园边界外增加用猎枪和陷阱捕杀狼之后，黄石公园和阿拉斯加的迪纳利国家公园里狼的目击次数已经减少了一半。[16]边界是人类设定的，而狼不知道他们已经越过受保护区域的边界，进入了猎人自由开火的区域，直到无法挽回。游客"在不允许狩猎的相邻公园中看到狼的次数是这里的两倍"，该报告得出结论说。

威斯康星大学的阿德里安·特里夫斯（Adrian Treves）博士和俄亥俄州立大学的杰里米·布鲁斯科特（Jeremy Bruskotter）博士等科学家的一项重要研究表明，"实现狼恢复的一大威胁是目前的致死性猎狼管理，而不是公民的不容忍。"[17]他们在2015年写给国会的公开信中，有超过70位科学家和学者联署了一份强有力的证据，证实"绝大多数美国公众对狼的态度是积极的，并有79%～90%的公众支持《濒危物种法案》"。他们指出，公众对狼恢复的支持"在过去的35年左右极大地增加了"。信中还提到，"发了声但数量很少"的特殊利益集团助长了对狼的致死性管理。该公开信以请求大湖地区的狼继续得到《濒危物种法案》的保护作为结尾。

在2016年春季的后续研究项目中，阿德里安·特里夫斯和瑞典农业科学大学的纪尧姆·沙普龙（Guillaume Chapron）研究了1995～2012年在威斯康星州和密歇根州弱化的狼保护法律如何影响狼的数量。州和联邦野生动物机构经常宣扬的对狼进行猎杀管理的理由之一是，这种方法将使当地人对与他们生活在一起的野生动物更加宽容。[18]这项研究所发现的事实与上述理由正好相反：当狼的数量因为选择性猎杀而减少了1/3时，实际上发生了更多的偷猎。[19]"如果偷猎者看到政府正在猎杀一个受保护的物种，"该研究发现，"他们可能会对自己说：'好吧，我也可以这么做。'"该研究还说，选择性猎狼并不是解决问题的办法，"你不能通过允许在商店行窃来减少抢劫，而是要零容忍"。[20]

这项新研究的作者预计，他们会遭受野生动物管理机构的强烈反弹，因为他们的研究推翻了这些机构长期以来的致死性猎狼管理的有效性。但是，科学家们坚持他们的观点，认为这是为了公众服务的需要。"野生动物管理的传统终于受到了科学的审视。"他们争辩道，"我们正在学习新的东西，可能会改善人与狼的共存。"这项研究的结论是老生常谈的真理："狼对人类的适应性很强。问题是人类是否能适应狼的存在。"[21]

也许在美国西部，也就是所谓的"左海岸"（left coast），我们将会最终发现这里比其他地区更能适应狼的恢复。WAG 聘请了资深的冲突调停者弗朗辛·马登（Francine Madden）。马登更喜欢"冲突转化"（conflict transformation）这个词，而且她与 WAG 的微妙但非常有效的合作显示出成功的迹象。[22] 马登已经帮助牲畜生产者和环境主义者进行一项狼管理协议的谈判，为未来可能的合作关系树立了先例。马登告诉聚集在 WAG 的参与各方："你们每个人都要问自己，你们是否愿意朝着和平的方向冒险，而不是停留在熟悉和真正舒适的环境中。"她总结说："这里有共同的地方，我们需要以此为基础。"

与此同时，生物多样性中心继续以其有趣和有说服力的方式运转。阿玛洛克给我看了网络上一段名为《在狼集会上穿什么》（*What to Wear at a Wolf Rally*）的视频，这是阿玛洛克用纸和粗体画笔的方式展示如何制作自己的高度个性化和定制化的狼面具。[23]

阿玛洛克问道："你有没有因为没有合适的衣服穿而不参加狼集会，只能待在家里？"

"好，快看！"阿玛洛克说，此时视频镜头切换到四个"护狼人"身上。在镜头中，"护狼人"们用银灰色、棕色和亮红色的狼面具精心装扮，并且都高兴地嚎叫着。

阿玛洛克给出了一步一步的艺术指导，创造出个性化的狼面具，上面有毛茸茸的皮肤、眉毛、逼真的嘴和睁开的眼睛。对于我们这些见过太多屠杀狼的电影或者看到太多令人沮丧的纪录片，以致希望自己能像移民到另一个国家一样轻易离开自己的物种的人来说，制作狼面具的视频是如此令人精神振奋。这段视频以一项滑稽的承诺结束："下次你去参加狼集会的时候，我猜你会成为最时尚、最老练的那个护狼人。"

阿玛洛克还分享了他们夫妇制作的一个腹黑的喜剧视频《一只坚定的哈士奇承担了这个星球上最紧迫的环境问题》(*One Determined Husky Takes on the Planet's Most Pressing Environmental Problems*)，其中她名为"米兰达上尉"(Captain Miranda)的哈士奇伪装成濒危物种攻击共和党国会领导人。[24] 阿玛洛克假扮成英国广播公司(BBC)的美国记者，详细描述了这个伪装游戏。"有些共和党人就像蝾螈一样，"她用她那严肃的英国口音说，"另一些人的表现则如同彩翅蝇或罕见但危险的寄生虫。没有人知道他们的动机，但一匹形迹可疑的狼走近记者并说：'我们做得很好，谢谢！我们不需要进一步的法律保护。不需要，鲍勃……先生！'"

生态队长米兰达上尉入场了！这个独家视频片段显示米兰达突袭了一些色彩鲜艳的黄色和粉色玩具，将它们咬得粉碎，然后四处跑去摧毁更多的《濒危物种法案》的敌人。米兰达咆哮着、嚎叫着，"解释了她的行动计划"，即反对那些用惩罚性的立法来将狼从《濒危物种名录》移除，而且阻止狼恢复的人。"内部消息透露，米兰达上尉迅速采取行动，并迅速解决了共和党人的冒名顶替者(imposter)。"阿玛洛克以伪装的BBC记者身份解释说，"经过彻底搜查，米兰达上尉找到了参议员詹姆斯·英霍夫(James Inhofe)，后者假扮成一只濒危的加州白足鼠。"

这次冲突的戏剧性结果以被活埋在围栏下的米老鼠的形象呈现，她的毛绒动物尸体被撕成碎片，彻底摧毁——就像参议员英霍夫对濒危物种的攻击会摧毁我们国家的野生动物一样。[25] 在2016年的狼咨询小组会议之后，阿玛洛克就能报告说，该小组只有在确证 1 匹狼在 1 年内 4 次或连续 2 年内 6 次捕食家畜后，才同意 WDFW 选择将其杀掉，即致死移除（lethal removal）。为了对狼或狼群捕食家畜进行正确计数，牧场主必须移除所有能引诱狼的因素，如骨头堆或动物尸体，并且在狼攻击时至少使用了一种非致死的威慑方法。

"这些协议必须在考虑对狼进行致死移除前就已签署，这是很必要的。实地研究和经验表明，消除引诱物和使用威慑措施，尤其是人在现场的压力，是减少或完全防止家畜与狼发生冲突的有效手段。"阿玛洛克说。但她对这项工作的未来很清醒："狼咨询小组同意关于狼捕食家畜次数和年数的数据是纯粹的社会妥协，没有考虑到科学。人们可能会对彼此感觉更好，因为他们努力了并寻找到共同点，达成共识。他们应该对找到共同点感到高兴——我们不会无缘无故地称之为'狼的战争'。但是，当科学被忽视时，狼经常会失败。因此，利益相关方的进程可能是一把双刃剑，而在这种情况下达成的具体协议是否真的会有助于狼的恢复还有待观察。"

对于阿玛洛克来说，她的目标不仅仅是找到一种社会上和政治上的妥协，而且要发展基于科学和法律的保护，这将给野狼带来持久的益处。

"除了这些阻止猎狼的重要法律诉讼和你的教育项目，你当前为狼所做的最重要的事情是什么？"我问阿玛洛克。

"当我们代表濒临灭绝的动物（如狼）提起诉讼时，就意味着他们在一段时间内不会再被杀害。"住在狼附近的土地上的人们将不得不采取更多的预防措施来保护他们的牲畜。这也意味着，在我们等待法院判决的时候，当事双方的歇斯底里（癔症）程度可以降低下来。

阿玛洛克以她标志性的微笑和坚定的点头表示："为狼赢得诉讼真的是为他们寻找更多时间的方法。"

第 11 章

被狼抚养

我们讲述的故事将深刻地塑造野狼的命运和未来。现在有一些新的故事开始平衡和挑战我们几个世纪以来不停使用的"大坏狼"的神话。政府官员选择性猎狼运动的"致命一击"图表曲线,或者在牛仔的篝火旁讲述的捕狼陷阱战利品传说都在发生变化。当狼开始在我们的荒地重新繁衍时,他们也会漫游在最广阔和进化的领地——人类的想象空间。

作家、艺术家和音乐家在他们的作品中为狼创造了丰富的栖息地。[1]这不仅有像法利·莫厄特(Farley Mowat)的《永不哭泣的狼》、巴里·洛佩兹(Barry Lopez)的《狼和人》(*Of Wolves and Men*)这样的自然历史经典作品,还有像尼克·詹斯(Nick Jans)的《黑狼罗密欧》(*A Wolf Called Romeo*)这样的通俗回忆录,用科学来讲述更真实、更少偏见的狼故事。[2]狼也在其他领域吸引了我们的注意,其中包括在中国大受欢迎的《狼图腾》(*Wolf Totem*)等实景真人虚构 3D 电影(live-action fictional 3-D film)、1972 年和 2016 年迪士尼公司致敬(Disney homages)拉迪亚德·吉卜林(Rudyard Kipling)的《丛林之书》（*Jungle Book*）的影片，以及诸如让·克雷格黑德·乔治（Jean Craighead George）创作的《狼女朱莉》（*Julie of the Wolf*）等经久不衰的儿童经典作品。狼的声音也在摇滚乐中回响，比如吉他手约翰·谢尔登（John Sheldon）关于黄石公园 06 号狼的挽歌，或者是萦绕在心的凯尔特民谣《冬天的狼》。

当狼再次占据我们的荒野和我们的故事传诵时，我们回到一种与他们更充分想象的亲密关系。有一个故事吸引每一代人，那就是由狼抚养大人类孩子的故事。这正如莎士比亚在《冬天的故事》（*The Winter's Tale*）中写道：

> 来吧，可怜的宝贝，
> 一些强大的精灵指引着隼鸢和渡鸦来哺育你。
> 据说，狼和熊都曾经脱去野性，
> 做了这一类慈悲的好事。

传说中的双胞胎兄弟罗穆卢斯（Romulus）和莱姆斯（Remus）被一匹母狼哺乳，并幸存下来成为罗马的奠基人，这一传奇在小说中得到了呼应，比如 1919 年的小说《狼人沙斯塔》（*Shasta of the Wolves*），讲述了一个被狼群收养的男孩的故事；在简·林德斯科德（Jane Lindskold）创作的"法尔基珀"（Firekeeper series）系列中颇受欢迎的小说《透过狼的眼睛》（*Through the Wolf's Eyes*）中，女主人公法尔基珀被狼救出，不愿回归到自己的同类中去；女主角被狼救了出来，不愿回归到自己的同类中去；或者是 20 世纪 70 年代的电视连续剧《卢坎》（*Lucan*），剧中故事发生在明尼苏达州，一个被狼养大的男孩需要 10 年的时间来学会适应所谓的文明社会。

也许最著名的被狼养大的人类小孩故事是收录在《丛林之书》中的

拉迪亚德·吉卜林所写的《莫格利的兄弟们》(*Mowgli's Brothers*)。[3]
这个故事讲述的是一个迷路的印度小孩莫格利和他的狼家族,俘获了
几代成人和儿童的心,并激发了几部电影的灵感。在 1988 年吉卜林的
小说《丛林之书》的"序"中,儿童读物作者简·约伦(Jane Yolen)
叙述了很多野孩子(feral children)的故事——从 18 世纪博物学家林奈
对"野人"(feral man)的科学定义,到 20 世纪 20 年代在印度轰动一
时的新闻"一对姐妹据说是在白蚁堆上被传教士发现,同时还有一匹
母狼和她的幼崽"。[4]

　　吉卜林自己的父亲在 1891 年出版的书《印度的野兽和人》(*Beast
and Man in India*)中写过印度的人类小孩被狼养大的故事。[5] 在许多这
样的描述中,被父母遗弃在丛林中的人类小孩由母狼哺育并茁壮成长。
但即便被捕获并送回人类社会,这些由狼养大的人类小孩仍然野蛮、
沮丧且难以适应新环境。他们即使是在英国传教士的照顾下也会因失
去原有的狼家族而死于抑郁,就像狼养大的那对印度姐妹一样。

　　莫格利有比其他相似情形的人类小孩更强的适应能力,不仅成功地
与狼家族一起生长,还很好地适应回归人类村庄后的生活。作为迷失在
丛林中的婴儿,莫格利被雌狼首领"母狼拉克沙"(Mother Wolf Raksha)
和雄狼首领"父狼阿卡拉"(Father Wolf Akela)收养。这些狼首领被称
为"自由的人"(Free People),他们教导这个人类小孩"没有(正当)
理由就永远不要索取任何东西"的丛林法则。这种丛林正义(jungle
justice)禁止所有动物杀人,除非那个人向他自己的孩子展示如何杀死
动物。吉卜林解释说,如果动物杀死人类,"丛林里的每只动物都会遭
殃。"这匹母狼接受了这个人类小孩,因为他从不害怕,并找到了与她
自己的幼崽们一起吃奶的合适位置。很快,他就像他后来的模仿者人猿
泰山(Tarzan)一样,在藤蔓上荡来荡去,在神秘的密林里与西奥尼狼
群(Seeonee Wolf pack)赛跑。

在吉卜林的故事中，巴格蕾（Bagheera）是一只庄严的豹子，它注意到了这个年轻人类独一无二的特征："如果他狠狠地盯着任何一匹狼，那匹狼就会被迫垂下眼帘。"豹子解释说，这个人类小孩直接而坚定的目光是如此强大，"连我都不能直视你的眼睛，即便我在人们之间出生，而且我爱你，小兄弟"！

原版《丛林之书》中的故事接近真正的狼生物学。就像野狼一样，当莫格利所在狼群的雄性首领变老、虚弱到无力狩猎或指挥狼群时，他就会被一个年轻的竞争对手排挤出去，甚至被对手杀死，而这一命运很快就降临到吉卜林笔下莫格利的父狼阿卡拉身上。当阿卡拉自己的狼群投票决定杀死他的时候，他被允许代表被收养的人类小孩说话。阿卡拉说："莫格利吃了我们的食物，和我们一起睡觉。他为我们驱赶猎物。他没有违反丛林法则。"阿克拉体面地提议，如果狼委员会（Wolf Council）放过他的人类幼崽，他将不会反击来自任何一位试图取代他的年轻狼的攻击。

这个狼群响应了这位命运已注定的雄狼首领关于怜悯莫格利的呐喊，此时莫格利已拥有狼的凶猛和人类的创造力。在目睹了阿卡拉的死亡之后，莫格利对狼委员会做出了承诺："我将比你们更仁慈，因为除了血缘之外，我是你们的弟兄。我要向你们发誓，当我处于人类之中，我必不像你们曾经背叛我一样，向人类出卖你们。我与你们当中的任何一个都不会有战争。"

这个成熟中的小男孩最终必须离开他的狼家族，并将和人类一起生活，但他首先请求他的狼母（wolf mother）拉克沙许下诺言。"你们不会忘记我吧？"莫格利问道。拉克沙承诺："只要我们还能在山路上行走，就永远不会忘记你。"她希望她的人类小孩很快就会回来，"我的光屁股小男孩，人类的孩子，听着，我爱你超过我爱我的狼崽们"。

《丛林之书》永恒的吸引力，以及《纽约时报》在 2016 年的电影复活活动（cinematic resurrection）中称赞它为"不朽"，表明大量孩子以及许多成年人从未真正离开过丛林前往人类村庄。[6] 许多读者很容易想象自己是莫格利的"狼家族"的一部分，尤其是那些在农村或野外长大的人。

在我们的故事和我们的荒地中，这种我们与狼的积极和亲密的历史纽带故事，帮助逆转了一代又一代人对狼的仇恨和消极的成见。当然，狼的真实生活并不像迪士尼那样美好。但是，这些非常受欢迎的故事给新一代的人们带来了希望，希望他们能以更宽容的态度与狼分享公共土地。

《狼女朱莉》是一部于1972年出版但至今仍广泛阅读的书，它在某种程度的狼生物学上可能更真实。[7] 在书中，13岁的阿拉斯加因纽特女孩朱莉逃离了她的未成年丈夫和她的村庄，但在冻原上迷路了。她被一个狼家族收养，学会了如何生存和穿越危险的荒野。她建立了自己的洞穴，并像狼崽一样通过舔头狼的脸来从成年狼那里乞求食物残渣，这种行为就像我们的家犬向我们问候和恳求时的做法一样。

读者通过许多微妙的方式了解狼的生物学——狼的气味中有"豚草（ambrosia）的甜香"，复杂的肢体语言"狼代码"（wolf code）中的跃过（leap）与跳起（jump），以及与狼家族等级地位高度匹配的面部表情。朱莉被赋予狼的名字米雅克斯（Miyax），并允许在狩猎和分享肉的过程中跟随她的狼父（wolf father）阿玛洛克（Amaroq）领导的狼家族。狼教她嚎叫、唱歌、战胜灰熊、寻找水源，以及在给冻原投下阴影的飞机上的猎人出现时隐藏自己。然而，这些猎人最终用子弹把阿玛洛克和他的儿子卡普（Kapu）击倒了。阿玛洛克华丽的脑袋值一笔悬赏，但猎人们着陆时甚至懒得去拿这件战利品。卡普悲催地受了重伤，但狼女米雅克斯照顾他，使他慢慢地痊愈，并成为新的首领。在失去了他们原有的首领之后，米雅克斯和卡普帮助恢复了被摧毁的狼家族。

同样，就像所有其他被狼抚养的人类孩子的故事，当米雅克斯最终必须回归自己的物种时，也会有悲伤。但与《丛林之书》不同的是，在《狼女朱莉》中，米雅克斯清楚而深情地记得她的人类父亲，认为他在海上失踪了；她还记得她的村庄。当她听说她的父亲还活着后，就回到村子里和他团聚。然而，她的父亲却发生了令她不安的改变。他学会了白人的方式，现在也从飞机上猎杀野狼。米雅克斯意识到，这个男人"毕竟对她来说已经死了"，就像她的狼父阿玛洛克一样。但不像她的人类父亲，阿玛洛克更睿智的精神仍然驻留在米雅克斯脑海并引导着她向前。米雅克斯再次跑到冻原，希望能和剩下的狼家族成员一起生活。米雅克斯为她的人类父亲的灵魂丧失和以更加忠诚和坚定的态度养育了她的狼的真正死亡唱了一曲挽歌：

> 阿玛洛克，阿玛洛克，你是我的养父。
> 我的双脚因你而舞。
> 我的眼睛因你而看见。
> 我的心因你而思考……

人类与狼为友并帮助狼生存的主题与我们人类的孩子被狼抚养长大的故事是相辅相成的，这也是世界上关于狼更常见的传说。孩子们本能地理解到，作为一种弱小、通常没有防御能力的生物的个体，他们也有很多方面可以从野生动物身上学习，例如生存、逃跑，甚至是如何适应他们自己和同伴们的序位。孩子们会本能地接受动物为同伴，即使是那些在城市"丛林"中长大的孩子也是如此。心理学家告诉我们，80%的儿童的梦以动物为中心，而只有20%的成年人会梦到动物。无论我们是被狼养大，还是与狼交朋友，在童年时期这种对其他动物的同情识别（sympathetic identification）都为我们提供了了解自己，以及了解更广阔、通常危险的世界的其他重要途径。

当我们讲其他动物的故事时，实际上我们通常是在谈论自己。当我们在故事中把狼塑造成反面角色时，我们常常避免探究约瑟夫·康拉德（Joseph Conrad）所说的我们内在的"黑暗之心"。在美国这样的国家，其 88.8% 的公民拥有枪支，比任何其他国家都多，像狼这样的濒危物种经常在枪手的十字准星上，这很能说明问题，也令人不安。

在阅读有关美国枪支暴力的文章时，注意媒体使用的语言有启示意义。例如，媒体对 2016 年奥兰多大屠杀（Orlando massacre）的报道不断地将凶手称为"独狼"（lone wolf）。[8] 甚至在我们的语言中，我们也将狼与我们自己原始的暴力联系在一起。将一个用军用自动武器在无助的人群中射击的人比喻为一匹独狼，这不仅是对这种最受诋毁的动物的公然偏见，也不是基于任何生物学事实。真正的独狼的狩猎和杀戮能力已经大大削弱。一匹孤狼必须靠较小的地面猎物生存，例如松鼠和兔子。如果没有家族的保护和结盟，狼就会经历他生命中最危险的时刻，并且他的存活时间只有在野外正常生存的狼的寿命（8～10年）的一半。

像《纽约时报》这样受尊敬的新闻媒体也犯了这种贬损的语言错误。它在文章中写道："自封的'伊斯兰国'（ISIS）再次强调了它在对西方的战争中最喜欢的武器：独狼。"《基督教科学箴言报》刊登了一则标题新闻，配了一组分开的画面，上面分别是一个所谓的"伊斯兰国"武装分子将一个囚犯斩首，以及一匹脑袋上写着这样的口号的狼："西方有单独的肌肉；'伊斯兰教有独狼'。"[9] 我每次听到这个误称就感到恐惧。我注意到，在英国广播公司的电台和其他外国媒体关于奥兰多谋杀者的报道中，最常用的短语是"单独的行动者"（lone actor）。

很明显，美国的枪支暴力最普遍，同时在公共土地上野生动物的恢复遭到强烈反对，而对狼的致死性管理通常是第一个选择，并不是最后没有其他办法时的选择。[10] 最反对枪支管制的州也是狩猎野生动物历史悠久的州。[11] 在因枪击致人死亡比例高的一些州中，怀俄明州（排名第一）、阿拉斯加州（第四）、蒙大拿州（第六）和新墨西哥州（第九）这四个州都有杀死狼的倾向。[12] 与枪支相关的自杀事件最多的前三个州是蒙大拿州、阿拉斯加州和怀俄明州，同样，这些州都支持猎狼。

我们如何讲好自己和其他物种的故事深刻地影响着我们的生态和我们对待其他捕食者的方式。就像"独狼"用于代替人类杀手一样，我们的语言和故事可以对我们的野生动物政策产生积极或消极的影响。有句老话是"扔给狼"，而现实却是狼"被扔给了人们"。这些人拥有超过3亿支枪。有了这些容易获得的武器，美国人就像例行公事一样，几乎每天都在消灭狼和其他野生动物，而且还杀死我们的同胞。

在这样一个充满暴力和持枪的危险国家，我们的孩子在故事中受到的野生动物训练和抚养实际上可能是他们迫切且可悲地需要的一种生存技能。野蛮的丛林法则现在就出现在我们的学校里，在那里孩子们可能像任何濒危物种一样被残忍地枪杀。我们都应该很好地学习其他动物敏锐的感觉：与背景融合并隐藏自身的隐形伪装能力、在漆黑的环境下敏锐的听觉和视觉，以及在曾经安全的公共场所的高度警觉。最重要的是，野孩子们是幸存者，尤其是当他们被人类村庄遗弃的时候。[13] 为什么我们不可以被狼收留、教导和养大，以便能在如此可怕的人性荒野中生存下来呢？

每当我在学校讲授野生动物保护和生态学的时候，我总是让孩子们领养他们喜欢的动物，并让他们自己当这些动物的学徒，然后努力学习它们真正的"超能力"。[14] 孩子犹如变形金刚，很容易从人的角度转到动物的角度看待问题。在他们的新世界里，动物还是会谈话、领养人类和训练我们。孩子们本能地回归到他们想象中的动物盟友。他们对另一个物种的认同，以及因为内心里容纳这个物种而感到安逸，预示着我们这个物种生存的一些希望。对一个孩子来说，大自然不只是"外部的"——绿色世界仍然在他们的梦境里和想象中。本能地认同其他动物不仅可以塑造科学，同样可以塑造我们的生态。

在我的野生动物生态学课堂上，男孩和女孩都经常选择狼作为讨论的对象。在他们讲述的故事中，英雄往往是由狼家族抚养长大的。但是，他们的故事并不总是我们所期望的那样。一个名叫莎拉（Sarah）的中学女生在开学第一天讲述了她的悲惨故事——她最好的朋友最近就在她眼前被一名飞车枪手射杀了。可悲的是，其他孩子并没有对她朋友被杀感到震惊。毕竟，他们的中学走廊挂着"无武器区"的标志，而且他们的图书馆入口安放了金属探测器——甚至早在2012年桑迪·胡克（Sandy Hook）校园惨案和其他美国校园枪击事件之前，这种安全措施就有了。莎拉讲完她的故事后，我别无选择，只好改变本周的授课计划，并让孩子们决定课程方向。

孩子们要为莎拉的损失讨回公道，以及解决她朋友被谋杀的问题，就得依赖动物，而不是超级英雄。每个孩子都选择成为一只想象中的亚马孙丛林景观中的动物。在一个星期的时间里，我们每天都聚集在一起进行集体叙事，让"儿童动物"追踪凶手。我们还做了动物面具，面具上有宽大的夜眼（night eye），而且长出想象的爪子；课间休息时，我们以大猫的惊人速度奔跑。

在集体讲故事的整个过程中，我都看着莎拉。她的表情从起初时的平淡、漠然，变得有目的地突然活跃起来。她声称自己拥有美洲虎般的强大力量，四处潜心搜寻，敦促我们找到杀害她朋友的凶手——孩子们认为凶手一定是毒枭。这个集体终于发现凶手躲在丛林深处，并采取了行动：让带着"告诉真相的灵魂之镜（Soul Mirror）"的菲什（Fish）掀翻了凶手的独木舟，迫使凶手承认自己的罪行。然后，所有的孩子都狂野地咆哮，大声地要求凶手道歉。就在凶手大喊"对不起""真的对不起"的时候，菲什从黑水（black water）里跳出来，把凶手的身体和灵魂都吞吃掉了。然后，所有的"年轻动物"都为凯旋而欢呼雀跃。在面具后面，他们的眼睛里闪耀着乌黑和满足的光芒，就像任何野兽成功捕杀猎物后的眼睛一样。动物有自己的道德准则，孩子也一样。

孩子的想象力是一种原始力量，与游说努力、抵制和《濒危物种法案》一样强大。当孩子们声称另一个物种不仅是想象中的朋友，也是他们体内的动物时，他们正在形成一种文化生态（cultural ecology）。他们正在恢复一些我们已经忘记的东西。在我们成人的环境战争中，重点是保护物种，而不是成为它们。

就像莫格利一样，在这周集体课程结束的时候，许多孩子不愿意简单地回到他们的人类自我。在回家的公共汽车上，他们仍旧穿着戏服，扮演不同的角色。莎拉离开我时，只是从喉咙发出一声低沉的咕噜声，以及飞快地像猫一样轻拍我的胳膊。后来她写信给我说，她将成为一名诗人，"我还能在黑暗中看见东西"。

第 12 章

狼的音乐

　　我们在大多数情况下发现野狼不是通过视觉，而是通过声音——那种超凡脱俗、可怕而又熟悉的头部后仰、由心底发出的嗥叫（howling）。这样的嗥叫从一匹狼的独唱开始，先在丰富却又孤独的女中音上徘徊，然后提升到更高的八度（higher octaves），随即变为颤抖的假声或萦绕不断的次中音二分音符。再后，作为狼群回应的合唱加入进来，其中有超声波般的"呜呜"嘶鸣，断续、短促且清脆的叫喊和吠声，疯狂的尖声复调旋律配合，以及大提琴般的男低音呻吟，还有一种优美与不协调相互交织的和声。最后，所有声音一起缓缓消退。倾听狼的歌唱能以一种我们无法彻底了解但可意识到的方式改变我们。当我们听见狼嗥时，我们知道一些野生的同伴依然生存着——在黑暗的森林中，我们不再孤单。

　　狼为什么要嗥叫？这些复杂的发音有什么目的吗？嗥叫是狼之间结合、定位、庆祝，以及与他们周围的世界进行沟通的一种方式。嗥叫可以是一种呼唤群体的叫声，一种宣告领地并警告敌对狼群不要擅自进入的信号，或是一种让家族其他成员来共享一只猎物的晚餐召唤。

剑桥大学领导的一支国际合作团队研究了不同地理种群的狼的全部嚎叫内容，或者说是"声音指纹"。[1] 这些科学家至少可以识别出 21 种不同的狼方言和口音。通过研究狼嚎叫的声谱图（sonogram）和声波特征，研究者发现，就像鲸类和鸟类一样，狼在"控制他们的歌唱并且受到文化的影响"。

研究团队成员、来自纽约州的锡拉丘兹大学（Syracuse University，又称雪城大学）的霍利·鲁特-格特里奇（Holly Root-Gutteridge），在她引人入胜的论文《狼的歌曲》（*The Songs of the Wolves*）中指出，这项研究的结果意味着动物"可以被用作人类的模型，为我们打开了一扇用来窥探我们人类某些神秘部分进化的窗口"。她解释说，动物经常以专属于它们自身物种的复杂编码来发音。例如，草原犬鼠的警报声能编码有威胁的捕食者的颜色和形状；座头鲸的声音能穿越几百英里，不仅可以标记自己的位置，而且可以用来识别家族所在的群体。这项研究提出的问题是：对于不同的狼，嚎叫有什么共同的文化意义吗？研究者们发现，狼的嚎叫能传达意图（intent）和意义（meaning），就像一种音乐语言一样。在任何物种中，这都算是确定的文化迹象。鲁特-格特里奇总结道，狼"就像乐队一样有偏爱的演奏风格：爵士乐一样的即兴反复乐章（连复段），或者古典音乐的纯音"。[2]

尽管在野外跟踪狼很困难，参加这项研究的科学家仍然记录了6 000 条含来自美国、欧洲、印度和澳大利亚的野外或圈养的狼的嚎叫。研究者们发现，红狼和郊狼具有相似的嚎叫词汇。[3] 红狼现在快要灭绝了，在其仅存的北卡罗来纳州的栖息地中，他们与郊狼有杂交现象。这"也许是为什么他们极有可能相互交配的一个原因"，领导此项研究的剑桥大学科学家阿里克·科森波姆（Arik Kershenbaum）博士说。这是否意味着狼被与他们相似的嚎叫声所吸引？

当研究其他动物时，科学家寻找可观测和量化的证据，但是文化标志（sign of culture）可能更微妙些。现在有相当一部分科学家开始讨论如下想法：其他动物，比如鲸类、大象、黑猩猩和狼，全部拥有文化。在《鲸类和海豚的文化》（*The Culture of Whales and Dolphins*）一书中，生物学家哈尔·怀特海德（Hal Whitehead）写道："当文化掌控了一个物种时，所有事情都会改变。"[4] 已故的研究阿拉斯加狼的科学家戈登·哈伯指出，因其代代相传的强大的家族纽带和合作捕猎技巧，狼"也许是所有非人类的脊椎动物里最具社会性的物种"，这印证了我们人类的许多传统。每一群狼发展出"它自己独特的适应性行为和传统。综合考虑，这些现象可以被看作是一种文化"。[5] 狼嚎也有某些我们只能通过我们自己对语言或音乐（是的，没错！）的使用来解释的意义。音乐家——那些用毕生精力来倾听的人——能帮助我们理解野狼的文化和嚎叫。

在找寻那些倾听狼嚎的音乐学家的过程中，我很高兴遇到法国古典钢琴家埃莱娜·格里莫（Hélène Grimaud）。[6] 格里莫于1996年在纽约的新塞勒姆（New Salem）与他人共同创立了狼保育中心（Wolf Conservation Center）。我问这位才华横溢的音乐家，为什么人们对狼的嚎叫合唱的反响如此深刻。难道这种合唱编码在我们祖先的 DNA 里，即我们人类曾经倾听并定位正在进行捕猎的狼，以便饥肠辘辘地跟上他们，靠吃他们的食物残渣存活？也许当时人们的耳朵在谨慎地竖着，以此来帮助我们了解到已经进入被其他顶级捕食者分享的领地。难道这是一种我们的肌肉记忆，甚至是我们的审美意识里的调音——允许我们识别一种更古老的文化、另一种迷人的音乐？

"狼都是独一无二的个体，所以我们为什么要假设狼的语言不是语言？你能听到它。每匹狼都有自己独特的嚎叫。"格里莫用她快且有节奏的法国口音告诉我，"没有两声嚎叫完全一样。你可以很轻易地想象出，有些狼的方言是狼群或区域独有的，它从隔离状态或者特定地理位置发展起来。然后，它也变成了一种行为和文化的差别。比如，狼如何对待他们的邻居，或者处理家族动态。所以他们的嗥叫是这些差别的一种表达。"

格里莫以充满想象力的迸发和连复段节奏的方式说话，就好像在跟随某些在她大脑里浮现的乐谱，而这些乐谱由关于狼的科学的音符涂鸦而成。格里莫是一位享有国际赞誉的音乐家，不单单在琴键上，而且经常以在她头脑里演奏复杂的钢琴协奏曲为大众所熟知。她的回忆录《野性和声：音乐与狼的一生》（*Wild Harmonies: A Life of Music and Wolves*）不仅追溯了她的音乐发展历程、她与狼的自然历史的交织，还有她 20 年来在狼保育中心与圈养的大使狼（ambassador wolf）在一起的工作经验。[7] 这个非营利的教育中心是美国东部最好的自然教育机构之一，也是物种存活计划（Species Survival Program，SSP）的引领者。从 2003 年开始，狼保育中心已经帮助繁育了墨西哥灰狼和红狼，并将这些濒危动物释放到野外去。该中心深度参与了东北狼咨询联盟（Northeast Wolf Advisory Coalition）的事务，这个联盟与公众、联邦、州和地区组织一起工作。

狼保育中心的项目主任玛吉·豪厄尔（Maggie Howell）说，他们的教育和扩展项目每年吸引超过 15 000 名来访者。他们的网络摄像直播有一群忠实的观众。"狼不知道的是，他们有一个在全球范围内巨大的粉丝群。"玛吉解释说，"狼正通过这些网络摄像偷偷溜进我们的家里。"狼保育中心最流行的活动中有"为各年龄段的狼崽嗥叫"和"为成年狼嗥叫"，在现场的人们可以把他们自己的声音与狼的声音混合到一起。狼保育中心的创立者格里莫已经用了好几年时间倾听狼的嗥叫。

"为什么狼会回应我们人类的嗥叫？"我现在问格里莫。

"也许狼是慷慨、没有歧视的动物。"格里莫苦笑着说。她随后补充说："让与任何野生动物一起工作如此有趣和让人谦卑的原因之一是，你必须按他们的规则与他们接触。如果我们用一种恰当且有尊严的方式，并以狼的规则尝试进行联系，狼通常会非常宽容我们的笨拙。可能是因为狼把人类的嚎叫理解为来自其他狼群的入侵威胁，所以他们想通过嚎叫来宣告这处领地已经被他们占据了。"

与用气味标记领地一样，狼也会建立声音边界（sound barrier），以此降低领地被其他狼侵略的危险。狼之国度（wolf country）的声学图谱（acoustic map）听起来会是什么样呢？想象一下就很有趣——咆哮，用喉音虚张声势地吓唬，节奏自由的炫耀，极强音的吠叫，宣示占有、纠缠的和音急速弹奏（琶音），以及像行进贝司（walking bass，即行走低音）一样的悲伤低音。有时候，狼的声音图谱（sound map）将上升为嘹亮的脉冲和具有歌剧范围的嚎叫。狼是否像我们一样，也为了创作出复杂的音乐而歌唱？

"关于狼嚎最有趣的元素之一是科学家所谓的'社会凝聚力（social glue）'。"格里莫解释说，"这种好感的传播就像人类围着一堆篝火唱歌，彼此间感觉更亲近——这是同样的想法：你嚎叫或者应和，以此来加强你与其他人的社会联系。这并不令人吃惊，因为任何群体动物（pack animal）确实是依靠其他个体才能生存。"

人类当然是社会性群体动物。我们也会被音乐深深地触动，尤其是当一起创作音乐的时候。这是为什么"和谐"这个词不仅与音乐，还与人们和群体的联系相关，甚至与色彩相关。当我们听人类音乐时，我们的身体会调整以适应那种振动，自然地与节奏合拍；当我们一起歌唱时，我们的声音混合在一起，匹配三度音和五度音，以及有时故意与其他声音冲突的不和谐音。我们努力适应大合唱，并找到我们在其中的角色。

狼确实将他们的声音与我们保持和谐。"你有没有注意到，"格里莫问，"当一个在狼的语言上天分较少的人加入嚎叫中，而且他的音高落在相同的音符调上，狼就会改变他们的音高以延长和谐性？这非常有趣。如果你以和一匹狼同样的音高结尾，他会根据你的声音上调或下调他的声音。"

如果你去听狼唱歌，你会发现，狼很少在整体合唱得到提示前长时间单独嚎叫。合唱不仅仅关乎协调性，还与生存有关。有个现象叫作"故弄玄虚效应"（beau geste effect），就是集体嚎叫使得不可能识别出单独一匹狼的声音或有多少匹狼在"音乐会"上演唱。甚至仅有两匹狼的家族也能进行一场有气势的合唱，以此来掩盖他们的小群体规模，并且制造出一个较大群体的声音的错觉。狼在宣示声学领地（acoustic territory）时，他们的合唱能穿越很长距离，为群体提供生存和繁盛所需的广阔空间。[8]

蒙大拿州立大学的研究者组成的一支跨学科团队，其中包括哲学教授萨拉·沃勒（Sara Waller），正在研究来自 13 个犬科物种的 2 000 段嚎叫，以便更好地理解"我们怎样才能了解语言的进化"。[9]沃勒博士正在研究动物之间如何沟通，以及那样的沟通是否会影响人类怎么看他们。"仅仅叫声就能告诉我们谁在外面。"沃勒说。她好奇牧场主是否可以通过播放狼嚎的录音来使狼远离家畜。"因为我是一个哲学家，"她说，"所以我与团队一起致力于大的、广泛的问题。"

这些更具哲学性的问题不仅属于科学家，也属于艺术家和我们所有人。狼和他们的音乐对领地的宣示，不仅发生在野外，也在我们人类心里。黄石公园里蜂拥的旅客听到狼嚎后很兴奋。社交媒体、电影纪录片和自然频道有巨量、受欢迎且真实的野外狼嚎的声带。任何在线搜索能显示许多音频剪辑，就像在公共广播电视网新星栏目（PBS NOVA）中，"狼嚎里有什么？"（What's in a Howl?）这个问题链接着"寂寞的嚎叫""一匹狼崽的嚎叫""一声对抗性的嚎叫"和"一次合唱嚎叫"等声像图（sound sonography）和音频记录。[10]听这些声音可以帮助人们鉴别狼的歌声的不同性质。埃莱娜·格里莫甚至在网络上录制了一段名为《狼的月光奏鸣曲》（*Wolf Moonlight Sonata*）的狼嚎。[11]

在狼歌唱的时候，像格里莫这样技术高超的音乐家能听到什么呢？除了生存策略，狼在合唱中还创造了什么？因为狼拥有一种文化，他们的音乐沟通了什么——如果我们可以作为同道艺术家去听，包含了哪些我们的科学家的耳朵不能听到的东西？我想起了《纽约客》的一幅卡通画，画面是这样的：在海滩上，一条巨大的鲸正在追一个人，而那个人正在挥舞着他的胳膊并恐惧地尖叫着。这条鲸感到好奇："这是一首歌曲吗？"我们现代人在声音上对嚎叫中的狼如此熟悉，以致当我们听到他们歌唱时已不再害怕。实际上，我们经常试着在相同的音乐频率上与他们相遇。这是否意味着这些动物也寻求与我们的音乐融合，或者被我们的音乐吸引？

"当你练习钢琴的时候，"我问格里莫，"那些狼会通过嚎叫加入你的音乐吗？"

当格里莫居住在纽约北部的狼保育中心附近的时候，她没有注意到狼嚎与她的钢琴之间有任何确切的相关性。"他们的嚎叫是随意的，与我的演奏是巧合。"她笑着说，"但是有一只被人工养大的狼崽，当她听见我播放的录音时，似乎对小提琴音乐有所反应。她会走出洞穴，扬起头，随着小提琴的节奏嚎叫。看起来，这确定存在某种关联。"

格里莫提供了一些其他动物欣赏音乐的轶事证据。当她住在瑞士的时候，每次她演奏巴赫的作品，一头母牛就会靠近她的窗户。"只要我一停下来，走近窗户并想接触这头牛，她就会消失。"当格里莫返回去练习她的钢琴时，这头牛又会回来。"但是当我演奏贝多芬的作品时，"格里莫说，"她没有兴趣听了。谁知道这是为什么？"

研究者已经注意到，动物确实会对我们的音乐产生反应。当听着平静的音乐，比如让人舒缓的西蒙和加芬克尔（Simon & Garfunkel）

的《忧愁河上的金桥》（*Bridge Over Troubled Water*）时，母牛会增产3%的牛奶。当听着古典音乐时，狗窝里的狗会放松、安睡，看起来压力更少。听着金属乐队（Metallica）的《狼与人》（*Of Wolf and Man*）的猴子会变得平静，而且食欲增加。大象会随着小提琴音乐摇摆它们的鼻子，甚至有一支泰国大象管弦乐队（Thai Elephant Orchestra），乐队中的大象在击鼓上能比人保持更平稳的节奏。猫咪看上去对人类音乐的兴趣较少，然而，当它们单独待几个小时听另外一位古典音乐家创作的《猫的音乐》（*Music for Cats*）时，将会放松。其他关于动物如何对人类音乐做出反应的实验很吸引人，有时候也很滑稽。[12] 在视频网站（YouTube）上有两段轰动一时的视频，一只凤头鹦鹉"雪球"（Snowball）会完美地合着后街男孩（Backstreet Boys）乐队的音乐节拍跳舞、鸣叫，而一头圈养的海狮"罗南"（Ronan）会随着《布吉仙境》（*Boogie Wonderland*）的迪斯科节奏摇摆。

"如果你要为作为听众的狼创作一首协奏曲，"我问格里莫，"那会是一首爱之歌，还是安魂曲？"

我在想一个作曲家可能为"犹大之狼"创作的悲歌——"犹大之狼"是那些遭遇致死捕猎后的孤单存活者。他们多次被无线电项圈标记，他们发出的信号被人跟踪，然后一次又一次被锁定，暴露出他们下一个家族的位置，导致另一场屠杀。想象一下，他们在失去如此多家族成员后存活下来该有多么悲伤。

"我之前从未被问及那个问题。"格里莫沉默了一会儿，然后沉思着说，"可能我会选择一种具有憧憬（longing）的感觉的音乐。那是我听到狼嚎时经常想到的。那是一种无尽的憧憬。"

谁不熟悉那种轻微的疼痛和憧憬的引力呢？这是一种对某些如此亲密，又常常如此超越我们的事物的向往（yearning）。这就像我们对其他动物的探究，了解他们的其他方式，以及我们可能相遇的其他方式。

"如果你为狼演奏一场音乐会会怎样？对你来说，什么音乐最能体现野狼的精神和挣扎？"

"拉赫玛尼诺夫（Rachmaninoff）的作品。"格里莫毫不犹豫地回答。格里莫因充满激情而又突破性地演奏拉赫玛尼诺夫第二钢琴协奏曲而广受赞誉。这也是我非常喜欢的协奏曲之一，因为它展现了拉赫玛尼诺夫的勇敢、强健的音乐力量和崇高憧憬的瞬间。我们都认为，拉赫玛尼诺夫的音乐具有广泛的情感范围——从像贝多芬一样的普罗米修斯式（Promethean）的抗争，到彻底令人愉悦的超越。[13]

"在拉赫玛尼诺夫的音乐中，有一种如此强烈的被迫迁徙流离的品质。并且，它再次具有那种强烈的憧憬。"格里莫说，"也许它源于拉赫玛尼诺夫离开他的故土，成为一个混合体——一个属于每个地方，但同时不属于任何地方的人。"

这听起来非常像狼的生活——经常在争夺领地的战斗中被迫迁徙流离。狼必需扩散以寻找另外的家园，然后为了再一次的归属而游荡着、搜寻着。

"如果你注意到艺术的摇摆不定，那么拉赫玛尼诺夫自己就是一个倒退，因为音乐运动已经向前进步，但他不是其中之一。"格里莫明显来了精神，继续说。可能有人听说过她几十年来对这些作曲家的音乐奉献，她将他们的抗争和精神复活，并且有力地体现在她的每场演出里。"拉赫玛尼诺夫拒绝妥协。"格里莫坚定地说，并且她可能也在谈论她自己的个人主义作品，"他对自己保持真实——即使他自己几乎是一个濒危物种。"

拉赫玛尼诺夫的音乐具有"人类情感的全部范围"，格里莫补充说，"同时他的作品具有极度感伤的成分。"格里莫先停顿了一下，然后以她的快速节奏说："它同样拥有这种原始的品质……在德国，我们叫它'原始自然力'（urkraft）——这是一种在我们的生命核心里感触如此之深的生活力和原始能量。这种力量让你战胜一切——甚至是超越你自己。"

格里莫说的是在音乐和自然界中塑造我们所有人的基本力量。这就像水，这是她的最新唱片的主题。这又像狼，这是她终生的热情所在。在她说话的时候，我思考着音乐如何像生命一样，总想生生不息，想让自己更出色，想去唱自己独特的歌——不论是不是有其他人正在听。

我问过格里莫关于她自己的生活，尤其是她的童年。她的父母曾经为她担心，因为与大多同龄人相比，尤其是与有较高文化修养的法国女孩相比，她的性情可能太野了。在她的回忆录里，格里莫写道，她"很少有对童年的怀旧之情"，并且她感到自己对"我体内被埋葬的天堂"深切的憧憬。躁动不安、精力过度充沛且旺盛地极端的格里莫被山川和海洋迷住，她也发现了一个"对悲剧的偏好"。作为一个孩子，她感到"在苦难的外部边缘的快乐"，那是"用一种奇怪的——我得说，非常令人满意的——咒语迷住我"的奇怪的狂喜。音乐和钢琴都俘获了她惊人的能量，让她获得"从灵魂上洗去日常生活的尘埃"的自由。在 20 世纪 90 年代，格里莫遇到了一匹圈养的母狼，将她生活的范围扩展到拥抱另一种野生生物的'原始自然力'。"狼就是生命本身，"她写道，"比霜冻更让人觉得刺痛。生命本身有一种难以置信的强度。"

"说到悲剧和狂喜，"我问格里莫，"你知道法国神秘主义者西蒙娜·魏尔（Simona Weil）的工作吗？"

"噢，是的。"她立刻回答说。我们谈论起这个犹太族的天主教女人兼半圣徒。魏尔为了声援和团结那些在第二次世界大战期间遭受战乱蹂躏的人，只吃有限的定量口粮，最终自己饿死。

"西蒙娜·魏尔写道，有两种了解真相的方法。"我说，"那就是苦难（suffering）和美好（beauty）。也许这就是我们在野狼身上感受到的。美好平衡了他们的苦难和我们的苦难。这是许多人在这个世界——这个令人心碎的美好世界——所感受到的。"

"我喜欢你说它的方式。"格里莫热情地回答说，"也许这就是狼为什么在人类中引起这么多情感的原因，无论是好的还是坏的。那使他们既富有争议，又很迷人。某种超越所有解释的事物让我们如此深刻地对狼做出反应。"

我们都认为，许多科学家在谈论我们经常对狼感受到的深切的情感联结时非常谨慎。他们担心，如果说出这个联结的非常感性的方面，他们会被诋毁，或者丢掉他们的研究资助。这种自然朴实的人—狼之间的联结关系大多在我们的神话和音乐里进行探索。这是一个科学和逻辑学之外的领域。

我们谈论狼的一生是否在本质上就是悲剧。毕竟，野狼很少活过10年。对狼来说，每天都处在生与死的边缘；他们的最终结局往往是暴死，要么死在人类手上，要么死在竞争对手的牙齿上，甚至死于他们的家族成员，这非常像我们人类的希腊悲剧（Greek tragedy）。西蒙娜·魏尔的悲剧视角颂扬了希腊悲剧的诗意的美。在关于魏尔的哲理的一本书中，作家亚历山大·纳瓦（Alexander Nava）解释说，魏尔将悲剧视为我们人类处境的一个真相，并且"拒绝忽略人类经历中的黑暗和残忍的力量。对于那些遭受苦难的人，悲剧的艺术表现——在诗歌、艺术或音乐里，例如蓝色调——恰好可能使生命持久甚至美丽。"

当格里莫和我继续谈论西蒙娜·魏尔的视角，以及这种视角如何阐明我们怎样理解野狼的命运的时候，我想起了自己生命中最悲惨的一天。[14] 那是1981年的某一天，早上阳光明媚，但当时的遭遇一直困扰着我。我发现一位亲爱的朋友死于她自己之手——饮弹而亡。我丢下温暖、折叠整齐且气味清爽的衣物，四肢着地趴在她沉默的身体旁边。我从她的布帘遮盖的窗户上感受到了寒意，那里透出一道昏暗的光。在我等救护车的时候，所有我能做的事就是抬着头哀嚎。我邻居的狗也加入这悲惨的哭声中，它们的声音与我的声音混在一起。这是一个人类和犬类的希腊悲剧合唱团。在被警车的警报声淹没前，我们一起在不和谐的氛围下和谐地嚎叫着。这些狗高亢、哀怨的嚎叫陪伴着我的哭声，使得我在那个时刻不那么难以承受。

也许狼的嚎叫就像我们人类的音乐一样，确实是一首深切而悲伤的挽歌。这正如我的一位大提琴演奏家朋友所说："也许对于我们来说悲剧是最美的——正因如此，一切皆有可能。"

正如西蒙娜·魏尔一样，许多其他作家都尝试过在悲剧视角与一种黑暗而神圣的喜剧感觉之间取得平衡——每个生物，无论动物还是人，在我们短促而令人惊讶的命运中坎坎坷坷，就像那些文学作品中的流浪汉角色。文学生态学家约瑟夫·米克（Joseph Meeker）在其经典作品《生存的喜剧》（The Comedy of Survival）中写道，在我们的文学文化（literary culture）中，"悲剧英雄使人与自然对立——既有他自己的原因，又与自然本身相关。"[15] 他给出理由说，希腊悲剧传统把我们带到生态大灾难的边缘——因为悲剧中的英雄们执意超越自然规则（natural order）（从而超越生命本身），同时有意识地选择他们自己的道德规则（moral order）。[16] 对我来说，这听起来很像野生动物管理者——他们无休止地试图去控制狼，并将他们自己的道德价值（moral value）强加给狼。也许我们才是悲剧的演员，而狼只是在尝试让我们生存下来。

埃莱娜·格里莫提醒我说："我们真的对狼知之甚少。关于狼和我们与狼之间的关系，仍存在着许多谜团。"她停下来，然后用沉思的声音继续说："我认为，对狼的理解完全在于熟悉（acquaintance）……就像当初我碰见进入我人生中的第一匹狼——阿拉娃（Alawa）。"

在阿尔贡金语（Algonquin）中，"阿拉娃"的意思是"香豌豆"。

当格里莫第一次碰到这匹雌狼时，她感到"一个火花、一道电击贯穿我的全身……让我充满温柔……唤醒我体内一首神秘的歌曲，那是一种未知的原始力量的召唤。与此同时，那匹狼似乎放松了，侧躺下来，将腹部袒露给我。"[17]

这种信任对于一匹狼来说是非常少见的，尤其是面对一个陌生人。格里莫意识到，一旦这匹狼开始嚎叫，"阿拉娃不是在嚎叫，而是在呼唤。"[18] 阿拉娃是格里莫人生中"最重要的礼物之一"。不久后，更多的狼被召唤到格里莫身边，激起了她研究狼的行为和生物学的热情，那是一种与她给予音乐的强度相同的热情。她参观美国的野生动物保护区，并且拿到了动物行为学的学位。格里莫与阿拉娃的情感纽带一直持续到她在狼保育中心的工作——保护中心里有一匹大使狼也叫"阿拉娃"。就像与她同名的狼一样，这匹阿拉娃和她的兄弟泽菲尔（Zephyr，意思是"和风"或者"西风"），作为狼保育中心教育项目的组成部分帮助教育人们。

就如格里莫所说，"熟悉"是一种与那些反对野狼回归，甚至想否认狼的生存权利的人讲话的至关重要的方法。这个策略被相当反直觉的民意调查证实，表明当野狼分享我们的领地时，共存就有更大的希望。

"这完全在于熟悉和真正的共栖（cohabitation）。"她说，"在欧洲，尤其是在狼从未被完全根除的西班牙和意大利，农民对狼有更高的忍耐阈值，因为他们从未失去过在野狼周围生活的知识。但是，你知道在法国，当狼从附近的意大利返回时，情况就与最差的地方一样糟糕。在狼被移除后再考虑重引入的时候，人们对狼的反对似乎变得更强烈。这是因为农民觉得受到威胁，又对狼的真实生态功能不了解，并且没有意识到他们的恐惧毫无根据。在不熟悉的时候，一切发展都失衡。所以狼在从未被根除的地方活得更好。熟悉就是一切。人们没有理由去保护他们害怕的东西。"

"人们保护他们所爱的东西。"这正如雅克·库斯托（Jacques Cousteau）所说。也许未来人与狼共存的希望，在于让狼的种群在荒野上繁荣兴旺，并且永远不要再让他们消失。在狼保育中心，教育孩子们在我们的荒野中与野狼一起生活是至关重要的。"一次一个孩子。"格里莫说，"你永远不知道，是否有看着狼、爱着狼的孩子成长为环境律师或者狼生物学家。再小的孩子也能扮演好一个角色，传播有关狼的信息。"

关于狼的生活的知识能引导人们忍受甚至关爱狼。在狼政治、赞同或反对狼的争论之外，当谈及人和狼在他们复杂的社会中共有的关于道德规则的感觉时，可能讨论会更和谐。格里莫谈到了"伦理学"（ethikos）的概念，这是一个希腊词汇，描述习惯性的美德，以及一种以道德和责任为中心的哲学——关于什么是对和什么是错。

"狼遵从他们的自然法则（law of their nature）。"格里莫说。"他们看起来残忍，但所做的事情讲得通，而我们所做的许多事没有任何意义。"

狼不像人类，不会杀死他们同类的整个群体。在穿过领地的家族中杀死一两匹狼或者仅仅几次激烈的打斗，经常足以使一匹狼在领地站住脚。动物行为学家马克·贝科夫在《野兽正义：动物的道德生活》（*Wild Justice: The Moral Lives of Animals*）中写到动物的道德智慧和公平竞争意识："野生犬科动物的社会也许更像早期人类的群体。当我们研究犬、狼和郊狼的时候，我们发现了指示人类道德根源线索的行为。"[19]甚至达尔文也相信，动物"会获取一种道德良知"。[20]

"如果更多像你这样的艺术家也将他们的时间和才华奉献给其他物种，会发生什么？"我问格里莫。

"好吧，对一切艺术形式，自然是终极的沉思（muse），也是灵感的源泉。"格里莫以她独特的热情回答说，"自然并不需要太多机会去证明她的复原力（resiliency）。自然一直都在那儿。"

我们谈论起与动物共处如何成为我们自己人性的喘息之机，有时甚至是一种解脱。"在某些程度上，"格里莫笑着说，"我们渴望在我们的生活中拥有某些不仅仅是人际关系的东西。"

格里莫以一个凄美心酸但切中要害的故事结束我们的会谈，它与最近参观狼保育中心的一群商人有关。当狼开始齐声歌唱时，"每个人都能感受到一种能量……它是如此强有力。你能从人们的反应中看出那种力量，尽管他们全部穿着正式、谈吐庄重。但是当听着狼的嚎叫时，你能从他们身上看到温柔。人们一旦被感动，就会积极地去做出改变。"

"共鸣"也许是解释这种效果的最好词汇。"共鸣"是"由一个物体发出的声音和谐地与附近的一个声源产生的共振"。[21] 共鸣的自然法则在自然、物理和音乐中回荡。就如格里莫在她最新的唱片里描绘的那样，水有潮汐的共鸣——层叠、级联的每个波浪都能激起宽广的海洋呼号的长度和宽度；一个音叉一旦被敲打，就会使另一个音叉以同样精确的声调振动；声共鸣匹配音高时，就以相同的频率放大声音。德国爵士音乐家阿希姆-恩斯特·贝伦特（Jaochim-Ernst Berendt）写到"耳朵的神庙"（the temple of the ear），并解释说，"一个氧原子的粒子在大调上振动……草的叶片在唱歌"。[22] 如果草地和微观原子正在向我们唱歌，我们会在多大程度上与狼音乐的狂野且引人入胜的谐波产生更多的共鸣？

就如格里莫的工作所揭示的那样，我们与狼的音乐共鸣中有着强烈的亲密关系和温柔的张力。这既是一种同情，又是一首交响曲。我们可能只是期望野狼的嚎叫不仅仅是我们国家的悲歌。当我们倾听并加入他们的华丽的合唱时，我们会探索到一个不安定、狂野、开阔的声景（soundscape）。那是一片领地，或一处见面地点，甚至可能是一次团聚。请集体合奏（ensemble）吧！

第
5
部
分

狼的回归

第 13 章

OR7：
一匹名为"旅途"的狼

　　独自生存的狼是少见的。如果没有家族的帮助，单独的狼只能猎杀很小的猎物，而且要寻找其他狼去依附。在他试图再次加入群体时，可能会被接受，也可能被杀死。更罕见的情形是一匹孤狼旅行 1 200 英里，去征服新的领地。这就是 OR7 的故事：这匹叫"旅途"（Journey，也曾被译为"旅程"）的狼成为近 100 年来第一匹回归加利福尼亚州的野狼，他史诗般的艰苦跋涉紧紧牵动着我们的遐想，令人敬重。

　　在任何给定时间，野狼种群中只有 20% 的个体是单独行动的，而且单独行动并不持久。没有家族归属时，狼个体就会处于危机四伏的环境——至少如下情形是事实：美国西部每年有 10% 的狼被偷猎者杀死。[1]如果狼单独行动会面临更大的生存威胁，那为什么狼要从群体中扩散出去？实际上，一些狼离开原有的家族是为了去寻找伴侣，另一些狼由于"家族政治"被迫离开群体，还有一些狼则对原有生活地位感到倦怠，因为群体中等级最低的成员——奥米伽狼（omega wolf）渴望在其他群体中占据更高的地位。上述这些情形中的任何一种都可能促使

OR7 离开他在人烟稀少的俄勒冈州瓦洛厄县（Wallowa County）的原生印马哈家族（Inmaha family）。

OR7 出生于 2009 年春天。他的谱系名称显示，他是在俄勒冈州第七匹被戴上无线电项圈的狼。他的父母是一对生育模范，其中母亲是苏菲（Sophie，编号为 B300），父亲是 OR4。狼终生可交配，而这对令人印象深刻的父母养育了一个异常庞大、拥有 16 匹成员的家族。

OR7 的父亲 OR4 是一匹强大的雄狼首领，并被认为是一个强硬但很好的父亲。OR4 是俄勒冈州体型最大的戴有无线电项圈的狼，重 110～115 磅。他的嚎叫是如此洪亮，堪称"狼版"帕瓦罗蒂。[2] 他健壮且乌黑，是顽强的幸存者，"逃脱了猎杀令和偷猎者。他经受了至少 4 个无线电项圈的折磨，击败了逆境"。博客"野性俄勒冈"（Oregon Wild）的博主罗布·克拉芬斯（Rob Klavins）写道："没有多少超过 10 岁的狼还能在野外坚强地活着"。[3]

OR4 是这样一个长寿和强大的族长，那么他的儿子——OR7 如果想找到一个伴侣并繁殖下一代，从而成立自己的家族，那他最好选择消失。我们人类的故事——从希腊神话到星球大战——都充满了父子之间的斗争。也许是同样紧张的父子关系，驱使 OR7 去寻找自己的命运，但没有人能捉摸出 OR7 会走多远去寻找自己的领地。OR7 真的没有必要去旅行超过 1 000 英里，甚至离开俄勒冈州。俄勒冈州在 2011 年时只有 29 匹狼，他们是少数从爱达荷州中部迁徙来的狼的后裔。狼在 1995 年被新引入爱达荷州中部，然后穿过喀斯喀特山脉（Cascade Mountains），深入与华盛顿州和爱达荷州交界的俄勒冈州东北部。狼的西迁与人类先驱迁徙的情况非常相似。就像刘易斯（Lewis）和克拉克（Clark）以及追随他们的大批定居者一样，狼群也向西奔去。

"出现了有关西部的狼的谣言——一个狼的爪印出现在胡德山（Mount Hood）上，有人在那里的桑蒂亚姆山口（Santiam Pass）目击过。"扎克·乌尔尼斯（Zach Urness）在他有趣的"当狼返回俄勒冈州西部"系列中写道。[4] 当我在华盛顿为《西雅图时报》报道1997年的奥林匹克狼峰（Olympic Wolf Summit）会时，已有狼自行从加拿大冒险南下，重新在喀斯喀特山脉定居。美国西部比落基山地区和五大湖地区更欢迎狼的回归。在那次狼峰会上，华盛顿州国会议员诺姆·迪克斯（Norm Dicks）表示："我们有机会改正一个在历史上曾经犯下的错误。"迪克斯指出，以前的全部狼重引入的总成本只消耗了纳税人每人一枚5分镍币。西部地区的野生动物官员为回归中的狼铺平了道路，但并不是每个人都对自行返回的野狼感到兴奋。

OR7全家生活在一个对狼有敌意的养牛乡野的中心。[5] 瓦洛厄县的养牛场占到地方经济的1/3。"该县有近3万头肉牛和约2万头奶牛，"一篇优秀的文章《一匹狼的非凡旅程对美国野生动物的未来有何启示》（*What One Wolf's Extraordinary Journey Means for the Future of Wildlife in America*）有如此记录。尽管70%的俄勒冈州居民支持恢复狼，但那些"众所周知在20世纪90年代后期开始冒险穿越斯内克里弗（Snake River）的狼却被运回、射杀，或被汽车碾压"。[6] 这些养牛主在公共土地上放牧，而且自1995年以来获得了近200万美元的牲畜补贴。"我认为我们正处在牧场的忍耐极限上。"西部流域项目（Western Watersheds Project）的创始人乔恩·马弗尔（Jon Marvel）说。"这种放牧是由沉迷于过去的业余爱好者、企业和政客们维持的。如果没有政府补贴，在干旱的西部放牧牛羊应该在很久以前就结束了。"虽然生存在这样一片严重放牧、有敌意的土地上，OR4的家族仍然在某种程度上茁壮发展。这个狼家族还杀死了一些牛，头两年每个月杀一头牛，在2010年的一个月杀死6头牛。

与如下事实相比，上述由狼导致的牛的损失可以被忽略不计[7]：在俄勒冈州"130万头牛之中，每年超过5.5万头牛由于狼以外的各种因素死亡，这些因素远比狼杀死更多的牛。在过去的几年里，偷牛贼每年偷了 1 200 头牛"。根据美国农业部的数据，所有的捕食者，例如郊狼、美洲狮、猛禽甚至犬，要为 4.3% 的家畜损失负责。但是，狼是远比偷牛贼或家犬更明显的替罪羊，而在同样的公共土地上的牧场主与印马哈狼家族持续紧张地对峙着。野生动物官员会扑杀即将攻击牲畜的狼，因此 OR7 家族的成员经常出现在瞄准器的十字准线上。

在 2011 年的 9 月，当 OR7 两岁时，他离开了家族，向西而行。OR7 离去的时机是幸运的——他消失几天后，俄勒冈州政府官员下令处死他的父亲 OR4 和他的一个同胞，原因是他们捕食家畜。虽然这一处死令由于"野性俄勒冈"博主的诉讼而搁置，但 OR7 的弟弟 OR9（当时第一个从家族离开的成员）在 2010 年被非法枪杀，OR7 的姐姐 OR5 在 2013 年俄勒冈州狼狩猎季的最后一天也被一个陷阱杀死。如果 OR7 与他的家族成员待在一起，他可能会遭遇同样的厄运。

除了通过远程相机抓拍到的图像外，很少有人看到过真正的 OR7。最著名的 OR7 照片显示一匹黑褐色的狼，耳朵竖起，尾巴低垂，沿着一条山路走下来。他似乎直接窥视到相机，黑眼睛聚焦，鼻尖在阳光下闪亮。我们参考家犬的情感表达得知，这匹狼的神态没有显示任何警惕，只表现出强烈的好奇心。当漫步通过时，OR7 听到相机的快门声了吗？所以他才直勾勾地观察是否有人看着自己？该照片的文字说明是："美国本土 48 个州中分布位置在最西边的狼，一匹孤单地游荡在任何已知狼群西边数百英里外的先驱。"

因为 OR7 戴着无线电项圈，研究人员可以密切知晓他的行踪。小学生们开始在线跟踪 OR7 的跋涉轨迹，并在他们教室里的多色大地图上标示出来。在这样长的旅程（trip）中，一匹独自活动的狼所面临的风险令人望而生畏。没有家人的 OR7 很容易受到美洲狮和熊，甚至是当地狼的伤害。一匹孤狼不能扑倒一只 700 磅重的马鹿。独自狩猎时，OR7必须依赖更小的猎物为生，并且时刻受到人类偷猎者的威胁。由于佩戴着无线电项圈，OR7是一个可以被非法猎人轻松瞄准的目标——其中不乏一些人在社交媒体上吹嘘，说他们在追击他。不知何故，当OR7在荒野中寻找伴侣时，他一直没有出现在偷猎者视线之中。

在旅行中，OR7沿瓦洛厄山脉小跑，向南穿过俄勒冈州东部靠近本德（Bend）和伯恩斯（Burns）的地方——非常靠近在1946年最后一匹被赏金猎人杀死的俄勒冈狼的死亡之地。继续南行，OR7绕过克雷特莱克（Crater Lake），并且冲过位于俄勒冈州南端的雄伟的克拉马斯福尔斯（Klamath Falls）。然后OR7转了一个急弯，向西前往喀斯喀特山脉。在这里，他创造了他的第一项纪录：60年以来第一匹在西俄勒冈出现的狼。在这一点上，OR7成为一个保护偶像，甚至是一个犬科名人。俄勒冈州的《政治家杂志》（Statesman Journal）称OR7为"一个民间英雄"。[8]

据报道，罕有的一次目击OR7发生在俄勒冈州的阿尔马诺湖（Lake Almanor）的克里斯特尔罗伊德洛奇（Crystalloid Lodge）。[9]一个前艾迪塔罗德赛车手利兹·帕里什（Liz Parrish）说，一匹野狼被她的雪橇犬哀怨的嚎叫吸引。当帕里什出来查看她的雪橇犬一起发出紧急嚎叫的原因时，她惊讶地看到一匹野狼站在她的车道上。她和OR7相互盯着对方很长时间。帕里什被OR7"不像狗"而且比她强壮的雪橇犬更魁梧的外表惊呆了。帕里什没有照相机或手机，无法记录下这一目击。但一个也发现OR7的村民告诉记者："我们的森林因为狼的存在而更加健康。"附近还有若干迹象证明OR7来过。帕里什的一个邻居去喂院子里为晚餐而嚎叫的犬。突然，有一声应答嚎叫从北方传来，丰满且嘹亮。不像一只犬，而是一匹狼。是OR7吗？或者有没有佩戴无线电项圈的其他狼跟着他开路的气味进入俄勒冈州？一匹野狼回应家犬的嚎叫不是一个好兆头，尤其是对狼来说。也许OR7的探险路线太靠近人了。

到了冬天，OR7 离他的老家和家人有 500 英里远。一切都对他不利，尤其是这个寒冬。在 OR7 的流浪之旅中，两岁的他没发现配偶，而现在山上的雪正在加厚。任何脱离了狼群的个体的期望寿命只有 5 年。尽管 OR7 被誉为"一匹狼生态旅游景点（one-wolf eco-tourist attraction）"，而且他的探寻旅途牵引着成百上千的人类目光，但他看起来命中注定要失败。一些保护主义者对他成功的可能性抱有希望："比他似乎绝望地迷路更重要的是，他走出了一条由相对完好的土地组合起来的'拼布被子'，可以作为恢复捕食者的自然迁徙通道，适用于从狼獾到猞猁，再到现在的狼。"

在他开始行程 3 个月后，也就是 2011 年 12 月底，OR7 越过加利福尼亚州的边界线。这次穿越对他毫无意义，因为狼对我们人类严密守卫的边界线一无所知。当然，OR7 并没有意识到他完成了前所未有的壮举。然而，这是国际新闻！OR7 是自 1924 年以来，第一匹漫游到加利福尼亚的野狼——几乎 100 年来，还没有他的同族来占领这片土地。阿玛洛克·韦斯是众多欣喜地欢迎 OR7 到来的保护主义者之一。"加利福尼亚州为这匹狼铺设了一块欢迎脚垫。"她说，"看到一个州在欢迎狼的到来是美妙的、惊人的、可爱的——就像你终生期待的那个时刻。这是 OR7 应得的。"

甚至美国农业部的博客也用了标题"加利福尼亚欢迎 87 年来第一匹野狼"。通过迁移到太平洋沿岸，OR7 可能拯救了自己的生命：他选择了一个狼被联邦列为濒危物种的家园；在那里，狼受《濒危动物法案》的保护，因此可以兴旺发展。[10] "野性俄勒冈"的史蒂夫·佩代里（Steve Pedery）说："在一个长时间缺失顶级捕食者的景观中，OR7 现在得到了很好的生存条件。"[11] 加利福尼亚的保护组织立即要求鱼与野生动物管理局也将灰狼置于该州的《濒危物种名录》中。加利福尼亚州的野生动物官员开始着手制定一项该州的狼保护计划。

在庆祝之余，"野性俄勒冈"举办了一场为这匹旅行的狼命名的比赛。他们的意图是："使OR7太出名以致不能被杀死。"毕竟，在北加利福尼亚的一些人看到野狼归来时并不欣喜若狂。在锡斯基尤县（Siskiyou）——这是此后OR7最喜欢的出没地之一，一个主管官员宣布，她希望看到所有的狼"一出现就被射杀"。[12]两个孩子赢得了命名竞赛，他们将OR7完美地命名为"旅途"。OR7赢得了自己的名字。整个冬季OR7一直在寻找伴侣，在北加利福尼亚和南俄勒冈之间流浪，在山路上迂回攀爬，或者在茂密的老树林穿行。他的踪迹被发现，他回应牧场犬的嚎叫再次被听到。但是，没有迹象表明OR7不再独居。

我想OR7的嚎叫可能是世界上最孤独的声音。毕竟，他已经一年多没有家族或配偶，甚至没有同伴了。OR7符合原型的"英雄之旅"模式，该模式由约瑟夫·坎贝尔（Joseph Campbell）提出。[13]OR7版的"奥德赛"符合我们熟知的历程：离开平凡的世界进行一次单独的冒险，面对恒心和力量的考验，在挫折中幸存下来，而生死磨炼推动英雄进步，并在途中找到盟友。最终，英雄必须获得奖励，并返回到他曾经离开的"平凡世界"，在那里分享他的经验。但OR7能否真的完成这样的旅程呢？即使有成群的人为他加油并认同他，这段旅程仍然需要OR7自己去实现。约瑟夫·坎贝尔写道："你从最黑暗且无路之处进入森林……如果你遵循别人的方式，你就不会意识到自己的潜能。"[14]

2012年早春，OR7正式走完他的1 000英里路程。《洛杉矶时报》（Los Angeles Times）声称，OR7的长途跋涉里程更像是3 000英里。但《洛杉矶时报》与大多数生物学家一致，仍然预言OR7"不大可能在这里找到伴侣"。[15]2012年夏天，OR7终日徘徊在普卢马斯国家森林公园拉森山（Mount Lassen）的高山谢拉的山地草甸上。我喜欢想象这匹狼在我的家乡加利福尼亚的原生林的样子。他漫步经过海岸边的花旗松或黄松，狩猎许多修长、敏捷的鹿，而那样的鹿也滋养过我年轻时的肌肉、血液和骨骼。当我听到"旅途"抵达这里的消息时，我想回到我的出生地，看看我能否成为一个幸运的人，去发现一处狼迹——一个狼版"奥德赛"的路标。

2012 年整个夏天之后，又经过另一个难熬的冬天。时间到了 2013 年春天，OR7 漫步在加利福尼亚和俄勒冈之间。我们唯一能跟踪 OR7 的方法是通过他的无线电项圈，但项圈电量即将耗尽。如果我们失去了对这匹心爱的狼的追踪会怎样？又或者，这匹狼活到项圈电量耗尽之后，但猎人射杀了他？如果这样，OR7 的传奇将会消亡，他将永世孤寂。生物学家决定让狼的无线项圈自然地用完电量，然后放弃追踪他。但是，随后，在 2014 年的 5 月，一件令人惊奇的事情发生了——OR7 第一次被相机抓拍到。他不再是孤身一狼！当野生动物官员检查他们远程相机的存储卡时，他们清楚地看到 OR7 和另一匹狼在一个小时内接连被拍摄到。OR7 终于找到了他的终身伴侣吗？

另外一匹神秘的狼身体纤细、黑色，而且她蹲着撒尿。这是交配季节，如果有幼崽，他们很快就会出现在洞穴中。当野生动物官员满怀希望地等待着幼崽的任何迹象时，他们确认，随着 OR7 的行踪变得越来越诡异，他们"总是觉得一匹雌狼可能不会这么快就找到他"。人们在俄勒冈州和西部地区庆祝了这次狼的团聚和结合。俄勒冈州，就像加利福尼亚一样，对狼的回归比其他州更开放。事实上，共和党和民主党的州长候选人都支持把狼重引入。甚至是俄勒冈州牧民协会的前主席比尔·霍伊特（Bill Hoyt）也指出，他"愿意与环境游说团体妥协，只射击有追捕家畜历史的狼——OR7 不属于此列"。[16]

野生动物官员收集了狼的粪便并进行 DNA 检测，结果表明，这匹新的雌狼肯定来自 OR7 在俄勒冈州东北部偶遇的狼家族。我们不清楚 OR7 的伴侣的女英雄般旅程，因为她没有佩戴无线电项圈。当她从原生家族离开时，可能会更危险。我们所知道的是，她选择跟随"旅途"。现在这对情侣一起旅行，正如《洛杉矶时报》的标题所说，"流浪的狼 OR7，得到了十全十美的爱"。就像我们人类的喜剧通常以婚礼结束那样，OR7 的婚配受到人们热烈的掌声欢迎，以及对狼崽更大的希望。

当 OR7 及其纤巧、黑色的伴侣又往北漫步到俄勒冈州时，他们被人们更密切地跟踪。当地的生物学家在 2014 年 6 月宣布：3 匹狼崽和 OR7 他们一起出现。有斑点的黑白照片显示，至少有一匹狼崽飞奔经过相机。像他父亲一样的灰色，又像他母亲一样披着炭黑的亮点，那匹狼崽移动得如此之快，你可以看到毛茸茸的耳朵和爪子周围出现了轻微的模糊。在另一张黑白照片上，我们只看到该狼崽的侧面，耳朵向前，毫不害怕，冒险走在碎石路上。在这样一个开阔的空间里，人们不禁要担心狼崽们被发现的可能性。但还有一张模糊的黑白照片显示，OR7 在远眺，尾巴抬起，凝视着相机，所以我们知道狼崽的父母就在附近保护着他们。

一张俄勒冈人骄傲地宣布 OR7 幼崽的诞生的彩色照片和这些幼崽的照片集很快被传播开来。[17] 在有的照片中，两匹狼崽隐藏在枯木和嫩绿的树枝后面，向外张望他们的新世界。他们并排坐在阴影里，即便如此，他们专注的面孔上浮现出好奇和一种甚至可能是惊奇的感觉。在任何物种中呈现那种怀有期待和开放外向的表达，我们都能认出来。他们的诞生具有历史性的意义——他们是自 20 世纪 40 年代中期以来第一窝已知出生于俄勒冈喀斯喀特地区的狼崽。狼的拥护者对此欢欣鼓舞，但俄勒冈州众议员彼得·德法西奥发出警告和提醒："当我们庆祝 OR7 和他的新家族时，美国鱼与野生动物管理局打算无视科学，把灰狼从《濒危物种名录》中剔除。如果该局能移除灰狼，俄勒冈州就可以宣布开放灰狼狩猎季，狩猎的目标就是像 OR7、他的伴侣和这些新生的幼崽这样的狼。"

OR7 终于找到了伴侣、组建了新家族，这则新闻让他们在全国上下广为人知。3 年来，OR7 的旅程只存在于我们的想象中，由教室或生物学家的地图上五颜六色的别针所示踪的路线组成。突然，这匹被称为"旅途"的狼及其家族成员在我们面前得以充分展示——狼是如此具有视觉冲击力的物种——通过我们亲眼看到、见证和凝视，他们如此迷人。狼的追踪小队不得不对该狼家族的领地保密，免得太多的关注会导致他们被反狼的偷猎者偷猎。到目前为止，在 2009 年被安装的 OR7 的无线电项圈已经快没电了。此类项圈的电池通常只会持续工作 3 年，而这个项圈已经努力地发送无线电信号近 5 年了。生物学家最终决定不更换这个每 6 小时报告一次 OR7 位置的无线电项圈中的电池。

如果我们失去对 OR7 及其家人的跟踪，会有很大关系吗？现在这个家族被称为流浪河狼群（Rogue River pack，即罗格里弗狼群），因为他们的洞穴在俄勒冈南部的罗格里弗—锡斯基尤国家森林公园（Rouge River-Siskiyou National Forest）。OR7 家族在不提示有关其存在的情况下，可能会更安全。即使我们失去了无线电联络，OR7 完整的形象现在也可以在我们的想象中漫游。大约在 OR7 找到了他的伴侣之时，一部由克莱门斯·申克（Clemens Schenk）执导、名为《OR7：旅途》（OR7: The Journey）的半真实电影纪录片受到广泛好评。这部电影用一匹圈养的狼作为替身，再现了 OR7 历经磨难的旅程。[18] 这部电影中有对狼生物学家和狼拥护者们的精辟访谈，例如前陷阱捕猎者兼作家卡特·尼迈耶和狼拥护者奥利弗·斯塔尔（Oliver Starr），后者被称为"犹太牛仔"（Kosher Cowboy）。

斯塔尔的祖父在科罗拉多州拥有一个存栏量 54 000 头牛的牧场。斯塔尔告诉我，他相信自己的祖父"在每次我使用含有大写字母'W'

的单词时，他都会在坟墓里翻滚"。在斯塔尔几十年研究狼的过程中，他意识到"我们从来没有真正见过狼。他们就像一个已被粉碎的文明遗迹"。斯塔尔呼应了阿拉斯加狼生物学家戈登·哈伯的话，对狼自己的文化高度赞扬，并总结说："我在狼的行为中看到的一切，正如你期望一个人能达到的行为一样。"

在这部电影中，斯塔尔指出，我们在对狼的管理政策中，大多使用的仍然是"安抚"牧场主的手段。"我来自一个有养牛背景的家庭，而农业在决策方面有着令人难以置信的主导地位，尤其是在西部各州。"斯塔尔建议，牧场主需要学会共存，因为狼现在返回了西部。如果牧场主的放牧方式是导致他的牲口容易被狼捕食的原因，这些方式就需要改变。如果一匹特定的狼不断捕食牲畜，斯塔尔会建议——通常作为终极手段——不致死地转移走狼。但是，他总结说："一般来说，我看到的都是'首先射击而绝不尝试其他'途径。这些人习惯于给野生动物管理局打电话，让直升机进来，射倒整个狼群。"斯塔尔指出，这种致死的解决办法行不通。从长远来看，它实际上使事情更糟，因为幸存的狼家族变得动荡和支离破碎，所以狼会增加攻击牲畜的次数。[19]"我们已经猎杀郊狼 100 年以上，"斯塔尔说，"但现在比以往任何时候都有更多的郊狼。我们不能通过扰乱自然来解决这个问题。"

在这部引人入胜的电影中，作家乔治·维特纳（George Wuerthner）强调在公共土地上放牧是一种优待，而不是一种权利："我们每个人都无权破坏所有其他人共享的公共土地和资源。如果你要在公共土地上放牧，你就会承担一定的风险，包括捕食者可能造成的任何损失。"

《OR7：旅途》这部电影在影院和网络都引发热烈回响，但它不是唯一在 OR7 的故事中找到灵感的电影。2016 年的电影《狼 OR-7：远征》（Wolf OR-7: Expedition），记录了 6 个冒险者追溯 OR7 的踪迹、"跟随狼的脚步"的故事。[20] 由众筹平台 Kickstarter 的一项活动和若干其他赠款支持，这支冒险队正在通过自行车和徒步重走 OR7 长途跋涉的路线。"尽可能近地追踪这匹特殊的狼的轨迹。"一个成员踏过雪堆时说道，"风景突然变得生动，与以前完全不同。"当他们在雪地上的一条巨大而无误的狼迹上跌跌撞撞时，一个背着鼓胀背包的女人感叹道："这是我的第一条狼迹！"

"野性俄勒冈"的罗布·克拉芬斯随声附和了这支远征队的目标。"并不是所有的野生动物都有第二次机会，"克拉芬斯说，"所以这一次我们正确地把握住它很重要。"这部新纪录片以"1 200 英里探索人与狼共存"为前提，在脸书、推特和远征队网站上（OR7expedition.org）已经有了庞大的粉丝群。该远征队的一个成员杰伊·辛普森（Jay Simpson）每天都发布博客帖子，内容包含他们在徒步跋涉中的照片和访谈。"只有通过步行，人才能真正理解这一旅途。"辛普森说，"这不是你在谷歌地球上就能随随便便理解的东西。"[21]

随着电影和媒体的报道，一本关于 OR7 的儿童故事书也出版，书名为《旅途：西部最著名的狼 OR7 的真实故事》（*Journey: Based on the True Story of OR7, the Most Famous Wolf in the West*），由旧金山的图书管理员埃玛·布兰德·史密斯（Emma Bland Smith）撰写和罗宾·詹姆斯（Robin James）绘图。[22] 这本书遵循 OR7 的旅途的时间线，把那个为 OR7 命名的女孩想象成故事的主人公。那个女孩非常受这匹野狼的旅行所激励，所以她和全班同学一起追随他，并在他发现伴侣时向他祝贺。成千上万的儿童对 OR7 的旅途的关心体现在这本书的成功上。

即使狼恢复的拥护者庆祝 OR7 的成功，并且 OR7 的故事拥有巨大和忠实的观众群，但在俄勒冈州还是突然出现了令人疑惑的倒退。

2015 年 11 月，俄勒冈的鱼与狩猎委员会（Fish and Game Commission）以 4 : 2 的投票结果将狼从该州的《濒危物种名录》中剔除。[23] 俄勒冈州更加开明和可持续的狼恢复政策再次沦为政治的牺牲品，而且这不具有科学意义。[24]在我当时写的一篇文章中，我插入了OR7第一窝幼崽的带有噪点的黑白照片，希望OR7的人气会影响到俄勒冈州野生动物官员的决策。俄勒冈州一直处于狼恢复的前沿，但却回归到了"老西部"的偏见，而该州对狼的除名与这一通常进步的州并不匹配。[25]我非常希望，也许OR7和他的家人会回到加利福尼亚，甚至到华盛顿州：在那里，狼被珍视和保护；在那里，"新西部"——所有的人和狼都享有的西部——仍然处于优势地位。我开始担心，有一天我会听到OR7的家族被追捕。新的研究数据证实，当狼从《濒危物种名录》被除名时，人们对狼的接受度在减少，而偷猎却再次增加。[26]

我感到很失望，但并不孤单。抗议俄勒冈州将狼除名的声音非常强烈，不仅来自太平洋狼联盟等野生动物拥护者，而且来自那些极力反对将狼除名的科学家们，后者断言这个除名决定并不是基于可靠的科学。威斯康星大学的阿德里安·特里夫斯自2001年以来把人对狼的容忍度进行了历时最长的研究，他写道："俄勒冈州对狼的除名忽略了科学证据。"他补充说："我从25位反对将狼除名的科学家中的23人嘴里听到，无论是州政府还是相关委员会都没有征询过他们的建议。忽视一个科学家可能是情有可原的，但忽略了这么多科学家的诘问，委员会的证据缺陷令人担忧。"根据在俄勒冈州的狼面临的真正风险，特里夫斯提醒该委员会，他们"作为野生动物的托管人，有法律责任造福现在和未来的动物世代……狼的健康反映了我们民主的健康"。

随着联邦将狼从《濒危野生名录》中剔除，科学再次被驳回，政治再次取得胜利。俄勒冈州的那个野生动物委员会（即鱼与狩猎委员会）对它的决定孤注一掷，尽管它没有得到公众的支持——22 000人写了反对除名狼的信，该州还有压倒性的对于狼在州内恢复的支持。[27]社论谴责这一决定，并把讲述真实故事的过去统计数字公布于众：2010 年在俄勒冈州境内有 80 匹狼和 130 万头牛；发生过的与狼相关的家畜被杀事件从 2009 年到 2015 年一直是极少的，只有 76 只绵羊、36 头牛和 2 只山羊。在俄勒冈州狼曾经出现的地区，90% 的狼都消失了。他们还远远没有恢复，这种除名可能会引向新的对狼狩猎之路。

即便有这样反对性的科学资料和统计数据，俄勒冈州依然坚持将狼除名的原因是令人不安的。这如同满含偏见地继续发表谴责狼的评论，还是在狼才在原生领地上站稳脚跟的时候。该项研究亦显示了 6.69 亿美元的牛肉产业的主体地位。[28] 最后，一个已经重复太多次的事实是，那个野生动物委员会明显是由狩猎和捕鱼许可证提供资金的——占该机构在俄勒冈州收入的 1/3。俄勒冈的鱼与狩猎委员会有几个委员将普通狩猎或大动物运动狩猎列为自己的业余爱好，而且一个前委员当过俄勒冈的猎人协会（Hunter's Association）主席。除非野生动物拥护者和非消费性用户通过支付更多来增加他们在一些州的野生动物收益方面的份额，否则猎人和牧场主将继续控制对狼和其他顶级捕食者的管理。

2016 年 3 月，俄勒冈的野生动物官员又发出了一个杀死 OR7 的父亲——曾经强健的 OR4 的命令。[29]OR4 现在 10 岁了，这个年龄让他不再敏捷如昔。他从他原来 8 匹成员的大家族中分离出来，这可能是因为衰老导致了他被推翻。OR4 的一个新伴侣 OR39 也让他放慢脚步——她有严重的跛行，被称为"跛脚"。她可能曾经怀孕并产崽。有两匹年轻的狼出现在这对夫妻的小家族中。

"当狼衰老了，或者受伤了，他们就无法捕获自己曾经能猎到的传统野生猎物。"俄勒冈野生动物部（Oregon Department of Wildlife）的狼协调员鲁斯·摩根（Russ Morgan）解释说。这也许解释了为什么 OR4 的家族被认为应该对在 5 个月之内 6 头死掉的牛或羊负责。根据俄勒冈州政府的管理计划，狼的这种捕食触发了致死移除行动。养羊人一直在做他们那一部分保护家畜的工作，采取看守犬、午夜强光、威吓、骑手牧工等非致死的防狼手段。养牛人则采取了其他保护措施：转移牧场（轮牧）、将1岁龄的牛与母牛一同放牧、骑手牧工巡逻保护牛犊。但这些做法还是不够的，不足以避免一匹衰老的头狼和他的残疾伴侣带着两匹还不成熟的幼狼去捕食更容易到手的猎物。

狼拥护者声称，牲畜生产者没有被强制要求使用能将狼驱离的彩色栅栏旗帜或能播放大噪声的音箱。"这些东西是可用的，但在这种场合，他们没有使用。""野性俄勒冈"的阿朗·罗伯逊（Aaran Robertson）说，"如果有关部门对生产者的要求更加明确，那么它将会避免很多冲突。"对狼的杀戮令还是下发了，即使俄勒冈州的野生动物官员自己的数据显示，狼在该州对野生马鹿、家牛和其他有蹄类的种群没有任何影响。[30] 这不是科学，而是一种古老的沾血的恩怨，再次爆发在这个曾经是狼管理模范的州之中。

在给 OR4 的悼词中，"野性俄勒冈"的罗布·克拉芬斯写道："他从来没有涉足塞勒姆市或哥伦比亚特区，但无论如何，他对政策和政治的影响力比我所知道的除了'狮王'塞西尔（Cecil）外的其他任何动物都要强。"[31] 甚至是《男士杂志》（Men's Journal）也为失去 OR4 而哀悼。在 OR4 的照片中，即使他的颈毛是灰色的、他的耳朵带有生物学家的绿色塑料标签，他巨大的炭黑色头颅和金色眼睛仍然显示出强大的意志。[32] 其他人纷纷称颂 OR4 及其家族。知名度颇高的狼博客"为正义而嚎叫"（Howling for Justice）撰写的悼词《俄勒冈州之耻》（Oregon's Shame）上写着，OR4 及其家族"代表每一匹曾经为了神圣的牛而被毫无意义地被杀死掉的狼"。[33] 该悼词为这匹拥有同样著名的儿子 OR7 的传奇狼而感到悲痛。OR4 和 OR7 是"俄勒冈狼恢复的中坚力量"。在最后对 OR4 致敬时，该博客总结说："俄勒冈州并没有因为他是一匹令人惊异的狼而珍视他。相反，人们给他灌满了铅作为最后的贡品。"

想想就让人害怕，一匹年迈但值得敬重的狼气喘吁吁地被直升机追赶。直升机的金属旋翼转动空气发出响亮的声音，吓坏了这些狼崽及其父母。然后，州政府批准的狙击手瞄准了 OR4、他跛行的伴侣和他们的两匹幼崽。[34] 快速开火的枪击声在老林中回响，全家一匹接一匹倒下，他们垂死的身躯像往常一样紧密地挨在一起。"我希望他的死会引起公众对服务于特殊利益的狼管理方式提出一些严肃的问题。"阿玛洛克·韦斯说。OR4 不只是属于俄勒冈州——"他属于整个世界"。[35]

俄勒冈州的牲畜生产者和狼拥护者之间惯有的紧张关系最近在州长凯特·布朗（Kate Brown）签署《4040 议案》（Bill 4040）时再次点燃——该议案应畜牧行业的要求而拟定，禁止野生动物拥护者对俄勒冈的野生动物委员会不再将狼列为濒危物种的事件进行起诉。这些野生动物拥护者包括生物多样性中心、卡斯凯迪亚荒野机构（Cascadia Wildlands）和"野性俄勒冈"，他们对俄勒冈的野生动物委员会草率地将狼从《濒危物种名录》中剔除发起诉讼。布朗州长的决定相当于宣布她的州免于未来任何保护狼的法律行动，因而饱受争议。保护主义者对布朗的这一决定提出异议，认为她违反了《濒危物种法案》和俄勒冈州宪法中的分权条款。如果俄勒冈州将野生狼这样除名的管理措施成立，这就意味着任何与保护狼有关的法律审查将被阻止。这一议案还呼应了国会目前的一项联邦议案，后者也试图免除对任何将狼除名的法律审查。

在阿玛洛克·韦斯 2015 年的证词中，她发问："我们是否曾经除名过一个大约只有 80 匹确认的个体且仅占据俄勒冈土地面积总量 5% 的物种？这个数量如此微不足道的物种栖息在如此之小的适宜栖息地中，能否抵挡政治的冲动和自然的剧变？答案是'不'，科学说'不'，这个委员会应该说'不'。"

随着这种倒退的政治再次将狼置于枪口的十字准线之下，俄勒冈州加入落基山脉和大湖地区固执的反狼队伍之中。这种落后的运动对俄勒冈州的狼来说并不是什么好兆头。如果狼的数目从2016年的110匹增加，这项立法可能会促使猎狼的行为在一些地区（特别是在俄勒冈东北部，那里居住着大多数狼）再次合法。"老西部"的幽灵现在笼罩着每一匹把俄勒冈州视作家乡的狼。然而，那些不知政治或州边界线危险的狼，仍然继续向西迁移。《狼之领地》（*Wolfland*）的作者卡特·尼迈耶说："我认为，其他的狼将不可避免地沿着OR7开辟的那条走廊穿越俄勒冈州。"[36]

讽刺的是，在俄勒冈州将野狼从《濒危物种名录》中剔除的同年春天，该州最高法院发布了一项划时代的裁决：家犬是"有情感的生灵"，而不是单纯的财产。他们将一位宠物犬让名叫"朱诺"（Juno）的宠物犬饿肚子的行为，类比成虐待一个人类孩子，而宠物主人的行为被指控为二级动物疏忽罪行（second-degree animal neglect）。俄勒冈州的狼与全美国一样，仍然被认为是政府的"财产"。是否会有一个时机，我们给我们的野生犬科动物同样的尊重和"共情"，就像我们赋予那些在我们身边生活、已经驯化的犬一样？

2015年的冬天，OR7的项圈终于没电，他此前每日发出的无线信号静寂了。考虑到俄勒冈州争议丛生的野生动物政治，这可能是OR7从追踪他或他的家族的人视野中消失的好时机。但在2016年的3月，远程相机再次拍到OR7拖着他的幼崽之一穿过一片雪地。[37]

"他看起来很好。"监控OR7的USFWS工作人员说。在一段延时视频里，OR7的幼崽们被拍摄到在嬉闹（ramping）、摔跤和游戏。[38]该视频已经有将近10 000次的分享。

OR7逃脱了几次给他再套上项圈的图谋，但野生动植物官员计划在春季再试一次，尽管项圈会给他带来更大的危险。接着，传来了OR7 第二窝幼崽出生的消息。依据他们的排泄物，这两匹新的幼崽被宣布是 OR7 和与他同样纤细的伴侣的后代。这个第二代的 OR7 家族受到公众的热烈欢迎，并再次成为国际新闻的头版。其他好消息也传来，在 OR7 的洞穴附近几英里外、距离加利福尼亚边界很近的地方，有一对狼被发现。这对"基诺夫妇"（Keno pair）可能也有一窝幼崽，这意味当流浪河狼群的小狼决定离开他们的家族寻找配偶的时候，可能有机会接近并获得其他狼群的遗传多样性。

随着 OR7 和他的后代苗壮成长，人们一直担心俄勒冈州对狼的除名可能会鼓励更多的反狼情绪。2016 年晚秋，一匹 3 岁的狼 OR28 在俄勒冈州的佛利蒙－维内玛国家森林公园（Fremont-Winema National Forest）里被非法杀害。带着一匹小狼的新狼妈妈 OR28 曾经与 OR3 交配，而 OR3 同样来自拥有强大的父亲 OR4 和著名的旅行者 OR7 的印马哈狼群（Inmaha pack）。这次俄勒冈被偷猎的狼增补了其他 5 匹狼的死亡记录，后者被偷猎或"死在神秘的情况下"。"野性俄勒冈"指出，"该州对实际的狼偷猎记录是相当糟糕的"。USFWS、生物多样性中心和人道协会提供了 20 000 美元的联合悬赏，以获得究竟是谁杀害了OR28 的信息。[39]

随着 OR28 死亡的消息，人们开始担心的 OR7 的安全。[40]"'旅途'面临着麻烦吗？"狼保护者贝基・埃尔金（Beckie Elgin）问道，他长期记录着 OR7 及其流浪河狼群的生活。通过梳理该狼家族领地附近的牲畜死亡情况，埃尔金指出，到目前为止，OR7 家族并没有涉及任何牲畜死亡事件。但是，随着 9 匹狼组成的家族的扩张和 OR7 年龄的增长，她说，"旅途"是"衰老的野狼，也许他的狩猎技能正在消退"。然而，OR7 家族生活在俄勒冈州的西部地区，联邦的《濒危物种法案》仍然在保护那里的狼。牧场主们正在增加使用恐吓布条和骑手牧工，

"努力使狼远离"。[41]

许多人希望 OR7 和他增长中的家族在未来能移居到更安全的加利福尼亚州内的领地，狼在那里仍然受到热烈欢迎。2015 年《洛杉矶时报》的社论表示："欢迎回来，灰狼。"该报专栏开头写道："你好，沙斯塔狼群（Shasta pack）！"加利福尼亚的生物学家们惊奇地发现，在 OR7 成为该州在 1924 年的赏金狩猎后第一匹越过边界的狼之后不久，另一个完整的狼群出现了。远程相机拍到了一个繁殖对和 5 匹狼崽，当时他们在夏季的草地上休息。DNA 检测结果显示，像 OR7 一样，该沙斯塔狼群的雌性首领也起源于印马哈家族；她也长途跋涉，从俄勒冈州东北部迁徙而来。所以，这个加利福尼亚沙斯塔狼群的新妈妈是 OR7 的姐妹。加利福尼亚的鱼与野生动物部（California's Department of Fish and Wildlife）在网络上分享了 5 匹炭黑色的狼崽在深邃森林的背景下嬉戏玩耍的视频。[41]

在加利福尼亚，狼是州和联邦法律共同保护的濒危物种。《洛杉矶时报》社论解释说："北部灰狼的回归是大自然——以及人类——所具备的改变和适应能力的可喜标志。"[42] 该社论庆祝狼的回归，不是被重引入到"一个敌意的环境，而是自然地扩张到其野生领地"。这是重要的区别。加利福尼亚州的狼不能被驱逐，因为联邦政府的权限超越了州的权利。狼是靠自身恢复的。在 2016 年 6 月，加利福尼亚鱼与野生动物部发布了一张黑白照片，显示在拉森县（Lassen County）附近可能有新的狼在游荡。每匹新出现在加利福尼亚州的狼，对狼的遗传多样性都至关重要。加利福尼亚州宣布，在该州内向任何狼开枪的行为都是非法的。加利福尼亚的鱼与狩猎委员会正在与公民中的利益相关者密切合作，以便最终敲定他们的狼管理计划。

科学家们怀疑狼之所以正在这个"金州"（Golden State）建立领地，或许是因为覆盖在与他们同名的沙斯塔山上的冰川。[43] 加利福尼亚和西部其他许多地方一样，冬季面临着严重的旱灾，减少了像黑尾鹿和马鹿这样的猎物种群。但是，在春季和初夏，沙斯塔山享有大量的融雪，滋养着高高的山林和野生动物。这看上去似乎不是巧合，因为野狼在西部的州所恢复的种群都定居在冰川附近，那里有丰富的猎物，同时很少有人。

另一篇社论《庆祝狼回归加利福尼亚》(*Celebrate the Return of Wolves to California*) 指出，沙斯塔狼群选择在加利福尼亚北部与俄勒冈州接壤之处的"友善的领地"来开始他们的家族生活。社论结尾是具有说服力的统计数据："野狼通常怕人，很少对人类安全构成威胁。自 2000 年以来，美国只发生了两起狼致人死亡的事故。然而，牛每年都会杀死 20 人。"[44] 当野狼靠他们自己和我们的帮助得以恢复的时候，这些数据需要被大众熟知。当我们研究回归原生栖息地的真正的狼的生活时，一切都发生了改变。这个故事永远被修改了。

当我们关注野生动物个体时，比如说狮王塞西尔或某一只珍·古道尔的著名黑猩猩，一旦它们被瞄准和全世界都在哀悼它们的丧失时，将会发生什么？州野生动物委员会是否放在心上？委员们是否明白，他们不再是像野生动物管理局那样在阴影下运作的隐形机构？他们会意识到整个世界都正在看着吗？

动物个体的故事现在必须被传播开来。每当听到一个孩子在海啸中幸存下来，或一个难民找到家园的故事，才发现最触动我们的并不是统计数字和人口密度，而是在很大程度上反映我们自己每天挣扎求生的故事中的人物。对于一匹像 OR7 一样深受爱戴而又勇敢的狼，我们已经深深地认同他，因而他永远不再是一个统计数字。如果我们跟踪一个动物英雄的旅途，那么该动物的死亡或失去不仅仅是新闻，更是一个悲剧。

OR7 史诗般的旅途就像植入的树根，深深烙入我们美国人的性格中。这个旅行者的传说也可以说是一个"奥德赛"的故事，其中是什么如此吸引我们？是因为人类的历史也如此迁徙，我们的 DNA 本身就是一种磨难和胜利的痕迹吗？我们国家短暂的移民历史、游牧血统和定居于西部，都在 OR7 西迁的过程中得到映照。当然，不同的是，OR7 是回到狼过去的领地并再次繁衍生息，这是他的"狼的王国"与生俱来的权利。也许那里存在某种程度上持续近一个世纪、留有气味的痕迹或洞穴，即使仅仅在狼的记忆中也鲜活。也许某种记忆储存在 OR7 的 DNA 之中，就像回家的生物本能冲动。如果鲑鱼即使终其一生在海上迷路，却仍然记得并能够回到他们出生的小溪和河流，如果其他迁徙动物可以利用地球上的电磁场回溯他们的路线，那么狼为什么不可以回到曾经属于他们的西部呢？

在一个有着像 OR7 这样的狼的传说的新世纪，"老西部"那种心满意足地在公共土地上采食的牛的故事，以及牛仔、猎人和牧场主的故事不再是主要的事件。当一匹狼成为一个民间英雄时，当他的旅途广为人知时，当观众为他找到伴侣并喂养幼崽而欢呼时，这就和养牛人之间口耳相传的围捕、偷牛贼和神枪手的故事一样，每个剧情都引人入胜。

当我们认可了每一匹狼和他们的"狼的王国"时，我们就改变了自己的历史。改变是痛苦的，而一些牧场主和猎人正在恢复使用暴力。一些野生动物委员会正在重新深陷以往的偏见。但他们这样做的代价很大：牧场主杀死那些刚刚开始重返但著名且广受喜爱的狼的故事情节是糟糕的新闻。现在某些开明的牧场主正在适应一个变化中的故事：与狼共存。他们加入野生动物拥护者群体，成为狼恢复和可持续发展的英雄。

就像狼一样，已在俄勒冈州居住了上千年的内兹佩尔塞部落在他们的主权本土上，从原生的锯齿山狼群接收了野狼。[45] 他们现在为狼提供禁猎区以便避难，并将该狼群称为奥怀希狼群（Owyhee pack）。这个禁猎区成立有 20 年了，名为"狼教育和研究中心"（WERC），并在爱达荷州温彻斯特市和俄勒冈州波特兰市都有办事处。WERC 的通讯《锯齿山遗产地》（*The Sawtooth Legacy*）是俄勒冈州的许多学校都要求阅读的材料。[46] 每年夏天，WERC 会举办为期两天的狼教育夏令营。在每周一次的"狂野电台"（*Radio Wild*）的教育播客系列节目中，他们发布了对一位内兹佩尔塞部落长者的访谈，他提醒我们："狼一直在这里。"[47]

第 14 章

羊超级公路：与狼共存

"在 2007 年，当一个牧场主在野生狼窝所属地区正北方的近处牧羊时，我们预计会有灾难发生。"苏珊娜·斯通（Suzanne Stone）说。她与野生动物卫士组织（Defenders of Wildlife）一起开展工作，并且是木头河狼项目（Wood River Wolf Project）的创始人之一。

爱达荷州中南部锯齿山脉的木头河河谷（Wood River Valley，即伍德里弗河谷）是夏季放牧地，最多可放牧 25 000 只羊。这里作为"羊超级公路"（Sheep Super Highway），牧民的财产（即羊群）在此流动，因而它是一个传奇。2007 年夏天，在布莱恩县（Blaine County）出现了一个新的狼群；当牧羊季节开始的时候，狼的幼崽恰好开始成长和探索周围环境。在狼攻击了几只羊羔后，这个狼群将要被移除。

"布莱恩县就像我们自己的黄石塞伦盖蒂（Yellowstone Serengeti）。"斯通解释说，"没有人想看到这里的羊场主失去生计，但也没有人想失去狼。因此，许多人要求州级机构和野生动物卫士组织为羊群提供非致死的防狼手段。"

然而，爱达荷州有一项恶毒透顶的州级反狼政策。它的野生动物委员会假设非致死的木头河狼项目将会失败，并且该州将继续执行一直在做的事情——扑杀狼。

　　"USFWS 北落基山脉狼项目的负责人埃德·班斯曾经断言，这个山谷是一个狼永远无法生存的地区，"斯通指出，"因为这里是美国公共土地上牲畜最密集的区域之一，尤其是羊。"她补充说，甚至在狼返回爱达荷州之前，还有郊狼和狗捕食牲畜；他们一起导致的损失占每年损失的羊的 30%。斯通说："但是，郊狼和狗造成的损失并不能形成新闻事件或大的政治轰动。"她解释说："这与狼本身关联不大，更多的是人类对可能发生事情的恐惧。"[1] 在狼收复他们的景观之后，他们只对 1% 损失的牲畜负责。[2] 牲畜损失的其他原因有天气、分娩问题和疾病等。

　　虽然很少有人相信羊可以免受已经捕食过牲畜的狼的伤害，但狼还是被给予第二次机会。野生动物卫士组织、野生动物机构和羊场主一起努力，寻找共同的立足点和共存之道。

　　"我们现在处于项目的第九年。"斯通告诉我，"从 5 月底到 10 月中旬，我们有 10 000～25 000 只羊在这里放牧。自 2007 年至今，总计只有 30 只羊损失于狼口。"

　　这比项目区外的附近放牧地的狼造成的羊损失低了 90%。野生动物控制机构不再以牺牲纳税人的利益为代价杀死狼。木头河狼项目的面积已经从 150 平方英里增长到了 1 000 平方英里，并与所有 5 个在当地被称为"羊超级公路"的廊道上放牧的羊生产者合作。[3] 沿着该"公路"移动的羊群被称为"分队"（band），各有 1 500～2 000 只羊。

　　"我们的项目包括一些伟大的导师和愿意冒险尝试新方法去解决由来已久的旧冲突的人。"斯通说。她曾遍及世界各地，分享首先在该项目使用的方法。

　　重点是预防。羊场主需要移除那些会自然地吸引狼的牲畜尸体和骨头堆。捡食已死的东西对狼来说比打猎要省力得多。参与该项目的牧场主被教导要"像狼一样思考"，而不是为狼提供"轻而易举的食物"。当农民把牲畜尸体扔进露天坑里时，坑周围没有任何电栅栏或定期监测，它自然会吸引狼。一旦狼开始食用尸体，下一步就会很简单地过渡到捕猎活羊或牛。如果可能的话，建议在坑里焚烧尸体或把它们拖到加工设施上进行处理，而不应该让它们在开阔的田地里腐烂。

　　牧场主运用遥测技术来监控狼家族的位置，并采用相机陷阱（camera traps）调查熊、美洲狮和狼等捕食者的活动。[4] 无线电触发的报警和使用简单的"恐吓布条围栏"——那些不规则地翻飞的尼龙栅栏标签，激起了狼对在他们领地上任何异常情况的自然警惕。还有"增强型恐吓布条围栏"，那是在羊的宿营地周围的带电围栏上悬挂的红色旗帜；如果狼试图在夜里侵入，就会遭遇很强的电击。狼也会对噪声发生器保持距离，比如发令枪［使用 0.22 英寸（约合 5.59 毫米）口径空心子弹］会产生一种震耳欲聋的空气轰鸣声，并且是——信不信由你——立体声音响效果。大多数狼不熟悉人类音乐，所以音乐对狼来说可能是刺耳的，甚至是可怕的。想象一下，当英国的碰撞乐队（Clash）或美国的金属乐队（Metallica）的重金属音乐进入能听到6～9 英里外的声音的狼的敏感耳朵，将会发生什么吧。

　　重型聚光灯和能 360 度投射到 1 千米外的弗克斯强光射灯也很有效，因为这些由电脑控制、变化多样的聚光灯能产生一种人在走动和真正巡逻的错觉。这些工具是木头河狼项目为牧羊人和野外志愿者准备的"乐队套件"——护羊盒子的一部分。[5]

　　另一项预防措施为牧场主、牧民和田间技术人员而提供，就是在小牧场内建造夜间畜栏，并在夜间用恐吓性旗帜防狼。这比在非常大的区域内建造普通围栏、插旗或照明要便宜。牲畜实际上习惯晚上回到畜栏，并且自己进入畜栏。牛是如此习惯于它们的例行路线，一个牧场主可在不到 30 分钟内，"只使用哨子、2 只犬和一堆新鲜饲料"就转移整个牛群。

一些最凶猛的能保护羊和其他牲畜的帮手是家犬，他们的祖先曾经包括狼。大比利牛斯犬（Great Pyrenees，即大白熊犬）、安那托利亚牧羊犬（Anatolian shepherds）、阿卡巴什犬（Akbash）和马雷马犬（Maremma）等家畜守护犬品种，几个世纪以来一直从事保护牲畜免受捕食者侵害的工作。[6] 在美国，最有名和最受欢迎的大比利牛斯犬用来守卫牲畜，而边境牧羊犬（border collies）用来放牧。在木头河狼项目的脸书页面，大比利牛斯犬幼崽和守护犬的快照与羊一样多。在一张照片中，一只成年的大比利牛斯犬的白毛几乎与其保护的羊一样厚实，而且它面对相机摆出一副"禁止入内"的神态。在另一张照片中，一只幼犬与照相机对峙，猛烈地吠叫，表情严肃，眉头紧锁，仿佛在说："这些是我的羊。讨厌鬼！"

这些幼犬并没有被培养成与人类朝夕相处的日常伴侣。[7] 它们专攻羊的保护。在 5～6 周大的时候，谷仓或户外的畜圈是这些大比利牛斯犬的家，而羊是它们额外的亲人。一只母护羊犬会训练她的幼崽在捕食者出现在附近的时候吠叫，还教它如何牧羊。幼犬"需要能时刻接收到它看护的牲畜的视觉和声音信号"，而"正在服役的家畜守护犬的幼崽通常对它们保护的羊（即绵羊）、山羊或家禽有良好的早期社会习惯化"。

幼犬由它们的母亲和年长的守护犬导师训练。牧场主虽然不太友善，却会亲手给幼犬喂食。牧场主在围栏外围移动饲料桶，在必要时停下来让幼犬吃粒状饲料，然后继续沿着围栏走。这样就教会幼犬在这一地区巡逻，并让它们的努力得到奖赏。另一种训练策略是当在羊群周围走动时，把幼犬拴在一条长皮带上。如果幼犬去追羊，牧场主快速拉一下缰绳可以防止伤害的发生。大多数守护犬在 2 岁之前都没准备好开始真正的工作。

一只守护犬在羊群里成长并不意味着它与人没有联系——守护犬一直与牧羊人共事。不过，建议主人"尽量减少对幼犬的把玩和抚摸。不要像对待宠物一样对待它们"。它们应该在被主人召唤时作出回应并且允许被触摸，"但不应寻求人们的关注"。

家畜守护犬也需要防护，以免受捕食者的侵害。成年犬的项圈上嵌有钉子，以防它们被猛兽攻击。它们被训练得与畜群待在一起，不追逐狼或其他捕食者。离开安全的羊群（称为"分队"）可能意味着一只守护犬的受伤或死亡。大多数牧场主与3只或更多的牧羊犬一起保卫他们的羊。狼似乎会把多只家犬认为是另一个狼群，所以避免与其碰面。但是，当牧场主使用5只或更多的守护犬时，守护犬往往"更感兴趣的是互相玩耍，而不是守卫牲畜"。在四月和六月之间，当狼生下幼崽并必须保护他们的洞穴时，守护犬就被调离狼群分布区域，以避免狼与家犬的冲突。

最有效地保护羊免受狼群侵害的方式是人类的存在，这其中包括放牧牲畜的骑手牧工和来自秘鲁退伍军人的牧羊人。狼非常提防人类，很少来到骑手附近的地方。由于狼大多在夜间狩猎，木头河狼项目设立了经常由志愿者协助的"羊营"。当羊在夜宿地时，人们会和他们的守护犬一起在夜间轮流值班。如果牧民从无线电遥测的消息知道狼在附近，他们可以建立临时的增强型恐吓布条围栏；当他们需要帮助时，可以联系该项目的小组成员。当然，用守护犬和威慑捕食者的物件整夜守护羊群是非常困难和需要警觉的工作。

在2012年，当牧民将他们的羊转移到一个泉眼附近时，很多人表示担心，因为羊群要在先驱狼群（Pioneer pack，即派厄尼尔狼群）领地附近过夜，这很危险。每个人都清楚，在不远处的边境那边，华盛顿州东北部的野生动物官员刚刚杀死了除两匹外的其他所有三角楔狼群（Wedge pack，即韦奇狼群）成员，原因是他们在费里县（Ferry County）

捕食牛。[8] 一位 WDFW 的发言人称，致死移除行动是"终极手段"和"可悲的教训"，未来对于狼的捕杀将是"极其罕见的"，该部门"再也不想这样做了……社会接受度不高"。[9] 扑杀三角楔狼群花费了纳税人7.7 万美元。西北自然保护组织呼吁更广泛地使用不致死的手段。

在刚好跨越爱达荷州边界的地方开展工作，木头河狼项目就采用这样的策略。

在秘鲁牧羊人阿尔瓦拉多·巴尔德翁（Alvarado Baldeon）被雇来保护牧场主约翰·皮威（John Peavey）的羊的那年夏天之前，当年春天就已经发生了一场灾难性的狼羊冲突——37 只羊被狼杀死。被杀的羊中，许多是怀孕的母羊。作为回应，联邦野生动物官员杀死了狼群中两匹被认为应该对捕食羊负责的狼。皮威在此之前还没有参与到木头河狼项目中。斯通批评皮威让怀孕的母羊在没有骑手牧工的公共土地上漫游。[10]

她说："这就像敲响一阵晚餐铃，摆好桌子，然后在客人出现时射杀他们。"

牧场主皮威抗议说，狼拥护者没有意识到"畜牧业的复杂性"或"当怀孕和才分娩的母羊紧紧地挤在一起，也就是按照野生动物卫士组织提倡的那种抵御捕食者的方式时，这些母羊会倍感压力"。他解释说，这种群聚会造成更多的羔羊胎死腹中，而且有时正要吮乳的羔羊无法找到它们的母亲。他还指出，羊场主还需要对付除了狼以外的捕食者。

当野生动物卫士组织问皮威是否可以赞助夜间守护或营地建设，以帮助保护他的羊群时，他同意了。这样的项目并不便宜。野生动物卫士组织每年花费 50 000～60 000 美元来资助木头河狼项目的许多非致死的防狼措施。斯通说："我们的目标是使狼追逐牲畜比追逐他们的天然猎物冒更大的风险。"

因此，当巴尔德翁在他的牧羊车中摊开他的铺盖卷，并与他的守护犬一起度过一个漫长的不眠之夜时，每个人的代价都很高。这个夏天最终对巴尔德翁来说是宁静的，即使每晚当他对着黑暗大声嚎叫时，附近的先驱狼群回应着他。在 9 月，当羊群深入先驱狼群的领地时，巴尔德翁的羊群的 2 只羊和另一个羊群的 7 只羊被狼杀死了。爱达荷渔猎部门给先驱狼群设置了陷阱，而这似乎再次无法避免陷入杀戮和被杀的死循环。

额外的外勤志愿者被召来帮助巴尔德翁看守羊群——现在有 5 个人轮班与羊一起过夜。一个野生动物卫士组织的野外负责人在一天早晨发现，尽管前一天晚上没有羊丢失，狼粪却散布在羊群中。没有狼引发政府布下的死亡陷阱。到了 10 月，巴尔德翁和野外技师带着 1 500 只羊在羊节庆的游行队伍中行军。[11] "羊既肥胖又健康，披着一季的羊毛。"

木头河狼项目取决于牧场主和 USFWS、爱达荷鱼与狩猎部（Idaho Department of Fish and Game）、美国林务局，以及保护团体如野生动物卫士组织和大自然保护协会（Nature Conservancy）密切合作的意愿。另外，来自国家和地方的奥杜邦协会、自然资源保护局（Natural Resources Conservation Service）和保护组织"轻鹰"（LightHawk）的项目支持，为各年龄段的人们举办"狼畜共存讲习班"。在 2015 年，熔岩湖科学与保护研究所［Lava Lake Institute for Science and Conservation，简称熔岩湖研究所（Lava Lake Institute）］加入木头河狼项目，同样为志愿者举办讲习班。

木头河狼项目在牧场的野外工作人员和志愿者要做的不仅仅是坐在羊群旁边守夜。[12] 他们必须在偏僻地区远足并且掌握野外急救技能，还要懂西班牙语。野外志愿者需要遵守的其他要求读起来就像要举办一个严格的夏令营：在没有通讯服务的野外导航；深夜在黑暗中徒步行走；在长达 8 英里的崎岖或起伏的山地负重行走；在雪地里或雨夹雪和大风天气露营；忍受在熊和美洲狮这样的捕食者视野中长期暴露；最重要的是，在周围有 2 000 只母羊和羊羔，同时还有守护犬和马时仍然感觉自如。

尽管有这些要求，许多志愿者还是报名参加。他们中的一些人帮助开展研究，对狼家族的嚎叫进行调查，或者对监控相机照片进行筛选。野外助理贾斯廷·史蒂文森（Justin Stevenson）指出，利用遥测手段追踪来自带有项圈的狼发出的无线电信号，是一种有效抵御捕食者的手段——"如果我们让自己站立在羊和狼之间的话"。[13] 在大多数情况下，让狼离开并不费力："只要有人类的存在就已经足够。"有一年，斯通只是用木勺敲打一只金属壶，就在羊夜宿地附近赶走了狼。

在 2008 年，木头河狼项目的领导角色由熔岩湖研究所接手承担。该机构由旧金山一对与大自然保护协会有关联的夫妇凯瑟琳·比恩（Kathleen Bean）和布莱恩·比恩（Brian Bean）在 1999 年创立，它自述为"致力于可持续性放牧的牧场主和环境保护者之家"，并且"为历史、美丽和生物多样性而恢复和保存这片土地"。[14] 比恩夫妇指出，在这块牧场上，他们发现了 100 多种鸟类，"以及许多关键种，如狼、美洲黑熊、美洲狮和马鹿"。熔岩湖研究所因其保护家畜和保育野生动物的双重目标而引人注目。

熔岩湖研究所的目标是长期保护羊和野生动物栖息地。两年来，为了避免羊与狼的冲突，他们通常不在某一部分区域牧羊。当需要再次使用这些土地，以便不对另一块土地过牧时，他们致力于"保持'与野生动物友好'的声誉"。[15]

在纪录片《重返荒野：人与狼的现代童话》（*Return to the Wild: A Modern Tale of Wolf & Man*）中，熔岩湖研究所所长迈克·史蒂文斯

（Mike Stevens）说："我们认识到，狼是一个功能完备的生态系统的重要组成部分。"他解释说："除了2005年外，我们已经达到了狼的零捕食。"在2005年，由于尚未实施木头河狼项目所建议的所有非致死防狼手段，通信网络也没那么完善，所以他们没有收到狼群到来的警报，导致他们在两个晚上失去了25只羊。但是，该机构并没有立即要求消灭这个狼群，而是加强了非致死的防狼策略，此后就不再有狼捕食他们的家畜。

史蒂文斯总结说："我们的目标不仅是为了保持羊的安全，还要保证狼的安全。如果这些狼死了，这一地区所有的羊经营者都会受到不良影响。"[16]

如果更多牧场主适应公众对狼在公共土地上的恢复与日俱增的支持，并且狼与牲畜的共存——而不是消灭——是牧场主和狼拥护者共同的责任的观点，那么致死的移除手段可能会消失。正如熔岩湖研究所的布莱恩·比恩建议的那样，"如果在公共土地上致死控制得不到补贴，这意味着牧场主不得不自己为此买单，那么我们的电话会响个不停，人们就想了解非致死的方法以及如何减少狼捕食家畜"。

2016年夏天，木头河狼项目的与狼共存模式受到考验。就在华盛顿州的边境上，直升机再一次在科尔维尔国家森林公园（Colville National Forest）放牧地区的崎岖地形上搜索——带着杀死整个渎神峰狼群（Profanity Peak pack，又称世俗峰狼群）的命令。[17] 鉴于三角楔狼群的一些成员于2012年被扑杀，而且越橘狼群（Huckleberry pack，即哈克贝利狼群）被怀疑捕食羊后，其繁殖雌狼被枪杀，公众强烈抗议这些新的杀戮命令。人们想知道，任何"可悲的教训"如果存在，是否真正地被记住，特别是当灰狼在华盛顿州西部仍然是濒危物种，那里有强烈的公众意愿去支持狼的恢复之时。狼在华盛顿州，主要在该州东北部的几个县自然地重建了领地。在2016年，华盛顿州有19

个被证实存在的狼群，共计 90 匹狼。90 匹狼中被杀死了 11 匹，那么狼的种群还是可持续发展的吗？

生物多样性中心的阿玛洛克·韦斯说："无法想象杀死本州总共才 90 匹狼的这么小的种群的 12%，能符合狼种群恢复的要求。"

其他保护团体，包括野生动物卫士组织、西北自然保护组织、狼的天堂国际组织（Wolf Haven International）和美国人道协会，成为这场高度争议的灭狼行动的舆论中心。这些狼保护团体都参加了一个包含 20 个成员的狼咨询小组（WAG），并花了两年时间克服困难，卓有成效地与野生动物科学家、畜牧生产者、运动员、州和联邦野生动物机构代表对话，从而建立一份致死移除协定（protocol for lethal removal）——如果狼捕食牛或羊的话。在证实渎神峰狼群杀死 6 头牛，并注意到其他 3 起可能的捕杀事件之后，WDFW 接到要求，需根据狼咨询小组的相关协议（agreement），批准致死移除行动。

"我们没有马上得到我们想要的协定。"苏珊娜·斯通告诉我关于致命移除的狼咨询小组的相关协议，"协议中有妥协。由于渎神峰狼群在这个长期冲突地区猎杀家畜，必须作出更多改变，在公共土地上的狼群需要得到更多考量。"

钻石 M 牧场的主人莱恩·麦克尔文（Len McIrvin）的牲畜损失也触发了对三角楔狼群的扑杀，而他已经使用了非致死的威慑手段（骑手牧工）和移除牲畜尸体，因此，似乎达到致死移除的基本要求。8 月初，州野生动物工作人员从一架直升机上射杀了两匹渎神峰狼群中的狼。因为几乎不可能从空中辨认狼个体，所以我们不清楚他们是否再次杀死了雌狼首领或繁殖雌狼。

在这种情况确定之后，狼拥护者仍然希望留在家族里的成年狼能为已断奶的狼崽提供食物。这些狼崽出生于春季，现在约有三四个月大。他们中的许多个体还没有被戴上无线电项圈。年长的狼由于戴着无线电项圈，更容易成为空中狙击手和捕猎者的目标。在失去了繁殖雌狼和另一匹成年雌狼后，渎神峰狼家族撤退到茂密、通常遥远的森林，同时致死的除狼行动也停止了。狼拥护者焦急地注视着这一切，希望这个狼家族幸存的9匹成员不会再次被判任何更多的捕食牲畜罪。

但不久之后，更多的母牛被杀或受伤——确定有6头牛和可能还有其他5头。WDFW下令消灭剩下的渎神峰狼家族成员。该家族被认为在最初时包括6匹成年狼和5匹幼崽。因为狼崽年轻，有"更大的营养需求……据信这可能是这一年来最新的一起，也是第四起由这个狼家族造成的袭击牲畜事件的缘由"。到8月下旬，渎神峰狼家族中的6匹狼死去，只有5匹幸存的成员。这个极具争议的扑杀行动成为国内和国际的大新闻。

"问题在于，人们第一次不小心射中了繁殖雌狼。"斯通解释说，"这通常会导致冲突恶化，而不是变得更好。"失去雌狼首领往往会让整个狼家族不再稳定，实际上可能导致更年轻、更不成熟的个体增加捕食牲畜，因为他们尚未得到警惕牲畜和人的训练。

针对渎神峰狼群的极不受欢迎的杀戮命令证明了那些狼拥护团体处在非常困难的处境，比如野生动物卫士组织在过去已经承诺遵守由狼咨询小组达成的"致死（移除）协定"的相关协议。[18] 前USFWS局长、现任野生动物卫士组织主席的杰米·拉帕波特·克拉克写道："这是我们从未想到会面临的一点。在我们曾经对狼的憧憬中，致死的灭狼手段永远不会被使用……失去狼对几十年来一直主张恢复狼的拥护者和我们来说是毁灭性的打击。"拉帕波特把灰狼描述为美国真正的"返回的孩子"。他指出，牧场主在为期20年的狼恢复活动之后意识到，"我们必须学会与他们生活在一起……这一点对一些狼拥护者来说可能很难消化，但现实是，如果没有牧场主的合作，狼就没有机会出现在这片景观上。"①

签署了狼咨询小组的致死移除协定的狼拥护团体发布了一份联合声明："我们仍然坚定不移地认为，我们的重要目标仍然是在我们州蓬勃发展的乡村社区长期恢复狼和让公众接受狼的存在……我们请求我们的社区、华盛顿州甚至州外地区的公民，在我们做具有挑战性的工作时，参与相互尊重和文明的对话。我们相信，最终我们可以创造出每个人的价值观得到尊重，以及野生动物、野生动物拥护者和乡村社区的需求都得到满足的状态。"[19]

然而，正如经常发生在狼政治上的事情一样，这种会话并不以文明礼貌而著称。参与狼咨询小组合作的狼拥护团体的脸书页面充斥着愤怒和撤回支持的威胁。正如《西雅图时报》所指出的那样，华盛顿州"在对狼的杀戮上面临所有方面的强烈反对"。[20]

对于这些长期的狼拥护者以及狼咨询小组的其他成员来说，为了长期共存的希望，他们现在需要去支持扑杀狼——失去渎神峰狼群是痛苦的，但这是与狼长期共存所不可避免的步骤。[21]

看着这个渎神峰狼群遭受的杀戮给所有参与者带来如此大的痛苦，让我想起曾经遇到的年轻的林业工作者，而他们的理想主义在他们被要求"砍倒"他们想要保护的森林时受到了严峻的考验。官方的理由总是短期的牺牲用于换回长期的收益——这是一条复杂、往往是个人劳苦的道路，充满了妥协和道德困境。对那些努力拯救狼的人来说，看到狼家族为"更高利益"而丧命是一笔代价。在通向确保共存的路上，当然不只有献祭的羔羊，也有献祭的狼。

2016 年 9 月，在华盛顿西部举行的狼咨询小组会议上，公众对正

---

① 原文如此。省略号前后所引用的内容，分别针对牧场主和狼拥护者。——译者注

在进行的杀死渎神峰狼群仅存的5匹成员的计划表达了强烈的反对和愤怒。也许这需要悲剧再次上演，比如第三次瞄准整个狼家族，才能点燃民意和让公众参与。狼咨询小组会场里仅剩能站立的地方，空气中弥漫着紧张的气氛，仿佛有电压存在。调停者弗朗辛·马登请在场的每一位与会者考虑，我们应该用"战争的言语还是和平的言语"。她以坚定但包容性的调解方式——她称之为"冲突转化"，告诉争吵着的人群"和平的构建是不容易做到的"。

我们100多人目睹了狼咨询小组成员描述他们如何共同工作，以便在传统敌人间建立信任。会议开始时，蒙大拿州黑脚族（Blackfoot）传统医学主任吉米·斯特高加德（Jimmy Stgoggard）进行了祈祷。在祈祷中，斯特高加德要求造物主"保佑这些农夫和牧场主，帮助他们了解'makoyi'（也就是狼）对我们来说是神圣的……我们想教给孩子们的是，我们可以团结一致"。然后，一个当地女人在围成一圈的狼咨询小组成员外围唱歌，伴随她那洪亮的声音的是柔和的鼓点。当人群平静下来时，包括少数牧场主（其中一个牧场主的腰带上挂着刀鞘）在内的几个狼咨询小组成员低头致敬。

狼咨询小组的成员轮流谈论他们两年来努力倾听、互相学习的经验。他们的故事具有出人意料的幽默、勇气和脆弱之处。WDFW的多尼·莫尔塔雷洛（Donny Mortarello）承认，即使对野生动物官员来说，对渎神峰狼的移除原来这么棘手，感觉没有准备。"我们没料到情况会如此……如此情绪化。"他说话的时候，头低下去，声音消沉。

"那里有着真正的悲痛。"一个魁梧的野生动物学家用沙哑的声音补充说。

一个养牛的女士哽咽着说："养牛人不太擅长改变。"她承认这一点。"我们已经有90年没遭遇狼了。现在他们出现在这里，人们对我们的反应不够快而失望！"她停顿了一下，声音颤抖，"但是养牛人使用非致死手段驱赶狼是很难的……快速学会使用它们是很艰巨的任务，对我们来说很困难。"她说话的时候，手在空中挥动。"我们正在努力尝试！我想确保每个人都清楚地看到这一点。"她的话戛然而止，同时强忍眼泪。

在与野生动物冲突相关的所有两级对立中，我们很少看到牧场主的真正痛苦，即文化是如何迅速地推动他们的——无论是拉拢还是推开。美国人道协会的代表俯下身躯，仿佛被工作的重量压着，说道："WAG有我以前从来没有见过的真正的同情和外延。这是实实在在的变化。"

狼咨询小组中的一个野生动物冲突监督员称赞了骑手牧工。"他们在牧场里倾注了大量的时间。"他向观众中两个戴着牛仔帽和穿着破靴子的魁梧男人点头致意时说，"5 代养牛人真的在向前迈进。"

一个手持帽子的粗犷骑手建议说："如果林务局和牧场主能在放牧季节开始的时候立即对话，就可以真正地预防狼捕食家畜。让我们推动林务局和 USFWS 之间的沟通吧！"

听着狼咨询小组成员的对话，我震惊地发现如下事实：我们中的大部分人都小心地管理着我们的信息，只订阅反映我们自己的世界观的媒体节目；我们很少和那些政治见解或生活方式与我们截然相反的人长时间交谈。想谦恭地与那些完全不同意我们观点的人交谈需要新的开放性，也就是一种思想和心灵的弹性。

面对面且适度的话语——甚至在因棘手而闻名的狼的议题上——可以推进交谈和沟通的可能性，并且能改变政策。自从 2014 年开始狼咨询小组会议至今，华盛顿州内采取非致死驱狼手段的牧场主数量是原来的 3 倍。到这次狼咨询小组会议在 2016 年晚秋召开的时候，华盛顿州当年没有出现一起偷猎狼的事件，这与数以百计的狼在爱达荷州、蒙大拿州和怀俄明州被非法杀害形成鲜明对比。

"我们仍然有比任何其他州都好的狼管理政策。"狼的天堂国际组织主任黛安娜·加莱戈斯（Diane Gallegos）在会议激烈讨论的间隙对我说，"在我们的第一次狼咨询小组会议上，诸多摩擦让赞成或反对狼恢复的狼咨询小组成员甚至不想坐在对方旁边。"现在，牧场主和狼保育者在一起交流。加莱戈斯总结说："我们为了一个共同目标而互相倾听。当你们有真正的艰苦工作需要一起完成的时候，共同目标是一个强大的工具。"

是什么让这个由具备如此多且深刻对立的观点的传统对手所组成的工作小组如此与众不同？其实，那是小组成员之间的善意。但更引人注目的是，他们一致认为不可以倒退到"老西部"模式。他们唯一的目标是找到一条推动与狼共存向前迈进的道路。在华盛顿州关于狼的政治中，这是令人印象深刻且不寻常的。同样令人惊讶的是，这个工作组的成员甚至可以互相开没有怨恨的玩笑。如今，狼的保护经常被称为"野生动物领域的流产难题"（abortion issue of wildlife）。

在狼咨询小组会议上，一个更大的问题显现出来，即公众还没有完全发挥其在狼的管理政策中的作用，而且公众现在强烈要求拥有发言权。狼咨询小组听到人们抱怨说，他们常常觉得已经被关于公共土地上的公共野生动物的争论排除在外太久了。几个当地人指出，狼咨询小组中没有他们的部落代表。"狼和我们的族人已经从公共土地上被抹掉了。"一个当地女人说，"狼是我们的亲人，也是我们的创造者。我的兄弟就来自狼氏族，而且在我们的故事里，狼是我们身份的一部分。"

一个来自"守护狼群"(Protect the Wolves) 组织的考利兹部落（Cowlitz tribal）首领指出，罗格·多布森（Roger Dobson）长老刚刚给州政府发出一封表达结束和停止意愿的信函，宣布对渎神峰狼群的致死移除违反了相关条约和宗教权利。[22] "这个特定的牧场主在过去的3年里被证明是总爱把牲畜放在危险区域的惯犯，"多布森写道，"而这不是我们神圣的动物的过错。狼没有主动要求他们的家域被满不在乎的牲畜主人侵犯。"

人群中有一个女人精通华盛顿州的狼致死移除历史。她基于自身丰富的知识储备，提出："狼的移除不是基于可信的科学。"她停顿了一下，环顾四周，而房间里的人们大声地附和她。"与某些特定牧场主的共存可能永远无法实现。"此时，人们愤怒地鼓掌。那个女人总结说，钻石 M 牧场主莱恩·麦克尔文不是使用非杀伤性防狼手段的模范。

因为狼在麦克尔文的份地上第二次杀死牲畜，人群中的许多人对他与捕食者共存的承诺持怀疑态度。《西雅图时报》刚刚刊登头版故事，其中引用了华盛顿州立大学研究人员、大型食肉动物实验室（Large Carnivore Lab）主任罗伯特·维尔古斯（Robert Wielgus）博士的话。[23]这位科学家指出，牧场主麦克尔文"选择把他的牲畜直接在狼窝的上方放牧；我们有母牛横扫狼窝的照片"。维尔古斯还解释说："牛把狼的本地猎物——鹿赶出了狼的领地，而狼有一窝幼崽需要喂养。"

通过使用视频监视器和远距离遥测技术，维尔古斯正在对华盛顿州的狼与牲畜的冲突进行持续的研究。维尔古斯质疑为什么"麦克尔文拒绝为他的牛佩戴无线电项圈以帮助预测和避免与同样佩戴无线电项圈的狼的相互干扰"。他的结论是，渎神峰狼群杀死奶牛是"可预测的和可避免的"，并且"在华盛顿州，被伐木卡车、火灾和闪电杀死的牛比狼杀死的牛更多"。[24]

华盛顿州立大学随即发出道歉和否认，称维尔古斯的声明"不准确也不恰当"。[25]华盛顿州立大学支持牧场主麦克尔文，因为他得到了美国林务局为期 73 年的放牧许可证。维尔古斯仍然坚持认为，牧场主麦克尔文"拒绝与我们合作以减少狼捕食，到目前为止已有两个狼群死在他的份地。他讨厌狼……喜欢冲突……因为狼死在他的配额地"。维尔古斯总结说，在麦克尔文放牧的地方，"就有死狼出现。他将为之自豪"。

在 WDFW 官员和牧场主都面临死亡威胁，以及维尔古斯的学术自由也遭到侵犯的声称中，维尔古斯博士退出了辩论。[26] 他说："局面已经脱离控制了。"

WDFW 的多尼·莫尔塔雷洛曾经公开捍卫过对狼的捕杀，并用细节反驳了维尔古斯的主张。[27] 他强调，鉴于各方之间的紧张局势，这些细节很重要："牛被释放的地点距离狼窝有足足四英里。"因为狼的家域范围是 350 平方英里，所以"他们不可避免地会与牛狭路相逢"。在接受当地电视台采访时，莫尔塔雷洛的结论是，WDFW 承诺遵循 WAG 一致同意的狼致死移除协定，对于在所有利益相关者之间建立信任至关重要，"没有什么比狼的未来管理更加岌岌可危了"。[28]

历史和旧怨笼罩在这些脆弱的联盟之上，例如正尝试在经常交战的派系之间寻找利益共同点的狼咨询小组。就像许多在华盛顿州东北部的地方一样，即使多数狼已经定居，史蒂文斯县（Stevens County）的反狼政治仍有深厚的根基。在那里，穿拥护狼的 T 恤衫是很危险的。史蒂文斯县养牛人网站的标题是《渎神峰狼群成为杀害家畜的老手》（*Profanity Wolf Pack Becoming Chronic Killers*），并配"除名狼"的有关说明。[29] 一篇社论刊登在《奥马克-奥卡诺根县纪事》（*Omak-Okanogan County Chronicle*）上，标题为《杀狼是在正确的方向上前进了一步》（*Wolf Kills Step in the Right Direction*）。该社论夸奖了一个事实，即 WDFW "终于开始看到狼是一个难题"，并补充说，"要是州当局可以听从牧场主的建议，知晓野生动物一直是坏邻居就好了"。它宣称，《小红帽》等童话表达了正确的立场，狼"最好远离人类或死亡"。该社论还把来自自由西雅图的"混凝土荒野"（"Concrete Wildness" of liberal Seattle）的保护主义者比作《侏罗纪公园》（*Jurassic Park*）里的角色——如果他们有机会就会释放一个"霸王龙家族……住在人类附近"，并在结尾处质疑："你真的想要你的祖母被狼吞噬？"

奥卡诺根县（Okanogan County）的南希·索里亚诺（Nancy Soriano）多年来一直在监督当地政府，特别是县专员。她的丈夫在奥卡诺根养牛，但他支持狼的恢复。索里亚诺写道："狼的问题是全国性反联邦政府议程的一部分。"她在写给我的信上说，她所在县的委员们仍然强烈抵制《濒危物种法案》。"把狼放在瞄准器上是一次成功的宣传活动，而这是将公众注意力成功吸引到更大的议题上的一部分，其意图是资源利用最大化和消除环境保护。"索里亚诺争辩道，"他们的目标是将公有土地最终转化为私人所有。现任委员没有支持牧场主的记录。他们秉承的政策是支持栖息地碎片化，以及包括牧场在内的开阔空间的细分和开发。"

当渎神峰狼群所在的费里县委员们通过决议，授权警长拉伊·梅坎伯（Ray Maycumber）"如果州野生动物官员不射击狼，他可以杀死其余9匹狼群成员"时，州的权利与联邦之间的这种深层次的紧张关系再次暴露。[30]县专员迈克·布兰肯希普（Mike Blankenship）宣布："警长有权力和义务去做这件事，就像他消灭一只野狗一样。"他威胁要挑战州里的濒危物种保护机构及其对野生动物的控制。

宣称渎神峰狼群被成功移除可能为时过早。越来越多的牧场主和县专员坚持认为，在公共土地上，非常昂贵和不得人心但官方正式批准的杀死整个狼群的计划导致公众对他们的敌意越大。如果公众对牧场主的敌意增加，他们可能完全失去公众对他们在公共土地上放牧权的支持。阿玛洛克·韦斯回应了费里县专员们要亲自动手杀死狼的威胁，他说："对州法律的嗤之以鼻不会得到公众中的其他人对你与野生动物一起生活的态度的尊重。[31]这不是19世纪50年代。"

曾经的陷阱捕狼者兼作家卡特·尼迈耶评论对渎神峰狼群的扑杀行动："公共土地必须采取不同的管理方式。[32]这些土地属于我们所有人，也属于当地的野生动物。"

新的研究表明，华盛顿州对狼的扑杀就像大多数致死移除一样，实际上并不会拯救牲畜。[33]威斯康星大学食肉类共存实验室（Carnivore Coexistence Lab）发表的一项最新研究在比较了防止捕食者捕杀牲畜的方法后发现，非致死的方法，特别是家畜守护犬和恐吓布条"有更好的结果记录，没有导致更多的牲畜损失。致死的方法往往会产生更多的损失"。与致死移除的防狼手段28%的成功率相比，不致死的防狼手段增加了80%的抵御捕食者的成功率。研究人员建议："野生动物机构暂停在华盛顿州这样的灭狼运动，并对未来的控制工作应用更严格的标准……这些建议可以使更多的牲畜和野生动物存活下去，并节省纳税人的钱。"

黄石生态研究中心（Yellowstone Ecological Research Center）创始人兼首席科学家罗伯特·克拉布特里（Robert Crabtree）怀疑射杀捕食者是否可以真正拯救家畜。[34]他指出，控制捕食者的科学理论是有缺陷的，现在需要彻底审查。他说："致死控制方法需要与其他任何事物一样，受到同样严格的科学标准的制约。"联邦的野生动物管理局——每年杀死数以百万计的动物，仅在2015年就达到320万只——花纳税人的钱去资助"他们一个庞大的研究部门开展为期40～50年研究，但似乎不能做出任何高质量的工作。难道不应该有人来看看这究竟是怎么回事，评估花了数百万美元、几十年时间，仅仅是试图让致死控制合理化？"[35]

狼拥护者在华盛顿州首府奥林匹亚举行了集会，抗议渎神峰狼群被杀害。[36]现场的人们模仿狼的嗥叫声，挥舞着的标语上写着："真正的人类与狼共存""享受福利的牧场主，停止在公共土地上瞎溜达和搞破坏""要保护狼，不是保护母牛。"一位抗议者解释说："这仿佛是让州长干预并且阻止这场对狼的屠杀的孤注一掷式的最后尝试——在所有狼被赶尽杀绝之前。"其他示威者说，对狼的致死移除是糟糕的政策，并认为"州管理部门向牧场政治屈服了"。[37] 一位年轻的抗议者手举一个简单的标语："狼的生命很重要。"其他人高呼："公众的狼不可以在公共的土地上丧生！"

在狼咨询小组会议上，喧嚣的人群肯定正在把"公关"（public）一词带回到公共土地上。一位戴着巨大的眼镜、满头银发的男人大声朗读了一份来自捕食者卫士组织的布鲁克斯·费伊的声明，指出麦克尔文只"雇用了一个骑手牧工和两个徒步巡逻者，在 3 万英亩的崎岖山地上保护 400 头牛。成功守卫牛群实际上需要一支军队"。

观众再次鼓掌。一个携带贴满新闻剪报的笔记本的年轻人大声喊出统计数字："100 万只羊和只有 90 只狼在华盛顿州……平衡在哪里？"

当数十人举手，示意召集人马登呼唤他们的时候，人群中有愤怒的低语和挥舞拳头的声音。那一瞬间似乎一切都有可能失控。但是，马登做了一个明智的举动，邀请在场的每个人都参与进来，为将在 1 月份举办的下一次狼咨询小组会议提供讨论的议题，该会议要重新审视致死移除协定。

一个非常年长、勉强能站立的女人，明确提出了最重要的观点之一："如果狼捕食家畜的事件重复或长久地发生在同一个牧场主的份地，"她问，"那为什么不剥夺该牧场主的那块份地？"这就提出了牧场分配的热点问题。有几位人士强调，我们需要国家级别的谈话，并需要林务局更多的参与，而不仅仅是橡皮图章式地分配给牧场主土地。这是狼的未来恢复的一个关键问题，对此阿玛洛克·韦斯指出："我们不能不断地将狼置于有害的境地，反复把牲畜放到在地形上难以防护的公共土地上，然后在冲突出现时杀死狼。这种牧场分配方式应由美国林务局废除，或者牲畜损失应预先估计到，而不应由狼用他们的生命来支付这些损失。"

韦斯忽然想到一个主要问题：牛经常被随意地放在不太适合放牧的公共土地上散养，例如钻石 M 牧场主再次在科尔维尔国家森林公园放牧他的畜群。苏珊娜·斯通回应了这一关注。"你必须检查任何公共土地的分配，并考虑它是否真的适合放牧。"她对我说。

斯通曾经和许多华盛顿的牧场主一起在这片土地上漫步。"现在用非致死防狼方式的华盛顿州牧场主是原来的 3 倍。"她自豪地指出。"他们做的一切都是正确的，只有少量的损毁。但是，渎神峰狼群分布在 4 块大的份地上，其中一些份地满是倒木，中间只有小口袋般大小的土地适合牧牛。"斯通解释说，"因此，牛必须扩散开以找到足够的植被。这样的份地不像那些大的开阔草地，后者可以容纳数以百计的牛待在一起安全地吃草。这是一种有挑战性的牧牛地，即使没有捕食者也是如此。"

狼倾向于捕食逃跑中的野生猎物，比如马鹿和其他鹿，而不是相互靠近的畜群。[38] 牛管理专家坦普尔·格兰丁（Temple Grandin）认为，牧场主需要学会"再野化"牛群，并且"重新点燃"它们的防御本能，以便牲畜"稳定地站立"并依靠集体的力量一起抵抗捕食者。"正确的放牧可改善环境和野生动物栖息地。"她写道。

当牛被放养在牧草稀疏、灌丛茂密和有火烧后的倒木的份地时，他们会感到压力，容易分散，从而易受捕食者攻击。在渎神峰狼窝附近活动的牛群常常不得不在非常难以行走的崎岖地形上自己"谋生"。斯通希望，为了回应这一非常备受争议的扑杀，华盛顿州东北部的林务局应仔细审查放牧份地的分配，以确定是否有"比偏远和树木很茂密的公共林地更适合放牧的地方"。[39]

但这一直是个挑战。她补充说："如果我们开始谈论'把牛从公共土地上赶出去'……你知道，将会有巨大的政治阻力。畜牧业有着深厚的社会根基和许多权力。几代牧场主已经习惯在公共土地上放牧牲畜，而不受公众的监督。"随着越来越多的人要求牧场主与狼共存，"我们必须想办法让牧场主和我们共同努力，而不是让他们觉得这是在把他们踢出公共土地。"

在这样的冲突之中，没有利益相关方得到他最想要的利益。它只有妥协和无休止的谈判。正如斯通指出的那样，公众必须认识到，作为共存双方的野生动物和牧场主都要生存。"你不能一边把（有肉的）汉堡包塞进自己嘴里，一边抗议牧场主在那里射击狼。我们每次去杂货店买食物时，都为自己相信的东西投了票。"

在狼咨询小组会议一次短暂的休息中，一个渔夫把我带到一旁。他在华盛顿州东北部的重新有狼分布的地区拥有一间小屋。"听着，"他说，"如果我去公共土地上远足时被一只灰熊或美洲狮袭击，联邦和州政府一定不需要赔偿我的医疗费，因为我在公共土地远足是我愿意冒的险。那么，那些选择在公共土地上放牧的牧场主——那片土地也是公众真的想要狼存在的地方——就必须接受牲畜的损失，这只能作为一种商业开支。"

当公众继续对下一次狼咨询小组会议发表建议时，一个穿着鹿皮背心的骑手牧工向我吐露道："这个房间的辩论真是热烈到烫人，甚至有人对我的家人发出死亡威胁。"

虽然有盲目的狂热，但现在也有非常实际的，甚至伦理层面反对把致死移除作为狼管理工具的争论。一位越战老兵站起身来，问道："为什么要通过关联把整个狼群认定为有罪？这使我想起整个越南村庄被摧毁，仅仅因为村里的几名士兵与我们有仇。"

人群中的一位教师拿起话筒，好像在给狼咨询小组的成员讲课："我们想说的是，公共土地现在必须首先以狼的管理为前提，而不是牧场主的利益。我们美丽的公共土地属于狼，而不是牛。那里有荒野，所以那里应该总是有狼。"

人群爆发出掌声，而狼咨询小组的成员听出公众是多么深切地支持野狼回归西部。就在这间屋子里，发生了深刻的文化转变——一种被唤起的悲痛和愤怒，甚至是一种来之不易的和平。目睹了这一切，我想起1993年狼峰会的某位演讲者。当时他向一群喧闹的阿拉斯加猎手发表言论，而这些猎手坚持从空中射杀狼。该演讲者预测说："在未来，公众的看法对于野生动物政策最重要。"20年后，我们就是未来，而人民大声要求在公共土地上的狼的管理现在不仅由牧场主决定，也要由公众塑造。

公众对渎神峰狼群扑杀行动的反应告诉我们，现在需要倾听更多声音来推进对话，最终改变对狼的文化和历史的偏见——律师代表狼，谈判者协商相关协议，公众积极参与。那些想要发生改变的人可以申请坐在野生动物和县委员会的席位上，可以用财政支持非致死的防狼计划，并可以了解到狼政治是多么的复杂——他们不仅仅是简单的反应，而是拥护或反对狼。"我们必须合作。"斯通强调说，"诉讼不会永久地改变文化价值观。诉讼的胜利不能保证人们行为会真正地改变。它经过我们几代人的努力，才达到现在的水平。"

野生动物政治反映出越来越两极分化的美国。挑战不仅仅在于学会如何与狼共存，也关乎我们如何彼此共存。

到了10月初，牛群从偏远山区的放牧份地下来，到更容易看护的平缓牧场。西北自然保护组织的米歇尔·弗莱德曼希望"也许创伤已经结束了"。[40]

WDFW的多尼·莫尔塔雷洛向新闻界宣布："把已知在狼群中的两匹成年狼杀掉，仅剩下狼崽对我们来说不是一种人道的方案，而我们也不会沿着那种方案继续走下去。我们会每星期都重新评估狼群内部的条件。"如果未来没有狼捕食家畜，那么渎神峰狼群就有可能出现无狼被杀的情形。10 月下旬，WDFW 宣布，针对渎神峰狼的致死移除行动被取消了。[41]但他们还许诺，在 2017 年，如果狼捕食家畜事件再次发生，依然会杀死更多的狼。WDFW 主任吉姆·昂斯沃斯（Jim Unsworth）说："随着渎神峰狼群成员数量从 12 匹减少到 4 匹，同时大多数家畜离开了放牧份地，在不久的将来该狼群捕食家畜的可能性很小。"

渎神峰狼群在科尔维尔国家森林公园领地内 4 匹幸存的成员包括 1 匹成年雌狼和 3 匹幼崽。许多狼拥护者担心，渎神峰狼群在面对这样一次毁灭性的损失和家族稳定被破坏后，剩余的成年雌狼将无法捕食和喂养幼崽——他们会饿死。其他保护主义者担心，即使州现在已经喊停了其致死的狼群管理手段，但费里县的警长将兑现他的威胁，由县专员授权后杀死所有渎神峰狼群的成员。

随着更多的公众参与，杀戮渎神峰家族仍然是华盛顿州狼相关话题的避雷针和 2017 年 1 月狼咨询小组会议的讨论焦点。（美国）林务局最终表明，它将更多地参与重新考虑放牧份地的分配。这是决定美国境内狼未来命运的下一个关键步骤，特别是现在公众也正在参与野生动物政策的制定，而不只是牧场主或猎人。但公众需要保持对州和联邦野生动物管理人员的压力，让野狼在公共土地上享有同等价值。

斯通在总结我们的采访时说，牲畜生产者总会失去一些牲畜。"但是，如果牧场主不首先解决是什么原因使他们的牲畜易受捕食，那么杀死狼只是一个临时的措施。新的狼最终会再次进入牧场，杀死更多的牲畜。如果标题总是'狼杀牛，狼被杀'，那么它永远不会超越这一点，这不是真正的共存——只是一个永无止境的死亡陷阱。"

斯通希望野生动物卫士组织能将非致死威慑项目扩展到其他州，但该项目没有资金。她还认为，野生动物管理局本身应该认真致力于采用非致死威慑战略去保护牲畜。"直升机和空中射击是高投入项目，"

她说，"这是纳税人掏的钱。"如果这些公共资金是留给那些与狼在公共土地上最成功地共存的牧场主的奖金，是不是更好呢？[42]

斯通的评论让我想起了弗吉尼亚州的养牛人伊丽莎白，后者说家畜养殖者必须首先对捕食事件负责，并且学习非致死的防狼策略。预防总比损失后的"致死管理"更好。熔岩湖牧羊场通过非致死威慑手段成功地保护了羊群，这是牧场主们意识到他们自身也承担着责任，从而态度产生转变的一个例子。熔岩湖牧羊场的领导者解释说："（我们的）目标不只是保护羊的安全，还要保护狼的安全。如果这些狼死了，这个地区的羊经营者也（被视为）表现不佳。"

然而，这一承诺并非易事。"与狼共存让牧场主很是头疼。"黄石狼项目的道格拉斯·史密斯承认。他认为，需要对牲畜损失进行某种形式的补偿，并指出在美国有私人组织这样做。史密斯解释说，瑞典政府实际上会这样做，"允许食肉动物在你养牛羊的地区繁殖。如果你能证明狼和熊已经繁殖，你就会得到补偿。因此，我们必须将其中的一些成本从个人转移到社会，让集体承担经济损失，而不是由个人承担"。

来自西班牙的科学家和野生动物兽医费尔南多·纳杰拉（Fernando Najera）博士曾经是木头河狼项目的首席经理。他写道："我相信有了合适的信息后，人们就不会再认为狼要对大多数牲畜的损失负责，并停止在媒体上和农业团体中妖魔化狼。我希望这些人明白，通过致死的控制去保护牲畜的方式更昂贵，不是很有效，违反自然规律而不是顺应自然，但我们的非致死的防狼手段则正相反。"

"共存是可能的。"斯通说。结束采访时，她提醒我，即使在曾经无狼的立锥之地的爱达荷州，这一成功的项目也已蓬勃发展了20年。为了结束这场看似无休止的与狼的战争，其他州可以考虑在这条"羊超级公路"沿线做一些明智的实践，允许羊与狼共存，以及牧场主与保护主义者合作，以便我们共享属于所有各方的土地。

第 15 章

灰狼重返家乡

在 2015 年的春天，我访问了一个位于华盛顿州的狼的禁猎区——狼的天堂国际组织（以下有时简称为狼的天堂），去看过去 7 年内在那里出生的第一批墨西哥灰狼。[1, 2]通过实时远程相机，我看见 4 匹身材瘦长的 6 周龄雄性狼崽蹦蹦跳跳地爬上他们非常有耐心的父亲的头顶。这些狼崽的父亲的代号是 M1066，狼的天堂国际组织内部昵称他为"莫斯"（Moss）。这些耳朵大大的、毛茸茸的狼崽玩耍着，用细小的尖牙假装攻击，彼此扭打着，然后争相跑进高大的雪松林。这些极度濒危的墨西哥灰狼在物种生存计划（Species）的指导下中成长，以便有可能重引入到亚利桑那州、新墨西哥州，以及墨西哥。[3]"他们被自己的父母抚养大，就像野外的狼崽一样。"狼的天堂的动物护理部门主任温迪·斯潘塞（Wendy Spencer）解释说。"他们现在的世界是如此之小，"她补充说，"对于狼崽来说根本就没有圈养甚至是人类的概念。那里只有他们的父母、兄弟姐妹，以及家庭生活。"

在狼的天堂禁猎区里的生活是优渥而安全的。这个禁猎区建于 1982 年，拥有 82 英亩土地，包含恢复后生物多种多样的草原和橡树林。这些草原是这个在世界范围内唯一被全球动物禁猎区联合会（Global Federation of Animal Sanctuaries）认证的狼禁猎区的安静的缓冲带。在这里，含碳丰富的草甸抵消了气候变化，茂盛的红色和蓝色的本土野花，例如紫卡马夏（purple camas）和金火焰草（golden paintbrush）吸引着蜜蜂，而苔藓覆盖着的树木为52匹流离失所和圈养出生的狼提供了阴凉和庇护。一些狼现在已经在这里发现他们"永远的家"。出生在这个禁猎区的几窝墨西哥灰狼幼崽中，有两个家族群（family group）已经被释放到亚利桑那州的野外：鹰巢狼群（Hawk's Nest pack）在1998年释放，他们是最初释放的灰狼群的一部分；沼泽狼组（Cienaga group）在2000年释放后存活至今，它是全美国圈养的狼中最具遗传价值的种群之一。到20世纪70年代末期，北美洲西南部的狼种群已经缩减到5匹，只分布在墨西哥，而在新墨西哥州和亚利桑那州的狼则被消除。根据《濒危物种法案》的要求，美国联邦政府必须制定方案以恢复这些极度濒危的动物。

"今天所有在墨西哥野外存活的灰狼都来自7匹奠基个体，由3个独立的血统（谱系）组成。"斯潘塞说。"他们的确需要这些新的幼崽的新鲜血脉进行遗传增强（genetic boost），"她深思着停顿了下，"如果他们中有任何一匹被选中重引入到野外的话。"

这是个很大的假设，尤其考虑到新墨西哥州和亚利桑那州的狼恢复政治。这两个州的州长和野生动物委员会通过了新的规定，禁止重引入任何圈养出生的墨西哥灰狼。在北美洲西南地区，墨西哥灰狼是"政治足球"——狼的天堂的保护部门主任琳达·桑德斯（Linda Saunders）解释说。

但是现在，根据我的观察，这些6周龄的灰狼幼崽好像在玩着某种他们自己的"狼足球"。一匹狼崽飞奔着横穿屏幕画面，跳在他的父亲——M1066的身上，并抓着父亲高高的腿。天性使然，这位父亲放弃了在阳光中打盹。他伸了懒腰，打着哈欠，弯下腰和他的后代游戏。然后4匹狼崽都再次尝试爬到他身上，只为在他慢慢耸肩的时候掉下来。

除了他们修长的四肢和奇异的色彩——黑灰色的毛发，以及更长的鼻子外，这些小狼崽很可能被错认为是一窝家犬的幼崽。但是在他们金色的眼睛里有着更强的野性和警觉，即使在游戏时依然如此。这些狼崽被隐藏于任何公众视野之外，只在进行医学检查时才能见到人。如果他们被选中释放到野外的话，他们必须保留对我们人类的高度警惕。

"我们非常高兴，在这个春天，3窝墨西哥灰狼幼崽诞生于此。"狼的天堂的主任黛安娜·加莱戈斯说。加莱戈斯精力充沛，无论是作为太平洋狼联盟的成员和前沿的华盛顿州狼咨询小组的成员，还是在西雅图的社区集会，甚至在只有站立空间但有一群打算学习更多关于狼的保护知识的千禧一代年轻人的狼沙龙，她都是口才很好的狼代言人。从2011年开始，加莱戈斯带领狼的天堂成为国际狼恢复努力尝试的引领者。在办公室里，她将我带到另一台远程相机前面，观察了由一对正在养育后代的夫妇F1222"霍帕"（Hopa）和M1067"布拉泽"（Brother）带领的第二个墨西哥灰狼家族，包括他们的吵吵闹闹的幼崽们。[4, 5]

"噢，快看，这匹雌狼首领"黛安娜指着屏幕说。那里有一匹特别模糊，但是依然威严的狼试探着进入远程相机的视野。

就像她的伴侣一样，这匹母狼霍帕斜靠着，以几乎不可能的长度伸展着四肢。她的前额有着优雅的赤褐色软毛，眼睛琥珀色，而暗色的面罩遮住了长而苍白的鼻子。她正在寻找她的3个儿子，看起来充满母性的慈爱，但眼神依然警惕。当然，她能听见隐藏的远程相机为获得更好的视域而在高树上轻微地调整角度时发出的沙沙声。虽然是第一次当母亲，但霍帕已经有了一段让人钦佩的历史，因为她只有4岁。

"她出生在密苏里州的濒危狼中心（Endangered Wolf Center）。"墨西哥生物学家帕梅拉·马西埃尔·卡巴纳斯（Pamela Maciel Cabanas）带着轻微的口音向我解释说。和斯潘塞一样，卡巴纳斯是狼处理方面的专家，并且非常精通狼的国际政治。卡巴纳斯与狼的天堂的西班牙裔外联部门（Hispanic Outreach）一起工作，也是墨西哥的狼物种存活计划的联络员。

"在2013年，"她告诉我，"F1222（霍帕）被转移到位于新墨西哥州的塞维利塔国家野生动物避难所（Sevilleta National Wildlife Refuge）的 USFWS 塞维利塔狼管理中心（Sevilleta Wolf Management Center），为放归到野外做准备。然后，在2014年的夏季，霍帕被转移到狼的天堂，在这儿她与布拉泽结为伴侣。布拉泽于2007年出生在狼的天堂。他比她大，但他们很般配，并且成为对后代尽职尽责的父母。"

2015年冬天，狼的天堂的工作人员在观察到这对处于繁殖状态的灰狼夫妇有交配后，非常激动地期待狼崽的问世。狼的妊娠期通常是63天。到3月初的时候，霍帕藏进她的洞里不见了。通过远程相机，工作人员兴奋地等着、看守着，看这匹母狼是否已经产崽，而不是生病或者在经历犬科动物很普遍的假孕。

刚出生的狼的眼睛是看不见的，要12～14天后才会睁开。新生狼崽拥有独特的深褐色、毛茸茸的毛被，以及小而平的耳朵。他们在出生后的第一周内在地下活动，被母亲禁锢在洞里保护着。霍帕很少离开阴冷、发霉的地下世界，那里像一个土制的子宫。2015年5月初，当霍帕最终从洞穴里出来时，狼的天堂的工作人员发现她明显变瘦了——这是一个能肯定她确实已产崽的迹象。此后连续几周，哈霍帕只在吃东西、饮水和排便时才离开洞穴。在美国阵亡将士纪念日（Memorial Day）①之后，3匹小狼崽尾随在霍帕身后，爬出地下洞穴。

---

① 日期原为5月30日，在1971年后许多州改为5月最后一个星期一。——译者注

他们的鼻子扬得高高的，嗅探着这个新世界——清新的空气、遮天蔽日的树木和广阔的天空。

当小狼崽迈出"狼生"的第一步时，他们显得很笨拙，摇摇晃晃的。他们暂时性的蓝色眼睛现在睁开了，在阳光下眯着。在已经被哺乳很久，或者一直吞咽从母亲嘴里反刍来的食物后，他们现在能撕咬小块的肉。他们首次在洞外的露天环境迎向父亲布拉泽。在接下来的几周里，狼崽们会在家族中学习游戏和社会化活动；如果被反常的声音和气味惊吓，他们会紧紧地跟随父母。在这些狼崽走出洞穴后的头4～6周里，没有人靠近他们。狼的天堂的工作人员只通过远程相机观察和监测这个家族。

"每个狼的家族都是不同的，就像我们人类的家庭。"斯潘塞说，"我已经看见能有助于他们独一无二的生命故事的模式——日常活动和行为习惯，而这些模式最终都会传给他们的野外子孙。一些狼崽更爱社交或更好奇，会从洞穴附近或他们的兄弟姐妹身边游荡开。另一些狼崽更具统治性，其他狼崽则更喜欢独居。"

我们看着这匹父狼简单地翻滚着，或者打着哈欠，耐心地与儿子和女儿游戏。他大概60～80磅重，从尾巴到鼻子长4英尺稍多一点。体型稍小的母狼快速地巡视了林下灌丛，耳朵竖起，倾听着。仿佛得到某种暗示，一阵狼的群体嚎叫此时在这个禁猎区响起，并有其他的狼的声音加入进来。

当这匹父狼扬起帅气的头，以一声长且铿锵有力的低音回应附近的一声狼嚎时，我们都笑了。[6] 他的孩子们在开始时被吓了一跳，显得很是迷惑，非常滑稽地眼睛四处乱瞥。然后，他们举起小鼻子，发出一连串"yip-yip-yips"的吠叫声——这是他们第一次尝试与家族成员一起嚎叫。

"这会是被选中，用于放归野外的那个家族吗？"我问黛安娜。在不威胁或惊吓的情况下观察这些狼崽，我感觉享有殊荣。有多少人能如此近距离地目睹一个狼家族简单地进行他们的日常生活呢？

"我们还不知道，这3窝墨西哥灰狼幼崽中的哪一窝或者任何一窝会被选中去进行重引入。"黛安娜轻轻地说，"我们只是希望能再次接到电话，我们的狼被选中来帮助野外种群的繁荣。"

那个春天稍晚些时候，狼的天堂的另一窝墨西哥灰狼幼崽中的两匹死于细小病毒（parvo），这种病毒在家犬中也常见。狼的天堂的脸书页面上发了关于这两匹幼崽死亡的公告，公众的大量留言对此表露出悲伤和支持。这些狼对于他们野外远亲的存活是如此珍贵和如此重要，每匹个体的死亡都是一场灾难。那个2015年的春天，我把6个月大的墨西哥灰狼幼崽的照片放进相框，摆在书桌上。每天当我在大屏幕上打开他们的照片时，我凝视着这些狼崽，好像我的思想也能保护他们。

在我最喜欢的那张照片里（这是在狼崽被放入箱里以便进行第二次体检时拍的），这些12周大、受到惊吓的狼崽在新鲜的稻草里挤成一团。其中三匹狼崽平卧在稻草里，毛茸茸的灰白色耳朵向前竖起，而他们紧密地相互依偎在一起很好地定义了什么叫"一窝"（a litter）。有一匹狼崽爬到了其他狼崽的身上。他们全部都朝向外面，紧盯着照相机，而他们当时金黄色的眼睛上方是看起来显得有些忧虑的灰白色眉毛。如果离开这个禁猎区到野外生活，他们将会遇到什么危险呢？

墨西哥灰狼亚种（El lobo）是所有的狼中最濒危的亚种之一。[7]这些旧大陆的狼体型比其他北美洲的狼小，在很久以前就穿过白令海峡的陆桥，到达南美洲定居。他们曾经在美国西南部和墨西哥繁衍兴盛，虽然在几个世纪里一直被狩猎、被陷阱捕捉和被毒害。在1977年，墨西哥仅有5匹墨西哥灰狼存活。他们被捕捉后，其中3匹在圈养中繁殖。在1998年，4匹来自物种存活计划的圈养个体也加入该奠基种群中。这些墨西哥灰狼中的一部分被重引入到亚利桑那州的荒野。现在，也就是 2016 年，仅有 12～17 匹墨西哥灰狼在整个墨西哥漫步，而美国西南部的墨西哥灰狼数量从 2014 年的 110 匹降到 2015 年的 97 匹。[8] 在美国西南部，13 匹墨西哥灰狼已经死去，现在只有 23 匹灰狼存活。① 尽管这一地区因为新的种群下降的紧急状况，需要重引入墨西哥灰狼，然而联邦政府恢复灰狼的努力存在政治上的障碍，尤其是来自新墨西哥州和亚利桑那州的野生动物委员会。

狼的天堂一直在其季刊《狼迹》(*Wolf Tracks*) 的文章中提醒读者，要对快速倾轧的墨西哥灰狼恢复政治保持警惕。这个禁猎区也把其日渐兴盛、颇受欢迎的墨西哥灰狼幼崽的视频放在网页和脸书上。狼的天堂的这 3 个墨西哥灰狼家族中，会有一个被选中用于重引入吗？有一段时间，这看起来前景堪忧。2015 年的秋天，新墨西哥的狩猎与鱼委员会 (New Mexico Game and Fish Commission) 拒绝了来自 USFWS 的许可请求，即否决再有任何圈养的墨西哥灰狼的放归。这不仅对正在挣扎的野生墨西哥灰狼种群和狼的天堂禁猎区，而且对特德·特纳阶梯牧场 (Ted Turner's Ladder Ranch)——自 1997 年以来对墨西哥灰狼恢复至关重要的预释放设施，都是令人惊讶的打击。[9]

牧场主们反对再释放任何狼到新墨西哥州，引证说 2015 年可以确定狼杀死了他们的 36 头牲畜。USFWS 曾申请过释放许可，为了在野外种群中进行交换抚育 (cross-foster)，需要释放 10 匹狼崽和一对成年狼及其后代。交换抚育是一种将圈养出生的 10 天内的狼崽转移到野

① USFWS 于 2023 年 2 月 28 日宣布，美国西南部的墨西哥灰狼在 2022 年的数量是 241 匹，其中新墨西哥州西部有 136 匹，亚利桑那州东部有 105 匹。信息来源：https://biologicaldiversity.org/w/news/press-releases/mexican-gray-wolf-population-grew-23-in-2022-2023-02-28/#:~:text=Mexican%20Gray%20Wolf%20Population%20Grew,2022%20%2D%20Center%20for%20Biological%20Diversity&text=SILVER%20CITY%2C%20N.M.—%20The%20U.S.,2021%2C%20to%20241%20in%202022。——译者注

外狼窝中，期望野生狼母也会将他们与自己的后代一起哺育和抚养的存活策略。[10] 交换抚育在野外同样起作用，即把一个野外狼窝中的狼崽转移到另一个狼窝中。

这是一项非常困难的技术，因为它取决于如此多的变量——适合幼崽转移的完美天气、发现野外狼窝的准确位置，以及野狼母亲对非亲生狼崽的接受和哺育能力。在 2015 年，美国历史上第一次尝试了墨西哥灰狼从圈养到野外的交换抚育。两匹在明尼苏达州濒危狼中心（Minnesota's Endangered Wolf Center）圈养条件下出生的狼崽姐妹蕾切尔（Rachel）和伊莎贝拉（Isabella）被转移到亚利桑那州，以期在野外找到一匹狼母。但是生物学家没有找到野生狼窝，最后蕾切尔和伊莎贝拉被送回该濒危狼中心的母亲西比（Sibi）的身边，而西比是一匹非常会养育后代的雌狼首领。尽管交换抚育很有风险，但它在帮助这个极度濒危的物种上还是一个非常重要的办法。

在美国，有 52 套设施参与墨西哥灰狼物种存活计划，而目前被圈养的灰狼共有 270 匹。这些物种生计划项目等着来自联邦物种存活计划的指示，期待有任何加入到生存在美国的 97 匹野生墨西哥灰狼的重引入机会。当拥有稍大一点的墨西哥灰狼野生种群的亚利桑那州拒绝了联邦关于释放圈养出生的灰狼的所有许可申请时，对于狼的天堂的 3 个墨西哥灰狼家族的重引入来说，处境实在糟糕。这特别让人烦恼，因为狼的天堂分别在此前的 1998 年和 2000 年成功地放归了两组灰狼家族。一些最初通过释放回到美国西南部并依然存活的墨西哥灰狼就来自狼的天堂。

因为新墨西哥州拒绝颁发许可，2015 年的放归时间窗口失去了。对于所有圈养出生的灰狼来说，一切都在等待中。但是接着 USFWS 宣告：他们将不顾新墨西哥狩猎与鱼部（New Mexico Game and Fish Department）的反对，会继续推进释放更多的墨西哥灰狼的计划。新墨西哥州的大多数居民欢迎推进释放墨西哥灰狼的决定。《圣菲新墨西哥人》(*Santa Fe New Mexican*)的一篇观点强烈的专栏评论文章《释放狼是做了正确的事》(*Releasing Wolves the Right Thing to Do*),回应了居民这种同意释放的情感:"对政府有好处。对在野外的狼的福利管理不能只留给单独的州。狼不认识边界,不论是州之间还是国家之间的边界。"[11] 这篇评论总结说:"很显然,很多人希望狼死光。但是偶然的牲畜损失并不是毁掉上帝创造的另一个物种的原因……通过不顾各州反对而继续向前的努力,USFWS 让这些狼获得新生。那是生命本来应该的样子。"

每个人都焦虑地等待着,看新墨西哥州的态度是否有所缓和,就像该州的大报建议的那样"做正确的事"。新墨西哥州并不同意,但确实向前进步了一些。2016 年 2 月,该州的狩猎委员会(game commission)再次给特德·特纳阶梯牧场颁发释放前许可,而且是历史性的许可,即狼在被转移到墨西哥之前,可以一直留在该阶梯牧场。

我很高兴从狼的天堂国际组织听到好消息,一个墨西哥灰狼家族——霍帕和布拉泽及其 3 匹 1 岁大的狼崽——被选中释放到野外。这个家族早在 2015 年 7 月就被确定要释放到墨西哥的野外,而这些狼崽属于我去年春天第一次看到的那些 6 周大的狼崽。现在,他们终于要去他们在北美洲西南部的故土了。新墨西哥州的狩猎委员会全体委员一致决定更新阶梯农场的许可,以对墨西哥灰狼的野外释放进行准备,这实在令人吃惊,就像一个月之前他们曾拒绝它一样。但是对于特纳濒危物种基金(Turner Endangered Species Fund)的执行主任迈克·菲利普斯(Mike Phillips)来讲,这却不算吃惊。菲利普斯注意到:"委员们表示,他们看到了前进的方向。我们按希望而行。"[12] 这个灰狼家族将被释放到墨西哥,而不是美国的新墨西哥州或者亚利桑那州的事实,也许是该委员会改变其早先的拒绝许可的原因。"这是我们回归原来所在之处的开始。"菲利普斯补充说。

墨西哥在 2011 年开始重引入灰狼项目。在 2014 年，30 年来的第一窝墨西哥灰狼幼崽在野外出生。[13] "这第一窝狼崽代表了灰狼恢复项目重要的一步。"墨西哥的狩猎委员会说，"这些狼崽会成为从未与人类接触的个体，不像圈养中出生的狼崽那样。"

狼的天堂里的灰狼家族与人类的接触非常有限。但是当他们的旅途经过公路、飞机，然后经历从新墨西哥州到墨西哥的陆路运输后，情况会怎样？这个避难所的每个人都以一种既兴奋又紧急的感觉执行释放方案。2016 年春天的运输日期即将来临。

在狼的天堂里，森林飘在凉爽的薄雾之中，就像一幅中国丝网画。狼已经开始嚎叫——这是古老的集体合唱，包含高亢的吠叫、瘆人的呜咽和萦绕的哀鸣，而我希望他们永远不要结束。狼的嚎叫为何能既哀伤又自豪？交织的狼音乐如此复杂而富有层次，含有意想不到的男中音反复乐节和超声波曲调。他们的歌声即兴而作，旋律配合，就像动物爵士乐。这首歌曲时而温柔，时而猛烈，却总是让人着迷。

"你从未厌烦过它，是吗？"黛安娜·加莱戈斯在禁猎区里迎接我时，对我耳语说。为了不打扰已经感觉到有东西在靠近的灰狼，我们都充满尊敬地保持安静。"当我们在禁猎区里听见狼嚎时，不管一天有多少次，我们都会停下来并倾听。"加莱戈斯继续说。

这种声音很少有人能听到，尤其是在野外，也就是现在这些墨西哥灰狼最终前往的地方。这个灰狼家族会被飞机运到菲尼克斯（Phoenix，又称凤凰城），然后通过货车连夜运到新墨西哥州的希拉国家森林公园（Gila National Forest）附近的特德·特纳阶梯牧场。该公园是美国第六大的国家森林公园，而希拉荒野（Gila Wilderness）是在 1924 年第一个被划定的荒野保留区。去往新墨西哥州的运输和旅途将会困难重重。如果不出意外，这个墨西哥灰狼家族在接下来的 3 个月将在牧场的大峡谷围栏（large canyon enclosure）里度过，以适应他们祖先曾居住的高度沙漠化的环境和干旱的气候。

"赶快！"黛安娜招呼我和摄影师安妮·玛丽·马塞尔曼（Annie Marie Musselman）说，"你们应该不想错过这些！"

安妮走向禁猎区，背着沉重的相机。我进入办公室，在那里我像过去一样通过远程相机实况观察灰狼。仅有几个工作人员被允许帮助捕捉这个墨西哥灰狼家族的 5 匹成员，这是件微妙而有技术含量的工作。杰瑞·布朗（Jerry Brown）博士（在狼的天堂工作 30 年的兽医）、帕梅拉·马西埃尔（墨西哥灰狼生物学家）和温迪·斯潘塞与这些工作人员一起，开始了这个精细的操作。所有人都具有高度熟练的"追赶"技巧，能对狼做最终的医学检查。

也许有人会想象抓狼是一项危险而恐怖的工作。当想到狼具有威胁性的咆哮和紧咬的尖牙时，所有《发现》（Discovery）频道关于恶狼追击猎物的纪录片都出现在我们脑海里。但是这次追赶更像一场被编排好的舞蹈或者哑剧，围场里的所有人都很沉默。即便在绝对必要的时候，也只有温迪·斯潘塞小声地说话。

这匹父狼布拉泽和他的幼崽们都出生在狼的天堂，这是他们第一次将要离开这个禁猎区。当布拉泽看见板条箱时，狼崽们已经跳上加固了的塑料狼窝上，把它当成发射台，先弹跳进空中，然后坠落到森林的地面上。这些狼崽经常玩"有多少匹狼在他们的木制狼窝的顶上"的游戏。[14] 答案：全部 5 匹，包括父母。但是这个早晨不同于狼崽生活中的其他任何一个早晨，而这个组织严密的家族从雌狼首领霍帕那儿得到线索。

"她很平静，但是也很害怕。"加莱戈斯告诉我。"她摆出了她作为雌狼首领应有的姿态，但是她也在颤抖。"加莱戈斯继续在耳语，即便我们在办公室里。当我们目睹他们的害怕之后，任何关于狼凶猛攻击的刻板印象都消退了。这提醒人们，野狼本能地非常警惕人类，并把大部分野外时间花在试图避免或逃脱我们的注意上。

加莱戈斯小声地解释着屏幕上显示的事项：6个人，每人都拿着一根轻巧、4英尺长的铝杆，杆的末端有一个带着垫料的"Y"字形结构。[15]"对于每匹狼，他们都会滑动 Y 端，轻轻地在脖子和腰上施加压力。我们不用带套索或绳子的传统抓杆，那样会在他们逃跑时从脖子摆动到抓杆上，从而伤害他们。相反，我们接受黄石公园的狼的兽医马克·约翰逊（Mark Johnson）博士的训练，使用这种高效且压力少的方法不会让动物紧张。"

约翰逊博士每年访问狼的天堂，向野生动物机构工作人员，以及联邦、州和部落的野生动物专业人士讲授野生动物处理的课程。其他来听课的人包括动物园和禁猎区的雇员和志愿者、动物控制官员和大学生。约翰逊博士的生活哲学富有远见和同情心，他写道："和动物打交道时，是没有自我的。"当追赶一只野犬或者一匹圈养的狼时，他要求野生动物处理者利用这个机会去"探索我们与万物的联系，探索我们作为一个人的身份。这是一个深刻的机会……令人振奋、神圣而又悲伤"。

即使是通过远程相机观看，这也是我一次深刻的体验：训练有素的野生动物处理人员正安静地站成一排，等待追赶下一匹狼——一匹 1岁大的灰狼。[16]没有工作人员显得紧张不安，即使他们正处于一个野狼的围栏里。

"是的，人们并不害怕。"加莱戈斯点头说，"他们都受过良好的训练。害怕的是狼。"我们又看了几分钟抓捕行动后，她补充说："这些狼现在蜷缩着蹲下，害怕得僵住。但我们使事情变得很平静，这样动物就会习惯看到我们，至少在我们每年做医学检查和接种疫苗时就是如此。"加莱戈斯停顿了一下，再补充说："就像洛伦佐（Lorenzo）一样，他是我第一次参与追赶的动物。一旦我们带着'Y'字形杆走进来，那匹狼会跑进次级围栏，事情就完成了。这是因为他知道：'哦，我知道我需要做什么。'"

"这种追赶过程很快，产生的紧张压力非常低。"加莱戈斯解释说，"它就像牧羊人剪羊毛使用的技术。如果你能使一只公羊有一次积极的体验，那下次你再做的时候，那只动物就不会有压力了。"

"就像坦普尔·格兰丁给母牛发明的那些拥抱盒（hug box）。"我点头说。

格兰丁是一位高功能自闭症作家和发明家，通过设计更人性化的木质斜道彻底改变了养牛业，那种斜道能温柔地将牛挤入一个长而狭窄的畜栏里。[17]斜道实际上让牛平静下来，就像格兰丁通过发明拥抱盒来缓解自己的自闭焦虑一样。格兰丁的开创性研究从根本上改变了动物科学，她的动物福利策略现在为养牛业奠定了标准。格兰丁的许多书解释了动物如何图片式地思考，就像她自己和许多其他自闭症患者一样。那么，在这些正等着被追赶的狼的脑海里现在闪现的是什么图片呢？

我凝视着具颗粒和条纹感的远程相机屏幕，看起来每个人都像在水下静静地移动。在整个灰狼家族的围栏和预释放区，工作人员已经挂上大片大片的帆布。这些棕色的帆布很容易把这个狼家族聚在一块，这和牧场主在他们的篱笆上悬挂恐吓布条抵御野狼的方式很像。由于一些未知的原因，狼会避开那些飘动的红色旗帜或者帆布帘子。

野生动物工作人员每次处理一匹狼，并且通常只有一两个人控制狼。无论是被值得信赖的母亲咬住脖子后面叼走的本能记忆，还是每年一次被抓去进行医学检查的经验，都让这些灰狼被温柔地引导到板条箱中的安全之处，而这些箱子变成临时洞穴。

　　3匹狼崽和他们的父亲布拉泽都很快被装箱了。没有嚎叫，也没有呻吟或哀鸣，灰狼和人一样悄无声息。布朗医生很快给这个家族的每匹灰狼做了检查，然后点头说，一切都很好。

　　"这要快速、高效，"当我们看着的时候，加莱戈斯喃喃自语地说，"因为在此之后，他们还要忍受很多。如此漫长的旅程！"

　　"他们会被镇静吗？"

　　"不！"她坚定地回答，"不会的。除非万不得已，我们不会对动物进行镇静。在一架飞机上运输，动物被镇静是很危险的。你不希望他们在缺乏监视的货仓里窒息。你希望他们保持清醒。这是一趟两小时的飞行，天气又很好，所以我们希望一切顺利。"

　　母灰狼霍帕仍然在禁猎区里，但已经被围在洞穴中。她是最后被送进板条箱的。我看着时呆住了，因为温迪·斯潘塞几乎温柔地用"Y"字形杆探进了洞里。当杆子碰到霍帕脖子的时候，她立刻蹲下。很快，当别人把杆子放到霍帕的腰部时，斯潘塞为了安全，把一个蓝色头罩盖在霍帕脸上。覆盖住眼睛和头部总是能使野生动物安静下来，比如在路上受伤的马或者其他动物，因为不能立刻看到一些东西能消除它们的疑虑。霍帕在嘴被安全地套着时，被抬进她的那个舒适的板条箱里。这个家族的5匹成员都已经准备好去机场了，而处置整个家族只花了1个小时。狼的天堂工作人员从禁猎区出来，微笑着，松了口气，紧随其后的是斯潘塞驾驶的厢式货车。在车里，每匹狼崽都非常安静地待在自己的板条箱里。

　　安妮拍摄的照片和视频都是我们现在能在屏幕上看到的。其中最让人震惊的是一幅母狼的肖像，那种形象我永远不会忘记：她蹲在板条箱的最后面，好像要把自己埋进金黄色的稻草里；盯着外面，耳朵竖着，以便聆听每一个声音或奇怪的响动；金色的大眼睛警惕地、不可思议地聚焦着；独特的锈色和黑色的皮毛密实而美丽。但是她滴水的黑鼻子出卖了她的恐惧，而且她的胁部在颤抖。然而，她既不动也不闪躲，更不试着逃跑。她看上去非常警惕，但又异常冷静。毕竟，她有一个家族要保护，无论面临的是什么奇怪的旅途——无外乎把她的幼崽和伴侣带到完全未知的世界。整个物种的恢复和复壮在等待着她。当我研究这匹雌狼首领的脸时，我读到恐惧和勇气兼而有之。我想起一句格言：在我们人类中，最勇敢的是那些感到恐惧，却仍然在完成一些危险壮举的人。

这个灰狼家族现在必须前往新墨西哥州，进入陌生、对狼一直充满敌意的荒野。他们可能缺乏在野外的崎岖且没有多少猎物的地形上生存的技能。如果他们杀死牲畜，墨西哥牧场主可能会回归猎狼的历史。很难想象霍帕、她的配偶布拉泽和他们的幼崽回到故土重建种群，面临敌对力量时竟是如此脆弱。但是，如果他们的种群在墨西哥和美国西南再次站稳脚，意义是非常重大的。当我站在距离一辆白色厢式货车不远处，而这辆车里的 5 个板条箱承载着这个灰狼家族的命运时，我不禁既兴奋又焦虑。

和蔼可亲的狼的天堂的兽医布朗博士指出，所有这些狼都是健康的。"他们处理得很好，"他说，"没有引起较多的跳跃和疯狂。"他已经从雌狼首领身上抽了血来检测她是否怀孕。

帕梅拉·马西埃尔报告说："现在这些狼非常安静，因为他们太害怕了。他们恐惧、颤抖，好像完全冻僵了。"

我没有问任何人看着这个灰狼家族离开狼的天堂，他们是否觉得难过。从他们脸上，我很明显能看出来。

还有两个墨西哥灰狼家族留在狼的天堂禁猎区。他们也是物种存活计划的一部分，仍然在等可能的释放，而且可能最早会在明年。"这让人如此兴奋。"狼的天堂的一个工作人员说，"他们最终会回到野外，回到他们本来属于的地方。"

我站在离那辆将运送这个灰狼家族去机场的厢式货车稍远的地方。在我的夹克里，我伸手去摸索那条狼牙项链，它伴随我整个狼研究的旅程。银是凉的，但是狼牙是暖的，且它锋利地抵着我的手指。这些是墨西哥灰狼牙。一个世纪以后，他们似乎又活了过来。

对于一个阿拉斯加航空公司的航班来讲，灰狼太多了。搬动整个动物家族与搬动一只动物非常不同，于是这些灰狼分别乘坐两架飞机。有人会好奇，如果那些去菲尼克斯的乘客知道灰狼也登上了他们的飞机，会有什么想法。

"一般情况下我们开车运输。"加莱戈斯解释说，"但是如果是这么长的旅途——28个小时，对动物来说乘坐飞机比较好。"

温迪·斯潘塞从阿拉斯加航空货运区发送了一张脸书照片。照片中，一辆大型金属运输车正装着全部5匹狼家族成员的板条箱，而斯潘塞看起来既快乐又警惕，因为她正在和一个航空公司的雇员合影。到目前为止，一切都好。

想象一下，对于这些在过去只知道家族和禁猎区里安稳、平静的生活的动物，突然听到沿着繁忙的高速公路疾驰的运动型多功能车的轮胎隆隆声、机场上喷气式飞机的尖叫、让感官超载的很多人叽叽喳喳的叫嚷、喷气式发动机的可怕咆哮，以及在高空中可能的一些颠簸，他们会有怎样的感觉。油脂和喷气燃料对他们来说是什么味道？他们能开始对这么多乘客的气味产生感觉吗？在货仓里，其他一切都不受管控且一直冰冷，现在唯一熟悉的事物就是在附近板条箱里的其他家族成员发出的气味和声音。

在接下来的24个小时里，知道这次重要的墨西哥灰狼运输时间的人，包含狼的天堂脸书上的几千个追随者，焦急地等待这个家族旅途的消息。收音机沉默着。然后在第二天，他们收到一封斯潘塞的邮件：

"运输过程像我们期待的一样顺利（尽管毫无疑问狼都被吓坏了）。"

他们于上午 4 点在特纳阶梯牧场打开板条箱。在连夜运输后，灰狼父亲布拉泽和狼崽们都吓得不敢出来，但是灰狼母亲霍帕立刻走出她的板条箱，进入到新生活中。通常情况下，斯潘塞会让其他狼自己出来，但是在 28 小时后她需要确认布拉泽和 3 匹狼崽没有被旅途伤害，并能自由活动。"我们必须拿掉板条箱的顶部，轻柔地把他们倒出来。"她写道，"他们看起来不错，就是有点呆板。"

第二天早上，斯潘塞和在特纳阶梯牧场管理灰狼释放项目的克里斯·威斯（Chris Wiese）驱车前往隐蔽地点潜藏，以便更好地观察灰狼家族。斯潘塞和威斯可以看到这个灰狼家族在探索这片新峡谷的山峦、多刺的鼠尾草和温泉，以及宽阔的半沙漠方山。一旦回到野外，这些墨西哥灰狼能以每小时 35 英里的速度移动，每天旅行 40 英里。[18]他们也可以游泳长达 50 英里。在这样一片宽广、待宣告占有的领地上，这个狼群能以标志性的一列纵队漫游，并以被称为"和谐步态"（harmonic gait）的方式移动：后爪正好落在前爪早先已经落下过的地方，使他们的移动成为"节省能量的有节奏的工作"。

"我们看见他们吃东西、饮水、追逐乌鸦，甚至打盹。他们看起来和在家一样——比在华盛顿州的常青树地区（Evergreens）更像居家了。这就好像他们一辈子都待在这儿一样。"斯潘塞高兴地告诉我。当斯潘塞和威斯观察灰狼家族在新栖息地中的生活时，几只金雕在上空盘旋。"我们所有人应该为成为比我们本身大很多的事物的一部分而感到自豪和荣幸。"

交换抚育成功的新闻很快为墨西哥灰狼在美国西南部的恢复燃起希望：在 2016 年 5 月，USFWS 将两匹圈养出生的 9 天大的狼崽——绰号分别为"林白"（Lindbergh）和"维达"（Vida），放归到新墨西哥州的野外狼窝中。[19] 那匹野生灰狼母亲自己有 5 个孩子，但将这两匹外来狼崽当作自己的孩子一样喂养。密苏里的濒危狼中心（Missouri's Endangered Wolf Centre）称交换抚育为"一项独特而创新的工具"，能增加基因的多样性并帮助这个可悲、越来越小的灰狼种群增长。[20]

新墨西哥州立即宣布它将起诉 USFWS 的计划，要求停止释放整个圈养出生的狼家族的联邦计划，并中止任何更多野外的狼崽交换抚育。[21] 该州的鱼与狩猎部请求一位联邦法官发出临时禁令，要求联邦在释放更多的狼时先获得该州的许可。2016 年 6 月，一位联邦法官批准了禁令，但是拒绝了该州关于移除那些交换抚育中的狼崽的要求。许多科学家和狼支持者担心，新墨西哥州对继续进行狼恢复的抵抗是一个拖延的法律策略，它将只会耗尽这个高度濒危、已经下降了 12% 的物种的有限时间。[22] 科学家指出，在美国西南部重引入后的 18 年里，联邦政府射杀了 14 匹灰狼，捕捉了数十匹灰狼（其中 21 匹在捕获或计数时意外死亡）。

新墨西哥州野生动物管理当局与联邦政府间的紧张在加剧。2016 年 5 月，希拉国家森林公园中的一匹雄性灰狼 M1396 在一个铁夹陷阱里被捕获后，被移送到一个围栏里度过余生。这匹灰狼得到阿尔伯克基（Albuquerque）地区的学生的广泛赞美。一个六年级的学生给他取名"守护者"（Guardian），因为"狼需要一个守护者来保证他们的安全，帮助他们的种群增长"。"守护者"来自狐狸山狼群（Fox Mountain pack，即福克斯山狼群），该群是 19 个灰狼群中的一个，而这些狼群的领地范围从美国西南部的新墨西哥州到东南部的亚利桑那州。"守护者"和露娜狼群（Luna pack）中的一匹雌狼配对，一起抚育幼崽。但是在接到牲畜损失报告后，联邦工作人员决定将"守护者"从有他孩子的家族中移走。

这一决定令人错愕。雌性灰狼在喂养和抚育幼崽时，非常依赖雄狼的帮助。移走雄狼不仅会冒失去雌狼和幼崽的风险，实际上也可能增加家畜被捕食的风险，因为没有雄狼的话，雌狼很少能猎取到马鹿或其他鹿——他们通常的食物来源。"失去一匹首领对一个灰狼群体来说是灾难性的，"密苏里州濒危狼中心动物保护部门主任雷吉娜·莫索蒂（Regina Mossotti）说，[23]"就像你的家庭一样。想象一下，如果你在幼年时失去了妈妈或爸爸将会怎样。"

州与联邦野生动物管理机构关于墨西哥灰狼恢复的争斗仍在继续。[24]生物多样性中心敦促新墨西哥州应"摆脱由畜牧业驱动的州政策，停止从野外移除狼，同时按科学家的建议再释放 5 个灰狼家族到希拉荒野，并起草一份恢复计划，确保墨西哥灰狼能在美国西南部和墨西哥永远为自然平衡做出贡献。"[25]尽管法律要求 USFWS 履行《濒危物种法案》的责任，灰狼的恢复也在美国西南部获得巨大的公众支持，但有些州仍在抵制。[26] 2016 年秋季末，一位亚利桑那州法官发出法院指令，要求 USFWS 在 2017 年 11 月前为濒危的墨西哥灰狼更新一份数十年未改的恢复计划。[27]在亚利桑那州和新墨西哥州只有大约 100 匹野生灰狼的状况下，在美国西南部继续增加种群数量的举动是恢复美国的墨西哥灰狼的关键。"没有法院的强制，该计划一直置于角落里，直到墨西哥灰狼灭绝。"生物多样性中心说。这条法院指令驳回了牧场主和其他反狼派的抗议，将向前推动狼的重引入。

但是，许多反狼偏见的根源仍然存在，其中野生动物委员会反映了其成员的偏好。美国人道协会最近对 18 个州的狩猎委员会的调查表明，73% 的委员会"被狂热的猎人所支配。[28]这显然不代表他们所代言的州的公众，但符合他们的资金来源"。新墨西哥的狩猎与鱼部每年通过持枪猎人、陷阱捕猎者和垂钓者购买许可证收获 2 000 万美元。自从特德·威廉姆斯（Ted Williams）在狼重引入前很久的 1986 年写了一篇著名的文章至今，事情没什么变化："狼并不购买狩猎许可证……简而言之，这是美国野生动物管理的问题所在。"[29] 但是我们正处于灰狼恢复文化变迁的风口浪尖，这正如沙曼·阿普特·罗素（Sharman Apt Russell）在《美的物理学》（*The Physics of Beauty*）一书中所写："如果我们能同意与 100 匹墨西哥灰狼分享我们的公共土地，那么所有美国人都会感觉更好，因为这里只是曾经包含墨西哥灰狼的荒野的一小部分。"[30]

在新墨西哥州的特纳阶梯牧场，霍帕和布拉泽及其年幼的下一代继续茁壮成长，并等待释放。同时，有特别的消息来狼的天堂的布朗博士。当霍帕忍受着从华盛顿州到新墨西哥州的长途运输的时候，她已经怀孕了。在特纳阶梯牧场发送的电子邮件的照片附件中，5 匹深棕色的狼崽蜷缩在洞穴里的稻草中。霍帕和布拉泽的家族已经有 11 匹成员了。在该阶梯牧场，霍帕、布拉泽和他们的 9 个后代愈加强壮，并在拥有鲜嫩的北美蒿灌丛和干谷的新领地中漫步、狩猎。

2016 年秋末，墨西哥国家自然保护地委员会（Mexico's National Commission of Natural Protected Areas）宣布在奇瓦瓦州（Chihuahua）发现了第三窝野生灰狼幼崽。[31] 这是雄狼 M1215 和雌狼 F1033 在配对的第三年产下的幼崽，从而使墨西哥的濒危灰狼种群数量增加到 21 匹。2016 年 10 月，来自墨西哥圈养繁育机构的一个狼家族被释放到野外。2017 年初，霍帕和布拉泽家族在最终被释放到野外之前，将开启另一段漫长的旅程，前往墨西哥的兰乔拉米萨（Rancho la Mesa）的避难所。布拉泽和霍帕家族有希望受到偷猎者的威胁比较少，因为他们将被释放到墨西哥的半私人土地上。

在我读温迪·斯潘塞关于霍帕和布拉泽的新消息时，我经常凝视这个灰狼家族的照片。这些墨西哥灰狼是体型虽然很小，但是有强烈意愿的生存者，他们首先在《老灰狼》（*Old Lobo*）系列故事里得到了爱德华·西顿（Edward Seton）的赞许和尊重。霍帕强大的生命力也呼应了曾经改变奥尔多·利奥波德心境的"凶猛的绿色火焰"。附近的希拉国家森林公园包含了奥尔多·利奥波德荒野（Aldo Leopold Wilderness）。

　　这个狼家族将会返回到一个在 30 年里狼几乎灭绝的国家。在这里，俄勒冈州立大学的狼生物学家克里斯蒂娜·艾森伯格的墨西哥祖父命令她的父亲杀掉灰狼，而她的父亲选择让灰狼在自己的农场上生存。也许墨西哥现在引领着恢复这些首先穿过大陆占领北美洲的狼。

　　2016 年 12 月，霍帕、布拉泽及其 9 个后代终于被释放到墨西哥的野外。这次成功的放归是墨西哥和美国历史上最大的灰狼放归。在那个雪花漫天飞舞的晚上，当 11 个板条箱最终被打开时，这个灰狼家族跳跃着奔向荒野和自由——完成了他们的漫长旅途，并给予全世界对灰狼恢复的希望。来自狼的天堂国际组织的温迪·斯潘塞和帕梅拉·马西埃尔帮助将墨西哥灰狼释放到一个热情欢迎他们回归的国家。第二天早上，温迪发给我一封邮件，只用一个词表达了整件事："解放（La Liberacion）！"

后记：为狼发声

我们急切地调整着望远镜，搜索黄石公园拉马尔山谷的草地，希望看到野狼。这是国家公园管理局的百年纪念日活动。我还希望跟上狼的长期研究者里克·麦金太尔的步伐。在 1995 年，当首次将狼重引入时，我曾经采访过他。我也回到黄石公园，为草根组织"为狼发声"（Speak for Wolves）的 2016 年会议进行关于狼恢复的演讲，该会议将邀请部落生物学家、狼拥护者和公众参与。[1]

在斯劳溪营地（Slough Creek Campground）上的一小段峭壁上，我们大约 15 个人正准备起身应对一场猛烈的夏季风暴。突然，一阵尘卷风将大家的帽子掀起，而那些细长的三脚架上的几个镜头像金属螳螂一样飞离。我们下定决心坚守阵地，但为安全起见，大家靠得更近。我们这样一小群陌生人迅速成为朋友，交流起有关狼的八卦。

"听说今天黎明前，结孤峰（Junction Butte）狼姐妹的一匹雌狼要在这里捕食。"一个戴着鲜艳的羊毛帽、活泼的观鸟者告诉我们。

当她讲述结孤峰狼家族①复杂的谱系时，知识渊博的狼观察者提醒

---

① 结孤峰狼家族的视频参见 2015 年 4 月 10 日网络资料《结孤峰狼群在黄石公园》（*Junction Butte Pack in Yellowstone*）：https://youtu.be/cvsO2ZhM_X0。

我，黄石公园的科学家给他们的狼①的科学名字与众不同，是数字在前而字母在后；所有非黄石公园的科学家正相反，他们常用的狼的科学名字是字母在前而数字在后。这些所谓的"谱系名称"可以帮助科学家追踪狼的家族，并更新种群变化的信息。

在峭壁上，其他几个狼观察者讲述了我们想了解的这个结孤峰狼家族（Junction Butte wolf family）的历史。来自莫利斯狼群的几匹成年雌狼遇到黑尾狼群（Black Tail pack）的几匹狼兄弟后组建了结孤峰狼家族。强大的莫利斯狼群最后一匹幸存的建群狼姐妹中的970F是此前的雌性首领，却在今年春天去世了。她的两个成年的女儿，即3岁的969F和907F分别是结孤峰狼家族两窝幼崽的母亲。她们与两匹雄狼兄弟组成结孤峰狼家族。两姐妹非同寻常地团结一致，共享一个洞穴。她们选择了祖先的那个洞穴，那正是黄石公园最著名、广受人们喜爱的06号狼挖的第一个洞穴。这对结孤峰狼姐妹共产下9匹幼崽（5匹黑色和4匹灰色），并共同养育这些幼崽；其中一匹幼崽消失了，有人认为他已死亡。

"谁见过这些狼崽？"我的摄影师朋友瓦妮莎·亚当斯（Vanessa Adams）加入我们在峭壁上的谈话。

狼观察者们非常期待能够再次体验看到这些幸存的狼崽的兴奋。4月中旬出生的狼崽在大约5～9周龄时断奶，但他们仍然依赖其他家族成员反刍的食物。等到了秋天，那些家族成员会让这些狼崽尝试吃一些马鹿或其他鹿的尸体。

狼恢复基金会（Wolf Recovery Foundation）董事会成员凯蒂·林奇

① 黄石公园几个狼家族照片参见迪比·狄克逊（Deby Dixon）运营的"奔跑的狼自然摄影图库"（Running Wolf Nature Photography）2015年2月20日网络资料《结孤峰狼群和情人男孩双胞胎最新消息》（*Update on the Junction Butte Pack and lover boy Twin*）：www.facebook.com/debydixonphotography/posts/785392398180733。

（Katie Lynch）回忆起狼观察者们第一天看到 969F 的幼崽的情形："当看到一匹毛茸茸的像黑色毛毛虫一样的狼崽蹒跚地爬出洞口时，观察小组中突然响起一阵掌声和欢呼声。"两窝狼崽很容易区分，因为"年幼的狼崽尾巴短而直，而且小短腿总在颤抖，而年长的狼崽两腿长得多，也稳健得多，并有着弯弯的尾巴"。林奇详细介绍了结孤峰狼家族的动态：去年出生的一匹小雄狼特别会照顾今年产的幼崽，他像溺爱孩子的叔叔保护着这些幼崽，并陪他们玩耍。[2] 幼崽们经常可以"在他身上爬来爬去"。从去年那窝 12 匹幼崽中幸存下来的这 5 匹小狼"转岗"当了保姆，这样新生狼崽就不会到处乱跑，或沦为灰熊的猎物。

林奇记得有一次，当一只熊跑到了结孤峰狼家族的洞口时，这群狼将它包围起来，咬着它的屁股将它赶走。另一只黑熊因冒险离这个珍贵的洞穴太近，被这群"像猎犬一样"的狼袭击，逃到了树上。

"看那里……穿过达尔哥诺森林（Diagonal Forest）的小溪，"那位观鸟者指引着我们，而我们沿着有杨树林的山坡搜索，"那就是那个结孤峰狼家族的洞穴。"

这个女人拥有资深狼观察者的权威，并有一台老旧的高倍望远镜、一张折叠椅，以及一根斜靠在折叠椅上的精致木雕手杖。她很快就把自己树立为我们这个群体的女首领。

黄石研究中心（Yellowstone Center for Research）长期的野狼研究表明，狼是母系群体（matrilineal group）。[3] 该中心的项目负责人道格拉斯·W. 史密斯（Douglas W. Smith）注意到，通常雌狼会成为首领——现在称为优势繁殖者（dominant breeder），"她们掌控全局"。目前对结孤峰狼家族最大的担忧是它由两匹母狼加很多幼崽组成，而食物竞争可能会降低幼崽存活率。母狼一般会让处于青春期（2～5 岁）的雌狼来当帮手，而不是小狼或年老的雌狼，因为青春期的狼更适合狩猎，可为整个家族觅食。

在拉马尔山谷的峭壁上，我们的女首领解释说："生活很艰难，即使是黄石公园的狼也是如此。"她的脸在风雨的侵蚀下失去了光泽，又在长期高海拔烈日的直射下泛起了皱纹，这就是观赏野生动物的生活。如果没有找到狼，她便追踪白头海雕、游隼、山蓝鹊或沙丘鹤，而这些只是黄石公园丰富的鸟类的一小部分。她摇着满是银发的头说："即使在没有猎人的黄石公园受到保护，这些狼也不能保证将活下来。"

另一个狼观察者是约四十五六岁的中年男人。他扛着配备了巨大的长焦镜头的相机，解释说这里的许多狼仍然饱受疥癣的折磨。实际上，疥癣最早是在 20 世纪初，由一位野生动物兽医为消灭狼和郊狼等捕食者而故意引入蒙大拿州的。两年后，黄石公园的狼出现感染疥癣的症状，不停地抓痒，并且身体大面积掉毛。在冬天，有些被疥癣感染的狼会被冻死。有些狼家族整个被疥癣消灭，其中就包括在 2010 年灭亡的德鲁伊特狼群。[4] 德鲁伊特狼群在 2001 年时数量达到顶峰，拥有 37 匹成员，是有史以来记录到的最大的狼家族。黄石公园最近的一次普查发现 10 个狼群共 99 匹狼，而此前该公园狼最多的时候是 510 匹。但是疥癣仍然是个问题。[5] 带有疥癣和脱毛的狼因畏惧严寒，不能长途跋涉，也减少了他们最喜欢的夜间狩猎时间。在 2016 年，疥癣使拉马尔峡谷狼群遭受沉重的打击；研究人员认为，这种疾病可能已导致这个家族的 6 匹幼崽死亡。

在等待结孤峰狼家族出现的时候，摄影师向我们展示了一些跛足狼的快照，显示疥癣这种危险的犬科动物疾病摧残着他们的腿和皮毛。

"你们都是来这里找狼的？"两个又高又瘦的年轻人走过来，并且很友好地把他们的望远镜拿出来，让我们扫视这个山谷。

这两个年轻人是来自佐治亚州的野生动物学家，到西部旅行是为了参加一门求生课程。穿着破旧的牛仔裤、坚不可摧的登山靴和防风夹克，以及反戴着棒球帽，他们看起来已经准备好面对任何事情。狂风呼啸着像要将我们吹下悬崖，而他们一起站在我后面像是挡风的护盾。

我们焦急地等待里克·麦金太尔的到来。如果有人能在拉马尔山谷发现狼，那他一定是麦金太尔。21年前我在这里第一次遇到麦金太尔时，他还是一个身材魁梧的研究人员，而他的红发暴露了他的苏格兰血统。他几十年来的研究我都保持关注，能再次遇见这个资深的狼观察者让我非常高兴。他因从事狼的相关研究40年，获得"狼人"（Wolf Man）称号，而现在是他来黄石公园观察狼的第23个夏季。他非常了解狼的谱系和家族故事，是这方面的历史学家。他也非常擅长讲故事，让每一次新发现的事实变得生动鲜活。

在啪啪响的手机通话中，麦金太尔告诉我："你有很好的机会看到最早那群野狼的后代，就是多年前你在这里第一次看到的那群狼的后代。你还记得水晶溪狼群吗？"

当然记得！那是我见过的第一群野狼。水晶溪狼群是黄石公园时间最久的狼群，他们最终成为势力强大的莫利斯狼群，而后者正是创建结孤峰狼家族的两匹狼姐妹所离开的狼群。黄石公园20年的科学研究留给研究人员和我们所有人非常宝贵的狼长期的谱系。或者，正如研究人员所说的，那是一部非常深入的狼的历史——"他们基因的故事"。现在，就在这个仲夏之夜，我非常希望能再次见到建群者水晶溪狼群的后代。

"我们那里没有狼。"一位来自佐治亚州的生物学家很遗憾地说，"我们主要研究蛇——菱斑响尾蛇和水蝮蛇。"他从移动电话上，给我看了一段简短的视频：在一个布满蕨类的沼泽里，一条水蝮蛇正缠绕着一个金属杆。"他们很温和，抓他们也很有趣。"他有些为难地说，带着一种迷人的谦逊。

"快看，12点钟方向有一头一岁大的美洲野牛。"那个生物学家的伙伴有些担心地说，"那头小牛最好不要离他的伙伴太远。"

"哦，"我们的女首领说，"我曾经看见狼在美洲野牛群周围徘徊几个小时，但大家伙们并不理会。在距狼仅 100 码（1 码≈0.914 4 m）远的地方，美洲野牛竟然在打盹儿！"

"是的。"有人带着钦佩的口吻回答，"只有莫利斯狼群才有足够的实力撂倒美洲野牛。如果有狼敢追赶美洲野牛，那的确要冒着很大的风险。"

我扫视了一下小溪，发现在一英里外，约 35 头小山丘般大小、行动迟缓的美洲野牛正在吃草。以前我在来黄石公园的第一天就被困在公园的西部，当时我推测是拥挤的游客造成了交通堵塞。但经过一个小时的走走停停，我被一头巨大的美洲野牛死死地挡住。这个大家伙刚好站在双车道路中间，抖着蓬松粗糙、脱了一半的毛发，哼着站定在那里，还用蹄子踩着黄线。没有人移动，只听到一阵相机快门的声音。最终，黄石公园的一个野生动物官员赶来，用牛角喇叭喊着"走开！快！饭桶！"，并慢慢地把野牛赶到了道路对面。

拉马尔山谷的野牛也不匆不忙。即便有人说看到一个黑色的东西冲过在休息中的野牛群时，它们同样如此。

"嘿，快看小溪那边，就在那里……2 点钟方向！"那个年轻女子大声喊道，"那是一匹狼吗？"

所有望远镜如接力棒一样转向达尔哥诺森林。一种明显的兴奋在我们这个小群体中传递，人们开始骚动。"不是，那只是一头小野牛在玩耍。"我们的女首领终于在发出短促的哼声后低沉地说，而后大家便散开了。她向几位加入我们群体的日本访问者解释说，与所有其他狼一样，结孤峰狼家族很少捕食美洲野牛，而马鹿和其他鹿才是他们的首选猎物。"狼通常会撂倒年幼及体弱的马鹿或其他鹿，"她说，"而不是那些正值繁殖年龄的年轻个体。"

　　她继续解释说，20年来狼群一直控制着马鹿的种群数量，实际上马鹿群变得更强大了，因为狼扑杀了马鹿群中最弱的个体——"适者生存"。她断定，这些变强的马鹿群实际上增加了狼捕食的难度，而这已经导致黄石公园的狼种群数量的下降。

　　许多同伴都精通狼的生物学，对此我感到非常惊讶。时间回溯到1995年，当时我们这些观察到14匹加拿大狼（从黄石公园消失70年后，重新在这里繁衍生息的第一批狼）的人对看到的野狼一无所知，如同这些狼对他们正在探索的新领地的陌生一样。一切都那么新鲜，还充满了未知：狼会在这片未知的土地生存下来吗？他们会对猎物，例如马鹿等鹿类，产生什么样的影响？这正如作家汤姆·里德（Tom Reed）说的，"如果黄石公园及生活在其中的野生动物是一台巨大的机器，那么马鹿就是它的燃料。"狼会改变或者帮助恢复这个复杂的生态系统吗？当然，还有我们将怎样忍受与这种颇具争议的捕食者一起生活？

　　时至2016年，我与众多见多识广的狼观察者一起见证狼，就像是在和民间博物学家一起做野外科学研究。许多资深狼观察者将每天收集的数据和照片分享给黄石公园的研究人员。里克·麦金太尔写道，这些长期观察狼、值得尊敬的观察者已经成为"正确观察、拍摄野生动物的榜样"——当狼要过道路时，如何为其让路，以及如何与其保持100码的距离并做到不干扰这些狼的"自然行为"。麦金太尔认为，这些资深的狼观察者收集到的科学数据可能多过"那些人员有限的机构。在黄石狼项目支撑下并经同行评审后发表的科学论文中，许多关于狼的重要行为序列（behavior sequences）是狼观察者们发现的"。

　　道格拉斯·史密斯说，这样长期的研究"让我们能够深入狼的生活，这是其他研究无法做到的"。[6]研究狼在生态系统中的角色以及"狼如何在没有人类利用的情况下发挥作用"是黄石公园作出的"最重要的持久贡献"，狼生物学家罗尔夫·彼得森如是说。

在大家都在观察并等待任何狼出现的迹象时，两位佐治亚州生物学家谈论起美国南部地区（佐治亚州、北卡罗来纳州、南卡罗来纳州和弗吉尼亚州）唯一幸存下来的野狼（*Canis lupus*）亚种，即极度濒危的红狼。就在今年夏天，一则关于狼（尤其是红狼）的遗传学研究的爆炸性新闻，已经引入了关于美国的狼的新科学和新争论。[7] 普林斯顿大学一项 DNA 研究为北美洲只有一种狼（即灰狼），提供了遗传证据。[8] 该研究报告称，红狼和东部狼（eastern wolf）实际上是灰狼和郊狼的杂交后代。由于北美洲东部和南部的灰狼被大量消灭，幸存的灰狼找不到配偶，就与郊狼进行异种交配。这种种间杂交始于 20 世纪 20 年代，形成了加拿大安大略省阿尔贡金省立公园（Algonquin Provincial Park）的几个东部狼群基因组，他们有一半灰狼和一半郊狼的血统。这项基因组研究显示，红狼有 75% 的郊狼血统和 25% 的灰狼血统。

一些保护主义者认为，这项新的基因组研究并不是最终结论，需要更多研究进行证实。但无论如何，这对政策都有一定影响。如果东部狼和红狼都不是各自独立的物种，那么 USFWS 就必须"重新思考不将灰狼列为濒危物种的计划……并且代之以考虑将保护的范围扩大到包括杂交种（它目前不在政府的保护范围内）"。正如研究东部狼的专家琳达·Y. 拉特利奇所总结的，因为东部狼和红狼仍然携带着一个濒危物种的 DNA，他们应该得到保护。拉特利奇说，即使不是纯种的狼，这些作为杂交种的东部狼和红狼在东部森林中仍然扮演着顶级捕食者的重要角色。[9] "只要他们能捕杀东部景观地区的鹿，那就值得保护。"

正当佐治亚的生物学家和我谈论红狼的困境时，一个 9 岁的女孩叫起来："我们学校收养红狼。"

她们小学是红狼联盟（Red Wolf Coalition）引以为豪的赞助商，而且她们刚刚观看了获奖纪录片《红狼复兴之路》（*Red Wolf Revival*）。该片记录了北卡罗来纳州红狼的种群恢复情况，该州是红狼唯一的栖息地。

"野外只剩下 50 匹红狼。"那个女孩很有权威地告诉我，"我们要拯救他们。"

经过一周的黄石公园观狼活动，这个 9 岁的女孩同样深入了解了结孤峰狼家族的历史，并且将该狼家族中的姐妹 907F 和 969F 简称为"JB 女孩们"。为了完成学校项目任务，她在一块破旧的画板上潦草地写着她的野外笔记。

狂风席卷过拉马尔山谷后，我们的腿可以站直了，三脚架和望远镜也稳定了。巨大的乌云涌过山丘，遮天蔽日，让我们免于暴晒。我们继续静静地等待狼的出现。

"为了理解一个生态系统，人们也必须了解这个系统里的人类历史。"长期在非洲塞伦盖蒂草原工作的研究者 R・E・辛克莱（R. E. Sinclair）写道。黄石公园的人类历史都被完整地记录了下来：从 1872 年到 1926 年，残忍的皮毛交易和捕食者控制；火灾；20 世纪 90 年代，熊和狼最终的再野化。黄石公园的成功引发了一场对狼的野放运动，增加了羊过牧的西班牙、意大利和苏格兰的狼的数量。[10] 作家乔治・蒙比奥特（George Monbiot）在《野性：再野化土地、海洋和人类生命》（*FERAL: Rewilding the Land, the Sea, and Human Life*）中注意到，在苏格兰，"人们对重引入狼的敌意超乎想象地低……就算是羊农也出人意料地表现出分裂，总体上对立，但其中持反对意见的人并不占多数"。牧羊人的这种现代宽容态度或许证明了里克・麦金太尔的苏格兰祖先是无辜的——在也被驱逐出自己的领土之前，他们曾经被迫成为陷阱捕狼者。

经过 20 年对黄石公园狼的研究，我们人类与狼相互关系的历史也已彻底地发生了改变。道格拉斯・史密斯说，狼已经回来了，"这是因为人类行为的改变，而不是因为狼的栖息地增加了"。他说，50 年前

"每个人都恨狼，但现在这样的人只剩下一半。我们正在进步，情况在变好，人们正朝着与狼共存的目标发展"。一些狼正自己向西部迁移，例如黄石公园那些著名的创始狼家族的后代 OR7。

自 1995 年我在这里第一次见到重引入的野狼到现在，黄石公园已完全不同。西黄石镇（West Yellowstone）曾经沉睡的街道如今已醒来，即使在深夜也非常热闹。夏季旅游旺季期间，该镇的狼和灰熊中心（Wolf and Grizzly Center）每天都接待 1 300 名游客。黄石公园的野狼保护对旅游业来说非常有益，因为当地的礼品店里摆满了印有狼的 T 恤衫、棒球帽、图书、珠宝、地毯和其他有关狼的纪念品。走在西黄石镇拥挤的街道上，人们可能会想，狼是否是我们的国家图腾，或是我们的"第一居民"。

在"为狼发声"会议上，黑脚族的长者吉米·圣戈达德（Jimmy St. Goddard）说："是时候让人类认识到他们不是地球上唯一的神圣生命了。"当我采访圣戈达德时，他告诉我，在他的部落，为狼发声"是一场精神上的斗争"。其他几个原住民在会议上发表了讲话，其中包括"最后的雨熊"（Rain Bear Stands Last），以及北美洲最大的部落组织之一的"我们祖先遗产的守护者（Guardians of Our Ancestors Legacy，GOAL）"的守护者戴维·熊盾（David Bearshield）。[11] 目前 GOAL 正在反对将灰熊从《濒危物种名录》中剔除的计划。他们认为这样除名并不科学，只会促进战利品狩猎，而这是 99% 的美国人都反对的狩猎活动。

"在早先鼓吹命定说（Manifest Destiny，即民族扩张是'天定命运'）的几个世纪里，"原住民"最后的雨熊"告诉我，"美国人携带杀戮基因：如果他们不了解某种野生动物，他们就杀死它。"地方传统使"最后的雨熊"对野生动物管理有另一种看法。他建议将濒临灭绝的野生生物移至部落领地，并让部落与联邦政府合作保护顶级捕食者。他说："我们不想看到狼的悲剧在灰熊身上重演。"

戴维·熊盾补充说，"部落社会经常观察狼群，并学习他们的社会观念。例如，养育幼崽不仅仅是雌狼的任务，也是整个家族的责任。狼还教会了部落人民如何狩猎和追踪猎物。我们的部落侦察兵被称为'狼'，他们会在美洲野牛、亲戚或者敌人接近时发出信号。"

"最后的雨熊"讲述了他的叔叔唐·肩甲（Don Shoulderblade）告诉他的夏延狼（Cheyenne wolf）的故事。唐·肩甲是 GOAL 的创始人，也是太阳舞仪式（Sun Dance）的祭司。1876 年 6 月，在小比格霍恩河之战（Battle of Little Big Horn，即小大角河之战）① 打响前，一位名叫桑尼·廷贝尔（Thorny Timber）、人称"勇敢的老狼"的盲人长者具有讲狼语的天赋，让女儿带他到殖民者卡斯特（Custer）将要做最后挣扎的河边。那里的狼告诉那位长者，他们从布莱克达斯特河（Black Dust River，即黑尘河）一路追踪卡斯特的士兵直到小比格霍恩河，或拉科塔族所称的油腻草河（Greasy Grass River，即格瑞斯格拉斯河）。那些狼警告"勇敢的老狼"说，明天正午时分，"（卡斯特的）士兵将会找到你"。考虑到狼的警告，夏延军事机构将战马保持在住处附近。由于狼氏族的预警，这里的部落战士已做好准备，第一时间就投入了与殖民者的战斗。

思绪回到拉玛尔山谷的峭壁，我不禁开始留意我们中有多少人戴着印有狼的帽子，穿着印有狼的衬衫，从而将自己视为氏族狼的一员。黄昏笼罩着山谷，青山逐渐变暗。我们带着一种警惕的期待注释着山谷，而狼的故事还在继续。

我们的当地首领说，黄石公园长期的研究表明，狼的种群动态，尤其是在年轻一代的狼中，呈现新的和令人惊讶的细微差别。现在有

---

① 这是美国原住民抗击白人殖民者，得到短暂胜利的一场战斗。——译者注

许多年轻狼不惜冒着自身生命危险，彼此守护的例子。黄石狼项目工作人员基拉·卡西迪记录了今年夏天发生在一匹名叫"三角形"的年轻雄狼身上的故事。这匹狼来自德鲁伊特狼群最后一窝幼崽，体型长得比两个兄弟和其中一个妹妹都小。当魔鬼狼群（Hoodoo pack）袭击时，"三角形"跑来保护他的妹妹。卡西迪说："'三角形'没有逃到安全的地方，而是两次主动加入近战，咬住魔鬼狼群中的一匹狼，分散敌人的注意力，好让妹妹逃跑。"英勇奋战的"三角形"背部被咬伤了，但无论如何他还是与妹妹一起摆脱了袭击者。

卡西迪指出，黄石公园自然死亡的狼中，68%是由于狼群之间的争斗造成的。研究人员目睹的34场狼的争斗中，至少6次看到狼试图解救队友。[12]为什么狼会有此这般的自我牺牲？卡西迪证实了我们最近用科学数据才承认的事实：狼彼此间会有移情（empathy）和忠诚。他说："家族是狼生活的重要组成部分。"

里克·麦金太尔在小径下方停下满是烂泥的车，车身侧板上是一幅壁画，画的是一只雄鹰翱翔在黄石公园山谷的上空。他从车上下来，先伸展一下修长的四肢，然后立即拿起破旧的单筒望远镜并架起三脚架。大家知道麦金太尔向来冷静，并且很有耐心，因而每个人都急切地围着他。

"再让我看一下。"麦金太尔说。在激动的人群中，他的声音如同空中交通管制员一样冷静。麦金太尔坐稳在金属凳子上，用他的望远镜扫视着整个山谷。他先犹豫了一下，然后专心地沿着小溪扫视。

"你知道，"我们年长的狼观察者轻松地放下她原本独自的领队身份并与麦金太尔分享，笑着说，"这个时候狼可能早已经在这里了。或许只有里克才能发现他们。"

自打狼来到黄石公园开始，里克·麦金太尔就一直在寻找他们的活动位点，并教导公众关于狼的知识。[13]他做了2 000多次的演讲，并将会把狼的故事写成书。麦金太尔的野外笔记和夜以继日的观察使他成为一个值得信赖的狼行为观察者。他已经看到有些狼（比如他最喜欢的狼之一的 21 号雄狼）会照顾一匹生病的狼，并且在争斗中击败了其他对手之后，永远不会杀死失败者。他说，这种忠诚的照顾行为可能"有助于解释为什么犬会对生病或抑郁的人投入额外的关注"。

最近麦金太尔还有一个理论，也就是他近期的研究表明，犬可以察觉到我们人类罹患的癌症，而这种专业的感官技能是从狼那里继承下来的。[14] 麦金太尔认为："从进化上看，这种技能是作为一种帮助狼更好地在野外生存的方式而发展出来的。""他们的后代——现代犬，可以用这种技能来帮助人类。"

我们都围在麦金太尔周围，仿佛在围着一团温暖的火。他的望远镜从来都没停下来。

在麦金太尔搜索绵延且郁郁葱葱的拉马尔山谷时，我逗他说："我听说 20 年来，你一直观察狼，一天都没落下。"

他微微一笑，但始终低着头，用望远镜不停扫视着。"更像是 15 年。"他纠正我说。

麦金太尔解释说，他用无线电项圈遥测技术追踪狼；在黄石公园观察野生动物的这些日子里，有 95% 的天数可以看到狼。但麦金太尔说，即使他已经看过几代狼家族，每次第一眼看到他们的时候他都会非常激动。在对黄石公园员工的简介采访中，麦金太尔被问及他是否曾经有那么一个早晨想睡个懒觉，不去观察狼，麦金太尔回答说："没有过！如果不去观察狼，我感觉就像可能会错过一些重要的事情……就像一位家长要错过他孩子的大型体育赛事或音乐独奏会。我需要在现场观察狼。"

现在麦金太尔正在做他非常擅长的事，就是向我们这些通常仅能在电视上的自然节目中看到狼的人，讲述狼真实的生活。[15] 麦金太

尔解释说，野外的这些狼中有一些现在拥有很高的名声，这就像是
"1964 年的伦敦导游指向某些走在街上的人，而那些人恰好是甲壳虫乐
队的成员"。

麦金太尔原来稳坐在他的折叠凳上，但此时身体突然前倾，轻声
说："快……快看。"

我们立即排着队，再透过他的望远镜极目张望。孩子们中有几个
推搡着想触摸单筒望远镜，但麦金太尔只让他们一个一个轮流来看。

"他的确知道该如何管理野生动物。"我的摄影师朋友瓦妮莎笑着
说。与此同时，麦金太尔组织大家有序观看，确保每个人（尤其是孩
子们）都有机会看到狼。

"你看到那匹小狼了吗？"在我蹲下来并透过冰凉的单筒望远镜观
看时，麦金太尔问。

起初我只看到起伏的绿色和一群慵懒的美洲野牛。突然，一道黑
影穿过棕色的美洲野牛群。她进入了我的视野，成为焦点：一匹皮毛
光亮、腿长、年轻的小狼朝着两头吃草的美洲野牛跑去。美洲野牛体
型都非常巨大，使这匹小狼看起来很矮小，但后者在美洲野牛附近跳
跃并佯攻。这匹小狼看起来像是在玩耍，或者正在练习追捕，为将来
觅食做准备？两头美洲野牛忍受了一段有些滑稽的挑衅之后，突然抬
起和摇晃蓬乱的头，再各自向前迈了一步，威胁到这匹小狼。她赶紧
躲到安全的地方。

这个场景如此生动，我们都低声惊呼。我身边每个透过单筒望远镜
目睹这匹小狼假装捕猎美洲野牛的人，都向那些只有双筒望远镜或没有
望远镜的人叙述着他们所看到的景象。这就像在听口述传统故事一样。

"她有两匹孪生姐妹。"麦金太尔解释说。然后，他问一个在上蹿
下跳的同时排队等着看单筒望远镜的女孩："你有姐妹吗？"

那个女孩兴奋地点头说："这是我的姐妹，而且她们也是双胞胎！"

麦金太尔点点头。"这匹小雌狼有两匹同龄的姐妹，还有 3 匹兄弟。她帮助照顾约 3 个月大的狼崽。她自己已经 15 个月大了，是 8 匹狼的大姐姐。她有一个大家族。她的母亲已经去世了，但她有两匹姐姐……"

"你是怎么知道所有这些的？"小女孩问。

"因为他每天都在观察狼。"我们的女首领坚定地说。

麦金太尔接着述说，就像纪录片的画外音一样："祖母狼 970F 在春天去世了……她曾经是这个狼群的雌性首领。她是这两匹共享同一个洞穴的新的母狼的母亲。那里还各有一匹祖父狼和父狼，其中父狼是黑色的……这两匹母狼是灰色的。"

庞大得令人眼花缭乱的狼谱系学很难让人理解，但我看到人们在笔记本上记录着。这些人都是普通人，并不是野生生物学家，而他们记下的不是他们自己的家族史。

一个新来的参观者加入我们，并向麦金太尔打了声招呼："我们曾经见过德鲁伊特狼群。这些狼是德鲁伊特狼群的后代吗？"

"是的。"麦金太尔点头说，"他们就是著名的德鲁伊特狼群中的 21 号（雄狼）和 42 号（雌狼）的后代。"

我激动地看着坚强地经历了许多苦难的 21 号和那匹遭受姐姐的无情攻击但在自己亲妹妹的帮助下幸存下来的"灰姑娘"42 号的后代——42 号在与 21 号组建家族后，成为德鲁伊特狼群经久不衰的雌性首领（见第 5 章）。这就像进入一段鲜活、仍在不断发展的历史。21 号在 9 岁时死了，这使麦金太尔深切地伤心，如同失去了一位好友。[16] 麦金太尔说："他徘徊后走开，到一棵树下蜷缩起来，""他看上去就像是刚刚睡着。"

在任何一个狼群中，年长的狼都是"影响狼群击败敌手的最重要因素"。由于人为因素导致黄石公园的狼死亡的情况较少，因此科学家们可以研究更复杂的"狼群内社会结构，包括老年个体所扮演的非常不同的角色"。这些年长的狼实际上可能是狼群的"社会凝聚力"，有助于狼群蓬勃发展。与任何其他文化一样，他们的经验和知识被传递下去，帮助年轻一代更好地生存。

"所以这两匹年轻的母亲，也就是这两姐妹，是怎样将经验传给这些新生狼崽的呢？"我问麦金太尔。

"嗯，首先她们将不得不解决谁是首领这个问题。"麦金太尔解释说。"过去她俩之间的关系并不好。这些狼崽的父亲是890号雄狼，他非常受雌狼的欢迎。我们有一项理论研究是：890号出生时皮毛就是黑色的。他正处于中年。当然，"麦金太尔干巴巴地补充说，"但后来890号开始变灰，而这种现象没有在这里的任何其他狼身上发生过。我们认为，他与其他非常受所有雌狼欢迎的灰色雄狼——比如乔治·克鲁尼（George Clooney）——有某种联系。"

突然，麦金太尔在野营凳上坐直身子，并要回他的单筒望远镜。他对视野进行了一些调整，然后平静且满意地宣布："我们有一匹狼崽了！现在看那条有草的河，他就在枯树附近。"他让孩子们先来望远镜这边看。"找找任何正在移动的黑色小东西，比你预想的要小得多。"

当大家都在寻找结孤峰狼家族的新生幼崽时，一声兴奋的叹息响起。我们真正见证了一个新生命——这被我们的女首领称为黄石公园观狼活动的"圣杯"（Holy Grail）。当轮到我来看这个灰黑色的小家伙时，我惊讶地发现，在一块黑色巨石的映衬下他的身躯是如此弱小，而他义无反顾地跳进草甸时腿却是如此修长。

"只有他自己。"一个女士有些警觉地说，"其他狼在哪里？"

"不远处。"一个资深狼观察者安慰我们说，"永远不会很远。"

每一年，都有比前一年多数千名的游客途经此处，前往黄石公园体验道格拉斯·史密斯所说的"现代荒野"。在经过20多年的潜心研究，经过数百万来自世界各地的人们亲眼看见野狼，以及经过基于政治而非科学的无休止的提名又除名后，什么东西已经改变了？答案是：一切都变了。

最重要的是，我们变了。"狼的回归是因为人们想要他们回来。"史密斯说，"我们想用事实来代替神话和天方夜谭中人们所认为的狼的样子。"未来的科学研究将包括狼与狼之间的关系如何受到生物学上的亲缘关系的调和，以及又怎样因无亲缘关系而恶化。黄石公园的科学家们正在一起耐心地探究关于狼的世代关系的许多谜题。"在未来，这将是一项了不起的工作。"他总结说，"以前很少有人完成。"

尽管目前仍然存在许多人类政治斗争，但黄石公园的狼已经让我们从一个内部的视角看到此前从未见过的狼的社会。由于这些狼已经在公园里被保护了很久，科学家们目前能够建立狼生物学的"自然基线"（natural baseline），这让我们可以"更深入地洞察大自然的运作方式"。这些知识改变了我们对野生动物管理的方式和政策。

"我们必须摆脱无休止的提名、除名，再在捕捉或杀死后又提名的循环。"组织这场"为狼发声"会议的布雷特·哈弗斯蒂克（Brett Haverstick）说，"除了通过诉讼解决狼的种群恢复，我们需要其他办法来进行狼的恢复。"哈弗斯蒂克认为，我们需要一项《食肉动物保护法案》（Carnivore Conservation Act），这样的联邦立法将永久保护灰狼、美洲狮、郊狼、灰熊和美洲黑熊等食肉动物；这些物种将不再归各州的鱼与狩猎部门管理。"将不允许用武器打猎、挖陷阱、设圈套和诱捕。"他补充说，"现在最佳的科学并不支持'管理'这些物种。"

就在我在黄石公园的那一周，共和党控制的众议院再次通过了一项附加条款——剥夺怀俄明州及大湖地区对狼的保护。但是，蒙大拿鱼与野生动物委员会拒绝了将黄石公园周围地区狼的狩猎配额提高3

倍（从 2 只增加到 6 只）的建议，这要感谢狼的拥护者。[17] 加里·沃尔夫（Gary Wolfe）委员说："我想我们正在向这些狼施加压力。"这项投票引起了全国广泛注意，因为该委员会通过增加一些"非消费性"的野生动物用户取得了平衡。

当钟摆来回摆动时，它永远不会回到确切的起点位置。狼的种群恢复工作向前发展过程中，有时看着在进步，然后又迅速退步。但随着每次向前摆动，小的进步就不断扩大，这就是变化之所在。狼的恢复是一件长期的事情。

黄石公园的狼已编入我们人类的故事——也许很像在那个我们的祖先与荒野和野生动物更亲密且对其更依赖的年代的狼一样。"野性需要狼。"德沃德·L. 艾伦（Durward L. Allen）在有关狼在野生群落中的重要角色的研究中写道。[18] 我们比以往任何时候都更需要荒野和狼。

在黄石公园和在我们整个国家，以及在科学和故事中，如果我们要让世界再次回归野性和变得完整，那么狼的王国就必须要繁荣兴旺。

野狼保护组织

（带"*"者为书中正文译名）

Center for Biological Diversity
（＊生物多样性中心）
San Francisco, California
www.biologicaldiversity.org

Defenders of Wildlife
（＊野生动物卫士组织）
www.defenders.org

Endangered Wolf Center
（＊濒危狼中心）
www.endangeredwolfcenter.org

Howling for Justice
（＊为正义而嚎叫）
https://howlingforjustice.wordpress.com

Humane Society of the United States
（＊美国人道协会）

Washington, DC
http://hsus.org

Living with Wolves
（＊与狼共存）
Sun Valley, Idaho
www.livingwithwolves.org

Lobos of the Southwest
（西南的路波们）
http://mexicanwolves.org

Mexican Wolf Recovery Program
（墨西哥灰狼恢复计划）
www.fws.gov/southwest/es/mexicanwolf

National Wolf Watcher Coalition
（＊国家狼观察者联盟）
http://wolfwatcher.org

Natural Resources Defense Council
（＊自然资源保护委员会）
www.nrdc.org

Oregon Wild
（＊野性俄勒冈）
www.oregonwild.org

Pacific Wild
（野性太平洋）
http://pacificwild.org

Red Wolf Coalition
（＊红狼联盟）
www.redwolves.com

Rick Lamplugh's blog
（里克·兰普卢的博客）
http://ricklamplugh.blogspot.com

Speak for Wolves blog
（"为狼发声"博客）
www.speakforwolves.org

US Fish and Wildlife Service (USFWS)
（＊美国鱼与野生动物管理局）
www.fws.gov

Wolf Advisory Group (WAG)
（＊狼咨询小组）
http://wdfw.wa.gov/about/advisory/wag/

Wolf Conservation Center (WCC)
（＊狼保育中心）
Salem, New York
http://nywolf.org

Wolf Education and Conservation Center
（＊狼教育和保护中心）
Winchester, Idaho
http://wolfcenter.org

Wolf Haven International
（＊狼的天堂国际组织）
Tenino, Washington
http://wolfhaven.org

Wolves and Writing
（狼与写作）
https://wolvesandwriting.com

Wolves in Yellowstone
（黄石的狼）
www.nps.gov/yell/learn/nature/wolves.
htm

Wood River Wolf Project Idaho
（爱达荷木头河狼项目）
www.facebook.com/woodriverwolfproject

Yellowstone Reports
（＊黄石报道）
www.yellowstonereports.com

注　释

第 1 章

[1] *Search the Internet for "war against the wolf"*: "We Didn't Domesticate Dogs. They Domesticated Us," White Wolf Pack. www.whitewolfpack.com/2013/03/we-didnt-domesticate-dogs-they.html.

[2] *"From the men's cave comes the howling of wolves"*: Linda Hogan, "The Caves," in *Dwellings: A Spiritual History of the Living World* (New York: W. W. Norton, 2007), 18, 35.

[3] *"What the colonists tried to do in their local area"*: Rick McIntyre, *War Against the Wolf* (Stillwater, MN: Voyageur Press, 1995), 12–14, 24.

[4] *Early hunter-gatherer cultures coexisted*: Rick McIntyre, *A Society of Wolves* (Stillwater, MN: Voyageur Press, 1993), 18.

[5] *"there may have been a faithful Fido"*: Scott Neuman, "Who Let the Dogs In? We Did, About 30,000 Years Ago," NPR, May 22, 2015. www.npr.org/sections/thetwo-way/2015/05/22/408784216/who-let-the-dogs-in-we-did-about-30-000-years-ago.

[6] *But genetic studies reported*: Virginia Morell, "From Wolf to Dog," *Scientific American*, June 16, 2015, 31–32.

[7] *McIntyre tells the story of visiting an Alaskan Inupiat*: McIntyre, *War Against the Wolf*, 12–14.

[8] *"the U.S. Forest Service acquiesced to the stockowners":* Bruce Hampton and Henry Holt, *The Great American Wolf* (New York: Henry Holt and Company, 1997).

[9] *A 1907 Department of Agriculture bulletin:* McIntyre, *War Against the Wolf*, 149.

[10] *On its website Wildlife Services' official mission:* "Agriculture's Misnamed Agency," *New York Times*, July 17, 2013.

[11] *More recently the USDA reported:* Emerson Urry, "'Secret' Federal Agency Admits Killing 3.2 Million Wild Animals in U.S. Last Year Alone," *Enviro News*, June 27, 2016.

[12] *Contrast this agency's "take" with the fact:* US Fish and Wildlife Service, "Birding in the United States: A Demographic and Economic Analysis" (Arlington, VA: US Fish and Wildlife Service, December 2013.

[13] *In the United States hunters are mostly male:* USFW census report 2011: US Department of the Interior, US Fish and Wildlife Service, US Department of Commerce, "2011 National Survey of Fishing, Hunting, and Wildlife-Associated Recreation" (US Census Bureau, February 2014).

[14] *An award-winning investigative documentary:* Predator Defense quotes from film: *Exposed*. See also "Meet the Whistle-Blowers," Predator Defense. www. predator defense.org/exposed/index.htm#whistle.

[15] *These often-hidden toxins:* Christopher Ketcham, "The Rogue Agency: A USDA Program That Tortures Dogs and Kills Endangered Species," *Harper's*, March 2016; "The USDA's War on Wildlife," Predator Defense. www. predatordefense.org/USDA.htm.

[16] *Since the 1914 federal appropriation, the war against:* John A. Shivik, *The Predator Paradox*(Boston: Beacon Press, 2014), 12.

[17] *This 2011 federal delisting not based:* Virginia Morell, "U.S. Plan to Lift Wolf Protections in Doubt After Experts Question Science," *Science Insider*, February 8, 2014.

[18] *Wolf trapper turned wolf advocate, Carter Niemeyer:* Carter Niemeyer, *Wolfer* (Boise, ID: Bottlefly Press, 2012), 280, 284, 287.

[19] *A 2011 report from the Department of Agriculture:* "Coexisting with Large Carnivores," Endangered Wolf Center, 2011.

[20] *Wolf parents pass down hunting skills:* "Fair Chase Ethics," Boone and

Crockett Club. www.boone-crockett.org/huntingEthics/ethics_overview. asp?area=huntingEthics.

第2章

[1] *One of the most far-sighted and still ecologically:* Paula Underwood, *Who Speaks for Wolf: A Native American Learning Story* (San Anselmo, CA: Learning Way, 1991). Note: All spelling, phrasing, and capitalizations are from the original poem.

[2] *Writing in his journal, Thoreau mourned:* Henry David Thoreau, *The Journals of Henry David Thoreau* (New York: Dover Publications, [1906] 1962); reprinted in McIntyre, *War Against the Wolf*, 51–52.

[3] *His best-selling animal stories:* Ernest Thompson Seton, "Lobo, the King of Currumpaw," in *Wild Animals I Have Known* (New York: Charles Scribner's Sons, 1898), Project Gutenberg. www.gutenberg.org/files/3031/3031-h/3031-h.htm.

[4] *Lobo's cries were "sadder than I could possibly":* Steve Gooder, "A Man, a Wolf and a Whole New World," *Telegraph*, March 29, 2008.

[5] *Lobo's death profoundly changed Seton:* Seton, "Lobo: King of the Currumpaw."

[6] *In his "Note to the Reader":* Ibid. (Italics in original source).

[7] *Aldo Leopold, the visionary father:* "Aldo Leopold." www.wilderness.net/ NWPS/Leopold.

[8] *Nevertheless, Leopold wrote in an unpublished foreword:* Aldo Leopold, *A Sand County Almanac* (Oxford: Oxford University Press, 1949), 205.

[9] *So intense was the young Leopold's zeal:* Aldo Leopold, "The Game Situation in the Southwest," *Bulletin of the American Game Protective Association* (April 2, 1920): 6.

[10] *Leopold concluded that the Biological Survey:* Aldo Leopold, "The Game Situation in the Southwest," *Bulletin of the American Game Protective Association* (April 2, 1920): 7.

[11] *An essay, "The Historical Sense of Being":* Qi Feng Lin, "The Historical Sense of Being in the Writings of Aldo Leopold," *Minding Nature* (December 2011).

[12] *In the unpublished foreword to* Sand County Almanac*:* Aldo Leopold, unpublished foreword to *Sand County Almanac*, reprinted in McIntyre, *War Against the Wolf*, 324. More quotes from this unpublished foreword can be

found online at "Aldo Leopold Quotes," Green Fire. www.aldoleopold.org/greenfire/quotes.shtml#CSCA11.

[13] *he wrote, "my sin against the wolves":* Leopold, unpublished foreword, 289, 322.

[14] *Leopold's epiphany was vivid, heartbreaking:* Aldo Leopold, "Thinking Like a Mountain," *A Sand County Almanac* (1949), reprinted in Tom Lynch, *El Lobo: Readings on the Mexican Gray Wolf* (Salt Lake City: University of Utah Press, 2005), 84–86.

[15] *The wounded wolf looks up at Leopold:* "Aldo Leopold Quotes," Green Fire. "There are two things that interest me: the relation of people to each other, and the relation of people to land" (Wherefore Wildlife Ecology?, unpublished manuscripts, AL 51).

[16] *When humans destroy wild wolves, it is because we "have not learned to think like a mountain":* Leopold, "Thinking Like a Mountain."

[17] *Leopold's story of this dying wolf:* James J. Kennedy, "Understanding Professional Career Evolution — An Example of Aldo Leopold," *Wildlife Society Bulletin* 12 (1984): 215–216.

[18] *This new and more communal way:* Draft foreword to *A Sand County Almanac*, 1947/1987, CSCA 282, "Aldo Leopold Quotes," Green Fire; Leopold, Wilderness.net.

[19] *One of the most important lines Leopold ever wrote:* Aldo Leopold, "On a Monument to the Pigeon," *A Sand County Almanac* (1947).

[20] *Leopold's legacy of ecology ... pragmatic conservation of Gifford Pinchot:* Julie Dunlap, "Educating for the Long Run: Pinchot and Leopold on Connecting with the Future," The Aldo Leopold Foundation, August 11, 2015.

[21] *Leopold was Pinchot's pupil:* Kennedy, "Understanding Professional Career Evolution."

[22] *Controversy about how to best manage:* Dunlap, "Educating for the Long Run."

[23] *Pinchot was the progressive but "ever practical":* Steve Grant, "Gifford Pinchot: Bridging Two Eras of National Conservation," ConnecticutHistory.org. http://connecticuthistory.org/gifford-pinchot-bridging-two-eras-of-national-conservation; "Gifford Pinchot: America's First Forester," Wilderness.net, www.wilderness.net/nwps/Pinchot.

第 3 章

[1] *Alaska's Governor Hickel proposed to exploit:* Timothy Egan, "Alaska to Kill Wolves to Inflate Game Herds," *New York Times*, November 19, 1992.

[2] *After retiring from eight years as chief of the US Forest Service:* R. Max Peterson and Gerald W. Williams, *The Forest Service: Fighting for Public Lands* (Westport, CT: Greenwood Press, 2007), 286.

[3] *In this position he often advocated before Congress:* Testimony of Max Peterson Before the Senate Environment and Public Works Committee, March 18, 1999. www.epw.senate.gov/107th/pet_3-18.htm.

[4] *"You can't just let nature run wild!":* Timothy Egan, "Everyone Is Always On Nature's Side; People Just Can't Agree on What's Natural and What's Not," *New York Times*, December 19, 1998.

[5] *"These animals are being managed for the benefit of man":* Egan, "Alaska to Kill Wolves to Inflate Game Herds."

[6] *Enthusiastically echoing this hunter agenda:* Ibid.

[7] *He predicted that aerial shooting would kill 300 to 400:* Kimberly L. Bruckner, "Alaskan Wolf Plan Packs Plenty of Controversy," Working paper, University of Colorado, February 1994. www.colorado.edu/conflict/full_text_search/AllCRCDocs/94-63.htm.

[8] *"They'd come in the spring":* Marla Williams, "Wolves: To Kill or Conserve? — Alaska's Dilemma Is Who Decides — And Who Benefits," *Seattle Times*, January 24, 1993.

[9] *In a later interview for her book,* Shadow Mountain: Gavin J. Grant, "Renée Askins" (interview), IndieBound/Booksense, www.indiebound.org/author-interviews/askins renee; Renée Askins, *Shadow Mountain: A Memoir of Wolves, a Woman, and the Wild* (New York: Anchor Books, 2002).

[10] *"The story of this conflict is the story":* "Readings," *Harpers*, April 1995.

[11] *Monogamous, loyal to their families:* Gordon Haber and Marybeth Holleman, *Among Wolves* (Fairbanks: University of Alaska Press, 2013), 9.

[12] *"The problem is," he explained:* Bill Sherwonit, "Gordon Haber's Final Days," *Alaska Dispatch News,* September 27, 2015.

[13] *A new democratic governor, Tony Knowles:* Sherwonit, "Gordon Haber's Final Days."

[14] *In typical impatient style, Haber told the* New York Times*:* Egan, "Alaska to Kill Wolves to Inflate Game Herds."

[15] *Haber's inside information:* Haber and Holleman, *Among Wolves*, 204–205.

[16] *In 1991 Frost finally pled guilty:* Timothy Egan, "Protecting Prey of Humans Sets 2 Against a Vast World," *New York Times*, May 2, 1994.

[17] *Wolves did not kill more than they could eat:* Haber and Holleman, *Among Wolves*, 221–223.

第 4 章

[1] *His words reminded me of a chilling fact:* Elizabeth Marshall Thomas, *The Hidden Life of Deer* (New York: HarperCollins, 2009), 166–168.

[2] *the managers' traditional bias:* Haber and Holleman, *Among Wolves*, 106.

[3] *I'd just learned at this summit from an ex-Game Board member:* Vic Ballenberghe, US Forest Service employee and ex-Alaska BOG member report to Defenders of Wildlife Conference, Seattle, WA, 1998.

[4] *"You'd think she believed wolves had souls":* Brenda Peterson, *Build Me an Ark: A Life with Animals* (New York: Norton, 2001), 184, 191; Egan, "Alaska to Kill Wolves to Inflate Game Herds."

[5] *As the US Humane Society recently noted:* "State Wildlife Management: The Pervasive Influence of Hunters, Hunting Culture, and Money," *Howling for Justice*, March 22, 2010.

[6] *The very last afternoon of the Wolf Summit:* Peggy Shumaker, "Caribou," in *Wings Moist from the Other World* (Pittsburgh, PA: University of Pittsburgh Press, 1994); Shumaker, "The Story of Light," Underground Rivers. www.poetryfoundation.org/poem/237596.

[7] *The year after the Wolf Summit Haber said:* Susan Reed, "The Killing Fields," *People*, March 21, 1994.

[8] *A brief ban on aerial wolf hunting voted in:* Shannyn Moore, "Wolf in Governor's Clothing ...," Shannyn Moore: Just a Girl from Homer, September 23, 2008.

[9] *Under Governor Sarah Palin wolves were shot:* Karin Brulliard, "Feds to Alaska: Stop Killing Bears and Wolves on Our Land," *Washington Post*, August 4, 2016.

[10] *Over twelve hundred wolves were still killed:* Associated Press, "Alaska Puts

$150 Bounty on Wolves," Environment on *NBC News*, March 22, 2007. www.nbcnews.com/id/17735990/#.VnBgdYS7lTZ.

[11]　*"State wildlife managers have failed to provide:* "Alaska's Predator Control Programs," Defenders of Wildlife. www.defenders.org/sites/default/files/publications/alaskas_predator_control_programs.pdf.

[12]　*In the summer of 2016 the Obama administration's:* Paul Bedard, "Feds Reclaim Control of Alaska Gamelands, Ban Bear, Wolf Hunts by Air," *Washington Examiner*, August 3, 2016.

[13]　*In 2015 the Denali Park wolves — once so admired:* Emily Schwing, "Wolf Population Declining in Denali National Park," *Alaska Public Media*, June 4, 2014.

[14]　*This is "the lowest number since wildlife":* Melissa Cronin, "7 Boneheaded Things Sarah Palin Has Done to Animals," *The Dodo*, February 19, 2015.

[15]　*The National Park Service biologist who had studied:* Krista Langlois, "Wolf Wars: Alaska's Republican Governors Find Vicious Ways to Kill Predators and Mark Their Territory with the Feds," *Slate*, October 31, 2014.

[16]　*In the summer of 2016 the watchdog group:* "Hunting Compounds Record Low Denali Wolf Survival," PEER news release, May 7, 2015. www.peer.org/news/news-releases/hunting-compounds-record-low-denali-wolf-survival.html.

[17]　*Even then the winter-kill of wolves goes on:* "Alaska Confirms Massive Decline in Rare Wolves, Still Plans to Hunt Them," *Howling for Justice*, December 4, 2015.

[18]　*Along with so many of Alaska's wolves:* Haber and Holleman, *Among Wolves*, 106; Bill Sherwonit, "Gordon Haber's Final Days."

[19]　*Two longtime Alaska residents heard:* Haber and Holleman, *Among Wolves*, 106.

[20]　*"The pack's decline was fast and drastic":* Elise Schmelzer, "The Last Wolf Family of Alaska's Denali National Park Has Vanished," *Star Tribune*, August 10, 2016.

[21]　*National Park Service has proposed a ban:* "National Park Service Proposed Permanent Ban on Predator Hunting Practices in Alaska's Preserves," KUAC TV 9/FM 89.9, September 8, 2014. http://fm.kuac.org/post/national-park-service-proposes-permanent-ban-predator-hunting-practices-alaskas-preserves.

[22]　*A new governor, independent Bill Walker:* Council of Tlingit and Haida Indian Tribes of Alaska, "Gov. Walker Adopted into Kaagwaantaan Clan," April 21, 2015. http://gov.alaska.gov/Walker/press-room/full-press-release.html?pr=7136.

[23]   *"The most astonishing fact to one:* Patricia Nelson Limerick, *The Legacy of Conquest: The Unbroken Past of the American West* (W. W. Norton and Company, 1987).

第 5 章

[1]   *"They were cavorting, playing":* "Wolves Leave Pens at Yellowstone and Appear to Celebrate," *New York Times*, March 27, 1995.

[2]   *She raised her magnificent head:* Phillips, Smith, and O'Neill, *The Wolves of Yellowstone*.

[3]   *Usually wolves simply run coyotes off:* "Who Eats Who?" National Park Service. www.nps.gov/glac/learn/education/upload/Who%20eats%20who%20chart.pdf.

[4]   *"The Yellowstone landscape those first animals stumbled":* Douglas W. Smith and Gary Ferguson, *Decade of the Wolf: Returning the Wild to Yellowstone* (Guilford, CT: Lyons Press, 2005).

[5]   *He would become as well known:* Josh Dean, "Pack Man," *Outside*, November 11, 2010.

[6]   Outside *magazine would call him "Pack Man":* Carl Safina, *Beyond Words: What Animals Think and Feel* (New York: Henry Holt and Company, 2015).

[7]   *In his preface, "Witness to Ecological Murder":* McIntyre, *War Against the Wolf*, 13.

[8]   *"I have concluded that it is OK to have feelings":* Diane Boyd, "Living with Wolves," in *Intimate Nature: The Bond Between Women and Animals*, ed. Linda Hogan, Deena Metzger, and Brenda Peterson (New York: Fawcett, 1999), 96.

[9]   *Because usually only the breeding male and female:* Sarah Marshall-Pescini, Ingo Besserdich, Corinna Kratz, and Friederike Range, "Exploring Differences in Dogs' and Wolves' Preference for Risk in a Foraging Task," *Frontiers in Psychology* 7 (August 2016): 1241.

[10]   *Number 10 was the largest and most confident of all:* Smith and Ferguson, *Decade of the Wolf*.

[11]   *"That's a wolf, Dusty," he says:* Thomas McNamee, "The Killing of Wolf Number 10," *Outside*, May 2, 1997.

[12]   *Stevens noted that wolves "are as various":* William K. Stevens, "Wolf's Howl

Heralds Change for Old Haunts," *New York Times*, January 31, 1995.

[13] *He would later tell a reporter, "Certain wolves":* Carl Safina, "What Do Animals Think?," excerpt from *Beyond Words*, *The Week*, September 18, 2015.

[14] *Longtime and respected wolf advocates such as Laurie Lyman:* Laurie Lyman, Yellowstone Reports blog. www.yellowstonereports.com.

[15] *In fact, the author of the wildly popular* Game of Thrones*:* Earthjustice, *The Weekly Howl*, print version, June 21, 2015.

[16] *In Yellowstone the Druids, another group of the original:* "In the Valley of the Wolves: The Druid Wolf Pack Story," *Nature*, PBS, June 4, 2008. www.pbs.org/wnet/nature/in-the-valley-of-the-wolves-the-druid-wolf-pack-story/209.

[17] *But as Number 40, the once-mighty and malicious matriarch:* Smith and Ferguson, *Decade of the Wolf*, 86.

[18] *The true alpha male demonstrates:* Carl Safina, "Tapping Your Inner Wolf," *New York Times*, June 5, 2015.

[19] *When biologist Douglas Smith told regular wolf watchers:* Greg Gordon, "The Passing of a Yellowstone Cinderella," *High Country News*, February 16, 2004.

第 6 章

[1] *"We think this ecosystem is unraveling":* Sandi Doughton, "Can Wolves Restore an Ecosystem?" *Seattle Times*, January 25, 2009.

[2] *But without wolves to control elk populations:* Ibid.

[3] *"The whole ecosystem re-sorted itself":* Ibid.

[4] *University of Washington ecologist Robert T. Paine:* "Keystone Species Hypothesis," University of Washington, February 3, 2011; R. B. Root. "Robert T. Paine, President: 1979–1980," *Bulletin of the Ecological Society of America* 60, no. 3 (September 1979): 156–157.

[5] *Conservation biologist Cristina Eisenberg of Oregon State University:* Cristina Eisenberg, *The Wolf's Tooth* (Washington, DC: Island Press, 2010, 4–5; "Dr. Cristina Eisenberg Wants Wolves in Our Backyards," OSU College of Forestry. www.forestry.oregonstate.edu/dr-cristina-eisenberg-wants-wolves-our-backyards.

[6] *This trophic cascade concept has deep roots:* "Predators Keep the World Green, Ecologists Find," *Duke Today*, February 28, 2006.

[7] *In* The Wolf's Tooth *Cristina would later write:* Eisenberg, *The Wolf's Tooth*, 163–164.

[8] *This kept us in check and enabled a form of equilibrium:* Arwen, "On the Prowl — A Better Understanding of Wolves with Dr. Cristina Eisenberg," *Viral Media Lab*, May 23, 2012.

[9] *A few researchers recently argued that wolves are not:* Arthur Middleton, "Is the Wolf a Real American Hero?" *New York Times*, March 9, 2014.

[10] *Another article in* Nature *also questions any overly simplistic:* Emma Marris, "Rethinking Predators: Legend of the Wolf," *Nature*, March 7, 2014.

[11] *There's a clear threshold for ecosystem recovery:* "Yellowstone Ecosystem Needs Wolves and Willows, Elk and ... Beavers?" National Science Foundation, www.nsf.gov/discoveries/disc_images.jsp?cntn_id=126853&org=NSF.

[12] *Storms, drought, disease—all of these contribute:* Cristina Eisenberg, "Wolves in a Tangled Bank," *Huffington Post*, December 23, 2014.

[13] *Certainly her successful and well-funded research grants:* "Benefits of Fire," California Department of Fish and Fire Protection. www.fire.ca.gov/communications/down loads/fact_sheets/TheBenefitsofFire.pdf.

[14] *Since 2008 Cristina has been experimenting:* "How Fires Benefit Wildlife," Learning Corner. http://familyonbikes.org/educate/lessons/animals_wildfires.htm.

[15] *Interestingly, even with that many elk, the wolves:* "Controlled urning," USDA Forest Service. www.fs.usda.gov/detail/dbnf/home/?cid=stelprdb5281464.

[16] *We need to talk about returning wolves:* "Wolf Range in North America: Past, Present and Potential," Defenders of Wildlife. www.endangered.org/cms/assets/uploads/2013/07/PlacesForWolves_VisionMAP1page.pdf.

[17] *federal protection for red wolves languished:* "North Carolina Landowners Express Support for Recovery of Endangered Red Wolves," Animal Welfare Institute, January 26, 2016.

[18] *"Bringing keystones back, because of their far-reaching":* Eisenberg, *The Wolf's Tooth*, 165.

第 7 章

[1] *Because the Yellowstone wolves have been so intensely studied:* James C. Halfpenny, *Yellowstone Wolves in the Wild* (Helena, MT: Riverbend Publishing, 2003), 90–91; Mike Link and Kate Crowley, *Following the Pack: The World of Wolf Research* (Darby, PA: Diane Publishing Co., 1994).

[2] *Laurie Lyman, a retired teacher who has been documenting:* Laurie Lyman, *Yellowstone Reports.* www.yellowstonereports.com.

[3] *By spring she was seen galloping around meadows:* Joe Rosenberg, "06 Female," Snap Judgment NPR, May 23, 2014. http://snapjudgment.org/06-female.

[4] *Through word of mouth, social media, and YouTube:* Natalie Bergholz, "06 The Legend," Legend of Lamar Valley, http://legendoflamarvalley.com/06-of-the-lamar-canyon-pack; "06 Female Wolf: The Legend of Lamar Valley," YouTube, November 28, 2014, www.youtube.com/watch?v=6qMw8IA2qCU.

[5] *two brothers forsook seven sisters:* "06 to Be Immortalized on Film," *Howling for Justice.*

[6] *In one scene in the documentary about 06,* She-Wolf*:* Bob Landis, "She-Wolf," film, *National Geographic* interview with Laurie Lyman, Rick McIntyre, Doug Smith, 2014. http://tvblogs.nationalgeographic.com/2014/01/19/she-wolf-rise-of-the-alpha-female.

[7] *Once McIntyre witnessed 06, weakened after:* Rosenberg, "06 Female."

[8] *She was a legend. And some legends don't outlive:* Jeff Hull, "Out of Bounds: The Death of 832F, Yellowstone's Most Famous Wolf," *Outside*, February 13, 2013.

[9] *One of the wolf watchers, Dr. Nathan Varley:* Nathan Varley, "Witnessing the Clash: A Newly Collared 06 Leads Her Pack into Battle," Yellowstone Reports, February 11, 2012.

[10] *He describes how they leave scent marks:* Rick Lamplugh, "Life and Death Among Yellowstone Wolves," Rick Lamplugh's Blog, November 2, 2015. http://ricklamplugh.blogspot.com/2015/11/life-and-death-among-yellowstones-wolves.html; "100 Wolf Facts," Wild World of Wolves, http://wildworldofwolves.tripod.com/id7.htm.

[11] *But as Rick McIntyre poignantly noted:* Rosenberg, "06 Female."

[12] *The* New York Times *eulogized 06 as "beloved":* Nate Schweber, "Famous Wolf Is Killed Outside Yellowstone," *New York Times*, December 8, 2012.

[13] *Editorials and social media weighed in with the suspicion:* Hull, "Out of Bounds."

[14] *That same year the Montana State House of Representatives:* Wolves of the Rockies, Action Alert, May, 2016. http://us5.campaign-archive1.com/?u=c797c 2deeb0a61161eed3c9bd&id=8eb9eee140&e=c174a7773d.

[15] *Wolves, one of the most social animals of all, grieve:* Mark Bekoff and Jessica
      Pierce, *Wild Justice: The Moral Lives of Animals* (Chicago, IL: University of
      Chicago Press, 2009).

[16] *Like our domesticated dogs, wolves' expressions:* Rick Lamplugh, "Wolves and
      Coyotes Feel Sadness and Grieve Like Humans," *The Dodo*, May 4, 2015.

[17] *But a year and a half after he lost 06, her mate:* Pat Shipman, "The Cost of the
      Wild," *American Scientist*, November–December 2012.

[18] *In the Lamar Canyon pack one of 06's formidable daughters:* "Wild
      Yellowstone: She Wolf," *National Geographic* documentary. http://natgeotv.
      com/za/wild-yellowstone-she-wolf/videos/the-invaders.

[19] *This fame and this intimate alliance with the other:* Hull, "Out of Bounds."

[20] *In addition, because wild wolves' lives mirror:* Nick Jans, *A Wolf Called Romeo*
      (New York: Houghton Mifflin, 2014).

第 8 章

[1] *"But wolves have been slowly coming back here since 2008":* PDF info from
       Oregon State, USDA Forest Service. http://andrewsforest.oregonstate.edu/lter/
       pubs/pdf/pub3654.pdf.

[2] *Only three weeks earlier, in April 2011, the Republican Congress:* Brenda
       Peterson, "Despite Howling of Humans — Silencing of the Wolves,"
       Huffington Post, March 21, 2014.

[3] *The rider set a troubling precedent:* Brad Knickerbocker, "Budget Bill Cuts
       Federal Wolf Protection, Environmentalists Howling," *Christian Science
       Monitor*, April 16, 2011.

[4] *Even the former director of the USFW, Jamie Rappaport Clark:* Peterson,
       "Wolves Endangered by Political Predators."

[5] *This skill at following a human's gaze:* Virginia Morrell, "Wolves Can Follow a
       Human's Gaze," *Science*, February 23, 2011.

[6] *I knew all about forest canopy research from reading:* Jerry F. Franklin, Kermit
       Cromack Jr., William Denison, Arthur McKee, Chris Maser, James Sedell, Fred
       Swanson et al., "Ecological Characteristics of Old-Growth Douglas-Fir Forest"
       (US Department of Agriculture, Forest Service, Pacific Northwest Forest and
       Range Experiment Station, 1981).

[7] *Franklin called his research "a clarification":* Matt Rasmussen, "A Night in an Ancient Douglas-Fir Reveals the Forest Hidden Amid the Treetops," *California Wild*, Spring 2006.

[8] *Filmmakers and wolf researchers Jim and Jamie Dutcher:* Jim Dutcher and Jamie Dutcher, *The Hidden Life of Wolves* (Washington, DC: National Geographic, 2013); Jim Dutcher and Richard Ballantine, *The Sawtooth Wolves* (Bearsville, NY: Rufus Publications, 1996).

[9] *But those tree-climbing kids had already made plans:* "Owyhee Pack—The Rescue," You Tube, May 4, 2012. https://youtu.be/wZ6HREUWIMo.

[10] *He added that the return to wolf hunts to "placate hunters":* Jim Robbins, "Hunting Wolves Out West: More, Less?" *New York Times*, December 16, 2011.

[11] *Bloodlust and backlash against wolves:* Michael Babcock, "Montana's Wolf Hunting Season Ends; 166 Killed," Timber Wolf Information Network, www.timberwolfinformation.org/montanas-wolf-hunting-season-ends-166-killed.

[12] *To put this in historical perspective, in the past hundred years:* Statistics from Living with Wolves, www.livingwithwolves.com.

[13] *And the tab that taxpayers paid for Wildlife Services to destroy:* Wildlife Services, "Tell Congress: Don't Sell Out Wolves, Wildlife," Center for Biological Diversity, June 13, 2016.

[14] *Washington State high schooler Story Warren:* Kids4Wolves, Facebook. www.facebook.com/Kids4Wolves.

[15] *Sometimes these wolves were collared for research, but sometimes:* "Idaho's Wolves," Kids4Wolves, March 12, 2016.

[16] *This Judas wolf strategy is officially called:* "USDA-Collared Judas Wolves Used Over and Over to Lead Killers to Their Families," Timber Wolf Information Network. www.timberwolfinformation.org/usda-collared-judas-wolves-used-over-and-over-to-lead-killers-to-their-families.

[17] *One of the most poignant and remarkable of Story's:* Kids4Wolves, "Kids to Secretary Jewell: Follow the Science," YouTube, March 23, 2014. https://youtu.be/WfUUoLYwUe4.

第 9 章

[1] *Our whining about the dull farmland allowed my father:* Wilderness and Federal

Land map, Virtual Hermit Unleashed, Tumblr. http://67.media.tumblr.com/b2c5193b470193f2a72073a9d6842ab0/tumblr_najwjyA0lo1sgyd3ro1_1280.jpg.

[2] *In fact, in a few years he would be part of passing the landmark:* "What Is Wilderness?" Wilderness Act of 1964, Wilderness.net. www.wilderness.net/NWPS/WhatIsWilderness.

[3] *My father informed us that in the whole world:* Bec Crew, "Half the World's Population Lives on 1% of Its Land," *Science Alert*, January 8, 2016; World Urban Population Density by Country & Area, Demographia, www.demographia.com/db-intlua-area2000.htm; People Per Square Kilometer in U.S., Per Square Mile, http://static.persquaremile.com/wp-content/uploads/2011/05/us-europe-high-speed-rail-and-density.png.

[4] *Time and again the national polls tell us that a large majority:* National Survey Results, Public Policy Polling, Center for Biological Diversity. www.biologicaldiversity.org/campaigns/gray_wolves/pdfs/NationalSurveyResults4.pdf.

[5] *In 2013, when the Obama administration proposed permanently:* Noah Greenwood, "New Poll: Americans Love Wolves and Want Them to Stay Protected," *Huffington Post*, July 22, 2013.

[6] *Many wildlife scientists vehemently decried:* Scientists' Letter to Secretary Sally Jewell Against Delisting Wolves in U.S., Center for Biological Diversity. www.biologicaldiversity.org/campaigns/gray_wolves/pdfs/scientists_letter_on_delisting_rule.pdf.

[7] *In a letter to Secretary of the Interior Sally Jewell scientists argued:* Jim Dutcher, Jamie Dutcher, and Garrick Dutcher, "Don't Forsake the Gray Wolf," *New York Times*, June 7, 2013.

[8] *All manner of bounties, hunts, and trapping was allowed:* Garret Ellison, "Endangered or Not? Scientists, Lawmakers Renew Gray Wolf Debate," *Michigan Live*, December 13, 2015.

[9] *In Idaho, during the winter of 2016, a virulently antiwolf Governor:* Associated Press, "20 Wolves Killed in Northern Idaho to Boost Elk Population," *Billings Gazette*, February 11, 2016.

[10] *By the end of 2015 a federal judge, Beryl Howell, reversed:* Mark Hicks, Associated Press, "Great Lake Wolves Ordered Back to Endangered List," *Detroit News*, December 19, 2014.

[11] *He and other congressional Republicans were "plotting":* Timothy Cama, "GOP Plots New Course on Endangered Species Act Reform," *The Hill*, May 17, 2015.

[12] *And even though in 2016 only five to six thousand wolves now occupy:* "Restoring the Gray Wolf," Center for Biological Diversity press release. www.biologicaldiversity.org/campaigns/gray_wolves.

[13] *The first voice belongs to Mike:* Brenda Peterson, "Living with Wolves, Losing Our Orcas," *Ampersand*, June 11, 2015.

[14] *The bottom line is that western ranchers can also learn:* Brenda Peterson, "Wild Wolves: The Old and the New West," *Huffington Post*, November 16, 2015.

[15] *Friedman wants to use dialogue between ranchers and:* Chase Gunnell, "Ranchers in Wolf Country Finding Continued Success with Range Riding," Conservation Northwest, December 18, 2014.

[16] *In Washington, Oregon, and California, ranchers are learning nonlethal:* Sandi Doughton, "As Wolves Rebound, Range Riders Keep Watch over Livestock," *Seattle Times*, August 2, 2015.

[17] *When wolves killed one of his cows in the summer of 2015:* Don Jenkins, "'Stuck' with Wolves, Rancher Says He'll Make the Best of It," *Capital Press, The West's AG Website*, August 5, 2015. www.capitalpress.com/Washington/20150805/stuck-with-wolves-rancher-says-hell-make-the-best-of-it.

[18] *In the summer of 2016 Washington hosted nineteen:* Associated Press, "Washington State Reports New Wolf Pack," Oregon Public Broadcasting, June 16, 2016. www.opb.org/news/article/washington-state-reports-new-wolf-pack.

[19] *By the year 2020 "more than half of the nation's children":* Bill Chappell, "For U.S. Children, Minorities Will Be the Majority by 2020, Census Says," NPR, March 4, 2015. www.npr.org/sections/thetwo-way/2015/03/04/390672196/for-u-s-children-minorities-will-be-the-majority-by-2020-census-says.

[20] *As the United States grows more diverse and urban:* Ashley Broughton, "Minorities Expected to Be Majority in 2050," CNN, August 13, 2008. www.cnn.com/2008/US/08/13/census.minorities.

[21] *In another shift, there are now as many Millennials:* "Millennial Voters: More Liberal, But Will They Turn Out?" *Here & Now*, February 29, 2016; "The Millennial Generation Is Bigger, More Diverse than Boomers," CNN Money.

http://money.cnn.com/inter active/economy/diversity-millennials-boomers; Derek Thompson, "The Liberal Millennial Revolution," *Atlantic*, February 29, 2016.

[22] *An interesting note is that while few Millennials label:* "Are Millennials Environmentally Friendly?" *Carbon Xprint*, July 1, 2015.

[23] *They support sustainable companies, solar and wind energy:* Morley Winograd and Michael D. Hais, "How Green Are Millennials?" *New Geography*, February 5, 2013.

[24] *This so-called Green generation bodes a different future:* "Millennials Drive a New Set of Animal Welfare Expectations," AgWeb. www.agweb.com/article/millennials-drive-a-new-set-of-animal-welfare-expectations-naa-news-release.

[25] *As one Millennial writer noted, "Environmentalism and modern":* Molly Tankersley, "Average Is the New Green: How Millennials Are Redefining Environmentalism," *Huffington Post*, August 16, 2014.

[26] *A Millennial I interviewed in North Carolina:* Courtney Perry, "In Sickness and in Sleep: Married to a Chronic Sleep Walker," *Huffington Post*, February 17, 2015.

[27] *As we talked about this sad decline in red wolves:* Joanna Klein, "Red Wolves Need Emergency Protection, Conservationists Say," *New York Times*, May 31, 2016.

[28] *Rancher's influence in politics is also shrinking:* Tay Wiles and Brooke Warren, "Federal-Lands Ranching: A Half-Century of Decline," *High Country News*, June 13, 2016.

[29] *That struggle is embodied in the occupation of the Malheur:* Brooke Warren, "Photos: A protest over imprisoned ranchers becomes an occupation of a wildlife refuge," *High Country News,* January 25, 2016.

[30] *An irony that the occupiers seemed to miss:* Sara Sidner, "Native Tribe Blasts Oregon Takeover," CNN, January 6, 2016. www.cnn.com/2016/01/06/us/native-tribe-blasts-oregon-takeover.

[31] *One of the most vivid reactions to the Malheur:* Dave Seminara, "Angry Birders: Standoff at Oregon Refuge Has Riled a Passionate Group," *New York Times*, January 8, 2016.

[32] *The letter also pointed out that "Wildlife photographers":* Norwegian Chef, "Warning from the Birding Community to the Terrorists in Oregon: We're Watching

You," *Daily Kos*, January 5, 2016. www.dailykos.com/story/2016/01/05/1466254/-Warning-from-the-Birding-Community-to-the-Terrorists-in-Oregon-We-re-Watching-You.

[33] *CNN security analyst Juliette Kayyem:* Juliette Kayyem, "Face It, Oregon Building Takeover Is Terrorism," op-ed, CNN, January 3, 2016. www.cnn.com/2016/01/03/opinions/kayyem-oregon-building-takeover-terrorism.

[34] *Oregon locals held town halls demanding:* Patrik Jonsson, "In Oregon, a Counterpoint to Armed Standoff Emerges," *Christian Science Monitor*, January 22, 2016.

[35] *Many of the Malheur occupiers mistakenly believed:* Hal Herrin, "The Darkness at the Heart of Malheur," *High Country News*, March 21, 2016.

[36] *"The fate of the West has, almost from the very beginning":* "A Wildlife Refuge Is the Perfect Place for This Standoff" (print headline: "Cowboy Nihilism in Oregon"), *Seattle Weekly*, January 5, 2016.

[37] *The Malheur occupation, in the tradition:* Jack Healy and Kirk Johnson, "The Larger, but Quieter than Bundy, Push to Take Over Federal Land," *New York Times*, January 10, 2016.

[38] *When the Malheur armed takeover was winding down:* Jenny Rowland and Matty Lee-Ashley, "The Koch Brothers Are Now Funding the Bundy Land Seizure Agenda," *Think Progress*, February 11, 2016.

[39] *In the federal trial, all of the Malheur Wildlife Refuge occupiers*: National Audubon Society, "Audubon CEO: Public Lands Don't Belong to Those Who Hold Them at Gunpoint," *Audubon*, October 27, 2016.

[40] *And in the West some of those states—especially the ones:* "GOP Politicians Planned and Participated in Key Aspects of Refuge Occupation," KUOW.org/NPR, March 17, 2016. http://kuow.org/post/gop-politicians-planned-and-participated-key-aspects-refuge-occupation.

[41] *With press releases that declare "This is a war on rural America":* David DeMille, "Stewart Joins Chaffetz in a Call to Disarm Federal Agencies," *Spectrum*, March 9, 2016.

[42] *After the Malheur occupation there were news reports:* Nancy Benac, "Who Are the Koch brothers?" AP on *PBS News Hour*, January 28, 2016. www.pbs.org/newshour/updates/koch-brothers.

第 10 章

[1]　*One of these conservation warriors is Amaroq Weiss:* "Meet the Staff," Center for Biological Diversity. www.biologicaldiversity.org/about/staff.

[2]　*Amaroq is here in Washington to attend:* "Wolf Advisory Group," Washington Department of Fish and Wildlife. http://wdfw.wa.gov/about/advisory/wag.

[3]　*Along with their many successful lawsuits on behalf:* RareEarthtones, Center for Biological Diversity, www.rareearthtones.org/ringtones/preview.html; Endangered Species Condoms, Center for Biological Diversity, http://www. endangeredspeciescondoms.com.

[4]　*Veterans with PTSD struggling to reunite:* Sidney Stevens, "How Wolves and Warriors Help Each Other Heal," *Mother Nature Network*, January 5, 2016.

[5]　*Play is essential to evolution and change:* Joseph W. Meeker, *The Comedy of Survival: In Search of an Environmental Ethic* (Tucson: University of Arizona Press, 1997).

[6]　*New research in* Science Daily: "'Gambling' Wolves Take More Risks than Dogs," *Science Daily: Frontiers in Psychology*, September 1, 2016.

[7]　*We touch on the lifework of Dr. Stuart L. Brown:* Stuart Brown, "Animals at Play," You Tube, August 22, 2007, https://youtu.be/iHj82otCi7U; Brown, "Play Is More than Just Fun," TED Talk, May 2008.

[8]　*In his article "Animals at Play," Brown expands:* Stuart Brown, "Animals at Play," *National Geographic*, December 1994.

[9]　*James C. Halfpenny's* Yellowstone Wolves in the Wild: James C. Halfpenny, *Yellowstone Wolves in the Wild* (Helena, MT: Riverbend Publishing, 2003), 59.

[10]　*Does play always have to have some evolutionary purpose:* Brenda Peterson, "Apprenticeship to Animal Play," in *Intimate Nature: The Bond Between Women and Animals*, ed. Linda Hogan, Deena Metzger, and Brenda Peterson, 428–437 (New York: Fawcett, 1999).

[11]　*Laughter as well as play is hardwired into us:* Stefan Lovgren, "Animals Laughed Long Before Humans, Study Says," *National Geographic News*, March 31, 2005.

[12]　*Smuts notes that "friendship among animals":* Barbara Smuts, "What Are Friends For?" *Humanistic Science*, July 11, 2012.

[13] *With the return of the wild wolf we're learning:* Sharon Levy, "Wolf Family Values: Why Wolves Belong Together," *New Scientist.* wolf.nrdpfc.ca.

[14] *One summer Curby camped near a wolf den, using her:* Cathy Curby, "A Family of Wolves," US Fish and Wildlife Service. www.fws.gov/refuge/arctic/ wolfstory.html.

[15] *Balancing the hopes of "hunters who want to take":* Michael Wright, "Commission Rejects Tripling Wolf Hunting Quota Near Yellowstone," *Bozeman Daily Chronicle*, May 12, 2016.

[16] *New reports show that wolf sightings in both:* Michelle Ma, "Wolf Hunting Near Denali, Yellowstone Cuts Wolf Sightings in Half," *University of Washington News*, April 28, 2016.

[17] *Important new research from scientists:* Adrian Treves, "Open Letter from Scientists and Scholars on Wolf Recovery in the Great Lakes Region and Beyond," ResearchGate, December 2015.

[18] *One of the rationales for lethal management of wolves:* Carter Niemeyer, *Wolf Land* (Boise, ID: Bottlefly Press, 2016), 214.

[19] *This study found that the exact opposite was true:* Niki Rust, "When You Start Killing Wolves, Something Odd Happens," *BBC Rare Earth*, May 11, 2016. www.bbc.com/earth/story/20160510-why-it-is-a-bad-idea-to-let-people-hunt-wolves?ocid=fbert.

[20] *Culling wolves is not the answer:* Guillaume Chapron and Adrian Treves, "Blood Does Not Buy Goodwill: Allowing Culling Increases Poaching of Large Carnivore," Proceedings of the Royal Society Publishing 38, no. 1830 (May 2016). http://rspb.royalsociety publishing.org/content/283/1830/20152939.

[21] *The study concludes with the truism:* Judith Davidoff, "Is Hunting Really a Conservation Tool?" *ISTHMUS News*, May 10, 2016.

[22] *She prefers the word "conflict transformation":* Matthew Weaver, "Wolf Advisory Group Seeks Common Ground," *Capital Press*, May 21, 2015.

[23] *Amaroq showed me the YouTube video:* Amaroq Weiss, "What to Wear at a Wolf Rally?" YouTube, September 18, 2013. www.youtube.com/ watch?v=mGJB1y1uw9E.

[24] *Amaroq also shared with me a darkly comic video:* Amaroq Weiss, "One Determined Husky Takes on the Planet's Most Pressing Environmental

Problems," YouTube, October 31, 2015. https://youtu.be/Qark1Kw_4C4.

[25] *just as Senator Inhofe's attacks on endangered species:* Jim Inhofe, Wikipedia. https://en.wikipedia.org/wiki/Jim_Inhofe.

第 11 章

[1] *Authors, artists, and musicians are creating a rich habitat:* Farley Mowat, *Never Cry Wolf* (Boston: Little, Brown, 1963); Barry Holstun Lopez, *Of Wolves and Men* (New York: Scribner, 1978); Nick Jans, *A Wolf Called Romeo* (Boston: Houghton Mifflin, 2014); Jiang Rong, *Wolf Totem* (New York: Penguin, 2008); Jean Craighead George, *Julie of the Wolves* (New York: Harper and Row, 1972).

[2] *It's not just natural history classics:* "List of Fictional Feral Children," Wikipedia. https://en.wikipedia.org/wiki/List_of_fictional_feral_children.

[3] *Perhaps the most famous of all the stories of a child raised:* Rudyard Kipling, *The Jungle Book* (London, Oxford University Press, 2008 [original 1894]).

[4] *the Indian news sensation in the 1920s of "a pair of sisters":* Jane Yolen, Introduction to *The Jungle Book* (New York: Tor Classics, 1992).

[5] *Kipling's own father had written stories:* John Lockwood Kipling, *Beast and Man in India: A Popular Sketch of Indian Animals in Their Relations with People* (London: Kessinger Publishing, 2010).

[6] *The timeless appeal and what the* New York Times: Mary Jo Murphy, "Predicting the Staying Power of 'The Jungle Book,'" *New York Times*, April 7, 2016; Brooks Barnes, "'Jungle Book' Captivates Moviegoers and Captures Box Office," *New York Times*, April 17, 2016; *The Jungle Book* (video clip), YouTube. https://youtu.be/GgGOcEgRh7k. Voices in *The Jungle Book* video clip: https://youtu.be/McZyOEekZy4.

[7] *A more realistic book, informed to some extent:* George, *Julie of the Wolves*, 24, 140, 170; *Julie's Wolf Pack* sequel: Jean Craighead George, *Julie's Wolf Pack* (New York: Harper Collins Publishers, 1997).

[8] *Media coverage of the 2016 Orlando massacre:* "Make It Stop," *Boston Globe*, June 16, 2016; Thomas L. Friedman, "Lessons of Hiroshima and Orlando," *New York Times*, June 15, 2016; "On 'Lone Wolves,'" *New York Times*, June 12, 2016.

[9] *The* Christian Science Monitor *ran a headline:* Taylor Luck, "Orlando Attack: 'I Am the Lone Wolf That Terrorizes the Infidels,'" *Christian Science Monitor*, June 13, 2016.

[10] *Tellingly, American gun violence is the most widespread:* A. J. Willingham, "US Home to Nearly a Third of World's Mass Shootings," CNN, June 16, 2016. www.cnn.com/2016/06/13/health/mass-shootings-in-america-in-charts-and-graphs-trnd/index.html.

[11] *The states most resistant to gun control are also:* "Death by Gun: Top 20 States with Highest Rates," *CBS News.* www.cbsnews.com/pictures/death-by-gun-top-20-states-with-highest-rates/21.

[12] *Four of the high gun-death states are:* Erica R. Henry, "These States Have the Highest Gun Death Rates in America," *Aljazeera America*, November 3, 2015, http://america.aljazeera.com/watch/shows/america-tonight/articles/2015/11/3/these-states-have-the-highest-gun-death-rates-in-america.html; Alexander Kent, "10 States with the Most Gun Violence," *Wall Street Journal*, June 10, 2015; Gun Violence Archive, www.gunviolencearchive.org.

[13] *Feral children are, most of all, survivors:* Michael Newton, *Savage Girls and Wild Boys: A History of Feral Children* (New York: Thomas Dunne Books, 2002), 14, Kindle version.

[14] *Whenever I teach wildlife conservation and ecology:* Brenda Peterson, "Animal Allies," *Orion*, Spring 1993, reposted on Brenda Peterson Books. www.brendapetersonbooks.com/display/ShowJournal?moduleId=18475789&registeredAuthorId=2406057&currentPage=6.

第 12 章

[1] *The University of Cambridge led a team:* "Wolf Species Have 'Howling Dialects,'" University of Cambridge research, February 8, 2016. www.cam.ac.uk/research/news/wolf-species-have-howling-dialects.

[2] *Root-Gutteridge concludes that wolves:* Holly Root-Gutteridge, "The Songs of Wolves," *Aeon*. https://aeon.co/users/holly-root-gutteridge.

[3] *They have found, for example, that red wolves and coyotes:* Sarah Griffiths, "Wolves Have Accents, Too! Canines Can Be Identified Using 21 Different Types of Howling 'Dialects,'" *Daily Mail*, February 8, 2016.

[4] *In* The Culture of Whales and Dolphins, *biologist Hal Whitehead:* Hal Whitehead and Luke Rendell, *The Cultural Lives of Whales and Dolphins* (Chicago: University of Chicago Press, 2015), 13.

[5] *Every wolf group develops "its own unique":* Haber and Holleman, *Among Wolves*, 249.

[6] *In my search for musicians who are listening to wolves:* Wolf Conservation Center, http://nywolf.org.

[7] *Her memoir,* Wild Harmonies: A Life of Music and Wolves: Hélène Grimaud, *Wild Harmonies: A Life of Music and Wolves* (New York: Penguin Group, 2003).

[8] *In declaring their acoustic territory, the wolf chorus:* Rudy C. Spatz, "Why Do Wolves Howl?" *FACTFIXX*, February 27, 2012.

[9] *An interdisciplinary team of Montana State University researchers:* Marshall Swearingen, "MSU Researcher Helps Untangle the Language of Wolf Howls," *Montana State University News*, March 10, 2016, www.montana.edu/news.

[10] *Any online search reveals many audio clips:* Fred H. Harrington, "What's in a Howl?" *PBS NOVA: Wild Wolves*, November 2000. www.pbs.org/wgbh/nova/wolves/howlhtml.

[11] *Hélène Grimaud has even recorded a "Wolf Moonlight Sonata":* "Hélène Grimaud ~Wolf Moonlight Sonata," YouTube, November 27, 2012. https://youtu.be/fwf1Db8hbJQ?list=FLb7GBb0l9GPky5MezzgLBUw.

[12] *Other experiments on how animals react to human music:* Zen Faulkes, "Can Animals Enjoy Music the Same Way as Humans Can?" *Quora*, August 4, 2014.

[13] *We agree that Rachmaninoff's music claims:* "Rachmaninoff Concerto #2 (Hélène Grimaud)," YouTube, July 11, 2015. https://youtu.be/_asI5WvGVQs?list=FLb7GBb0l9GPky5MezzgLBUw.

[14] *As Grimaud and I continue to talk about Simone Weil's:* Brenda Peterson, "The Sacredness of Chores," in *Nature and Other Mothers* (New York: HarperCollins, 1992).

[15] *Literary ecologist Joseph Meeker, in his classic:* Joseph W. Meeker, *The Comedy of Survival: In Search of an Environmental Ethic* (Tucson: University of Arizona Press, 1997).

[16] *He argues that the Greek tragic tradition has led*: Christy Rodgers, "At Play in the Comedy of Survival," *CounterPunch*, April 10, 2015.

[17]　*When Grimaud first encountered this she-wolf:* Grimaud, *Wild Harmonies*, 1, 21, 26, 58, 205, 216–217.

[18]　*Once, when the wolf was howling, Grimaud realized:* "Alawa," Wolf Conservation Center. http://nywolf.org/ambassador-wolves/alawa.

[19]　*Ethologist Marc Bekoff writes about animals' moral:* Marc Bekoff and Jessica Pierce, "The Ethical Dog," *Scientific American*, February 1, 2010.

[20]　*Even Darwin believed that animals "would acquire":* Tom Fort, "*Wild Justice* by Marc Bekoff and Jessica Pierce and *Made for Each Other* by Meg Daley Olmert: Review," *Telegraph*, May 21, 2009.

[21]　*"Resonance" is "sound produced by a body":* Resonance, Dictionary.com, http://www.dictionary.com/browse/resonance?s=t.

[22]　*German jazz musician Joachim-Ernst Berendt writes:* Joachim-Ernst Berendt, *Nada Brahma: The World Is Sound: Music and the Landscape of Consciousness* (Rochester, VT: Destiny Books, 1987).

第 13 章

[1]　*Without a family, there are so many dangers:* Rob Klavins, "Hiking with Wolves," *Oregon Wild*, October 6, 2010.

[2]　*His howl was as resonant as a canine Pavarotti: Oregon Wild*, SoundCloud. https://sound cloud.com/oregon-wild/wolf-howl-072313.

[3]　*Robust and charcoal black, OR4 was so tenacious:* Rob Klavins, "A Eulogy for OR4," *Oregon Wild*, March 31, 2016.

[4]　*"There were rumors of wolves in the west":* Zach Urness, "When the Wolves Return to Western Oregon," *Statesman Journal*, March 14, 2014.

[5]　*OR7's family lived in the heart of hostile cattle country:* Emma Marris, "Lone Wolf That Took Epic Journey Across West Finds a Mate," *National Geographic*, May 18, 2014.

[6]　*Even though 70 percent of Oregon residents support:* Joe Donnelly, "What One Wolf's Extraordinary Journey Means for the Future of Wildlife in America," *Take Part*, December 17, 2014.

[7]　*These losses are highly overshadowed by the fact:* Ibid.

[8]　*Oregon's* Statesman Journal *called OR7 "A folk hero.":* Zach Urness, "When the Wolves Return to Western Oregon," chapter 1: "A Folk Hero Called OR7,"

Statesman Journal, 2014.

[9]　*A rare sighting of OR7 in Lake Almanor, Oregon:* "OR7—The Journey Movie Trailer," You Tube, October 26, 2013. www.youtube.com/watch?v=6WbEbNlyGIk.

[10]　*By migrating to the Pacific Coast, OR7:* Renee Lee, "California Welcomes Wild Wolf for First Time in 87 Years," *USDA Blog*, January 18, 2012. http://blogs. usda.gov/2012/01/18/california-welcomes-wild-wolf-for-first-time-in-87-years.

[11]　*"Being an apex predator in a landscape that hasn't":* Bettina Boxall, "Gray Wolf Takes to California, but Is Unlikely to Find a Mate Here," *Los Angeles Times*, January 1, 2013.

[12]　*In Siskiyou County, later one of OR7's favorite haunts:* "OR7—The Journey Movie Trailer," YouTube.

[13]　*OR7 was following the archetypal "hero's journey":* "Examples of Each Stage of a Hero's Journey," YourDictionary. http://examples.yourdictionary.com/ examples-of-each-stage-of-a-hero-s-journey.html.

[14]　*Joseph Campbell wrote, "You enter the forest":* Joseph Campbell, "The Hero's Journey Quotes," Goodreads. www.goodreads.com/work/quotes/1644565-the-hero-s-journey-joseph-campbell-on-his-life-work-works.

[15]　*But the* Times, *like most biologists, still predicted:* Maria L. La Ganga, "OR7, the Wandering Wolf, Looks for Love in All the Right Places," *Los Angeles Times*, May 13, 2014.

[16]　*Even an ex-president of the Oregon Cattlemen's Association:* Marris, "Lone Wolf That Took Epic Journey Across West Finds a Mate."

[17]　*One color photo from the Oregonian's proud announcement:* Lynne Terry, "OR7: Biologists Confirm Oregon Wolf Has at Least 2 Pups," *Oregonian*, June 4, 2014.

[18]　*About the time OR7 found his mate, a quasi-documentary film:* "The Wolf OR-7 Expedition — Trailer," YouTube, January 26, 2016. https://youtu.be/ qdEObTbzLWw.

[19]　*It actually makes things worse in the long run:* Courtney Flatt, "How Killing Wolves Might Be Leading to More Livestock Attacks," Northwest Public Radio/EarthFix, February 18, 2015. www.opb.org/news/article/study-killing-wolves-causes-more-live stock-depreda.

[20]　*A 2016 film,* Wolf OR-7: Expedition, *chronicles:* Wolf OR-7 Expedition. http://

or7 expedition.org/category/news; Wolf OR-7 Expedition, Facebook. www. facebook.com/or7expedition.

[21]　*"It is only through walking it that anyone":* "After First Wolf Resettles Oregon, Group Retracing Trek of Wandering OR-7," *New Mexico News*, March 19, 2014.

[22]　*Along with the films and media coverage, OR7s story:* Emma Bland Smith, *Journey: Based on the True Story of OR7, the Most Famous Wolf in the West* (Seattle, WA: Little Bigfoot, 2016).

[23]　*In November 2015 Oregon's Fish and Game Commission:* Kelly House, "Wolf Allies, Foes Prep for Battle as Oregon Reconsiders Endangered Status," *Oregonian*, June 9, 2015.

[24]　*Oregon's more enlightened and sustainable wolf-recovery policies:* Brenda Peterson, "Wild Wolves: The Old and the New West," *Huffington Post*, November 16, 2015.

[25]　*Oregon had been on the cutting edge of wolf recovery:* "Getting Territorial Over Delisting — Controversy Ignites Over Move to Permanently Remove Wolf Designation," *Willamette Live*, January 21, 2016.

[26]　*New research data has confirmed that acceptance decreases:* Adrian Treves, "Wolf Delisting Decision Not Based on the Facts," *Register-Guard*, February 15, 2016.

[27]　*Oregon's wildlife commission doubled down on its decision:* "Scientists Slam Oregon's 'Fundamentally Flawed' Proposal to Remove Wolf Protections," Center for Biological Diversity, October 29, 2015.

[28]　*It also shows the dominance of the $669 million beef industry:* Kelly House, "Gov. Kate Brown Signs Bill Blocking Legal Review of Gray Wolf Protections," *Oregonian*, March 15, 2016.

[29]　*In March of 2016 Oregon wildlife officials had issued:* "Depredations Lead to Lethal Control for Wolves in Wallowa County," ODFW press release, March 31, 2016. http://dfw.state.or.us/news/2016/03_march/033116.asp.

[30]　*The kill order came down even when Oregon's wildlife officials:* Kelly House, "State Officials Kill 4 Wolves After Attacks on Livestock," *Oregonian*, March 31, 2016.

[31]　*In his eulogy for OR4 Oregon Wild's Rob Klavins wrote:* Klavins, "A Eulogy for OR-4."

[32] *Even* Men's Journal *mourned the loss of OR4:* Melissa Gaskill, "Eulogy for a Wolf: The Life and Legacy of OR4, Oregon's Most Celebrated Wild Wolf," *Men's Journal.*

[33] *The popular wolf blog "Howling for Justice" wrote:* "Oregon's Shame — OR4 and His Family Aerial Gunned for the Sacred Cow ..." *Howling for Justice,* April 3, 2016.

[34] *Then, the state-sanctioned sniper sights on OR4:* Joe Donnelly, "Oregon Just Killed a Family of Wolves," *Yahoo News,* April 2, 2016.

[35] *OR4 didn't just belong to Oregon:* Gaskill, "Eulogy for a Wolf."

[36] *"I think it's inevitable that other wolves will follow:* Carter Niemeyer, *Wolfland* (Boise, ID: Bottlefly Press, 2016). Niemeyer is also quoted in the documentary film *OR7 — The Journey.*

[37] *But in March of 2016 remote cameras again picked up OR7:* Laura Frazier, "OR-7 'Appears Well' in First Sighting Since Failure of GPS Collar," *Oregonian,* April 6, 2016.

[38] *And his yearling pups were caught in a time-lapse video:* Kelly House, "OR-7's Yearling Pups Caught on Camera; Second Litter Has Been Born," *Oregonian,* July 7, 2015; *The Oregonian* photo gallery of OR7s pups: Terry, "OR7: Biologists Confirm Oregon Wolf Has at Least 2 Pups,"

[39] *USFW, the Center for Biological Diversity, and the Humane Society:* Zach Urness, "Oregon Wolf Killed by Poacher, $20,000 Reward Offered," *Statesman Journal,* October 19, 2016.

[40] *Along with news of OR28's death, there are worries:* Beckie Elgin, "Is Journey in Trouble?," *Wolves and Writing,* October 13, 2016.

[41] *California's Department of Fish and Wildlife released:* "Wolf Pup Video RC3 9 August 2015," YouTube, September 4, 2015. https://youtu.be/Nj3pzWYOQ3s.

[42] *"The return of the northern gray wolf is a welcome sign":* "Welcome Back, Gray Wolf," *Los Angeles Times,* August 25, 2015.

[43] *Scientists wonder whether perhaps the wolves are establishing:* Ben Orlove, "Did Glaciers Lure Wolves Back to California?" reprinted from *GlacierHub* in *EarthSky Voices,* August 28, 2015.

[44] *It concludes with the telling statistic:* Editorial Board, "Celebrate the Return of Wolves to California," *Press Democrat,* March 26, 2016.

[45] *The Nez Perce tribe, who, like the wolves, have lived:* The Wolf Education and Research Center (WERC), Nez Perce Tribe. http://wolfcenter.org.

[46] *Their newsletter,* The Sawtooth Legacy, *is required reading:* "Howling for 20 Years," *Sawtooth Legacy Quarterly* (WERC publication) (Winter 2016).

[47] *In their weekly Radio Wild educational podcast series:* Radio Wild. http://wolfcenter.org/site/learn/radiowild.html.

第 14 章

[1] *"This has less to do with wolves and more about":* Return to the Wild: A Modern Tale of Wolf & Man, documentary film, April 13, 2009. www.dailymotion.com/video/x8yx4j_return-to-the-wild-a-modern-tale-of_animals, 10:11 Suzanne Stone, 16:00 Doug Smith.

[2] *After wolves reclaimed the landscape they accounted:* "The Truth About Wolves and Livestock," Lords of Nature: Life in a Land of Great Predators. http://lordsofnature.org/documents/TheTruthAboutWolvesandLivestock.pdf.

[3] *The Wood River Wolf Project has grown from 150 to 1,000:* The Wood River Wolf Project, Facebook. www.facebook.com/woodriverwolfproject.

[4] *Ranchers apply technology such as telemetry:* "Nonlethal Deterrents," Wood River Project. www.woodriverwolfproject.org/tools.

[5] *These tools are part of the "Band Kits" that the project:* "Livestock and Wolves Wood River Wolf Project," Defenders of Wildlife. www.defenders.org/sites/default/files/publications/coexisting-with-wolves-in-idahos-wood-river-valley.pdf.

[6] *Livestock guardian dogs (LGDs) are breeds like:* "Our Guide to Training Pyr's," Milk and Honey Farm, www.milkandhoneyfarm.com/dogs/training.html; "Puppies, Livestock Guardian Dogs in Training," YouTube, January 3, 2014, https://youtu.be/8mS8yia_z7M; "Working Livestock Guardian Dogs in Training (4 Months Old)," YouTube, August 6, 2013, https://youtu.be/nK_U89_xKDo; Jamie Penrith, "How to Stop a Dog from Chasing Sheep Using Professional Dog Training," YouTube, March 23, 2013, https://youtu.be/CpdvFaXnvyg.

[7] *These puppies are not raised to bond with humans:* Jan Dohner, "I Just Brought Home a Livestock Guardian Dog. Now What?" *Mother Earth News*, August 18, 2016.

[8] *Everyone was keenly aware that right over the border:* Nicholas Geranios, "State Learns Sad Lesson with Wedge Pack Wolf Hunt," *Seattle Times*, October 7, 2012.

[9] *Calling the lethal removal a "last resort":* Becky Kramer, "Killing Washington Wolf Pack Cost $77,000," *Spokesman-Review, Seattle Times* blogs, November 14, 2012. http://blogs.seattletimes.com/today/2012/11/killing-washington-wolf-pack-cost-77000.

[10] *Stone criticized Peavey for letting pregnant ewes:* Becky Kramer, "Wolf Project Shows Promise for Sheep Herds, Wolf Pack," *Spokesman-Review*, December 18, 2012.

[11] *By October Baldeon and the field technicians marched:* Ibid.

[12] *Field and staff volunteers for the Wood River Wolf Project:* Fernando Najera, "Home on the Range: A Day in the Life of the Wood River Wolf Project, Where Wolves and Livestock Share the Landscape," Defenders of Wildlife, October 28, 2014, www.defendersblog.org/2014/10/home-range; "Overview of the Wood River Wolf Project," Information Guidelines, https://static1.squarespace.com/static/56f46eb48259b5654136fce5/t/570ebca027d4bd2e542f8b44/1460583600972/WRWP+Volunteer+Protocol.pdf.

[13] *In most instances it hasn't taken much to keep wolves away: Return to the Wild*, documentary film.

[14] *The Lava Lake Institute was founded in 1999:* "Conservation Efforts at Lava Lake Ranch," Lava Lake Lamb. www.lavalakelamb.com/lava-lake-story/conservation/#1456419265805-c5259435-4e30.

[15] *But when they needed to use their land again so as not to overgraze:* Kramer, "Wolf Project Shows Promise for Sheep Herds, Wolf Pack."

[16] *Stevens concluded, "The goal was not just to keep the sheep safe":* Ibid.

[17] *Once again helicopters right across the border in Washington were searching:* Alex Johnson, "Washington to Kill 11 of State's 90 Endangered Gray Wolves for Preying on Cows," *NBC News*, August 23, 2016, www.nbcnews.com/news/us-news/washington-kill-11-state-s-90-endangered-gray-wolves-preying-n636851; press coverage of Profanity Peak pack wolf killings: Kale Williams, "Entire Washington Wolf Pack to be Killed After Attacks on Cattle," *Oregonian/Oregon Live*, August 23, 2016; Rich Landers, "Profanity Peak Wolf Pack to be Exterminated After Cattle Kills," *Spokesman- Review*, August 20,

2016; "Lethal Action to Protect Sheep from Huckleberry Wolf Pack FAQ," WDFW, http://wdfw.wa.gov/conservation/gray_wolf/huckleberry_faq.html; Emily Schwing, "Authorized Wolf Killings Already Underway in Washington State," NPR/KUOW Seattle, August 25, 2016, http://kuow.org/post/authorized-wolf-killings-already-underway-washington-state; "WDFW to Remove Profanity Peak Wolf Pack," Stevens County Cattlemen, August 5, 2016, https://stevenscountycattlemen.com/2016/08/06/wdfw-to-remove-profanity-pack.

[18] *The highly unpopular kill orders for the entire Profanity Peak pack:* Jamie Rappaport Clark, "Defenders of Wildlife: Protecting and Recovering Wolves," *Huffington Post*, August 26, 2016.

[19] *Wolf advocacy groups who had signed on to the WAG protocol:* Daniel Person, "Why Not All Wolf Advocates Oppose Killing the Profanity Peak Pack," *Seattle Weekly*, August 25, 2016.

[20] *As the* Seattle Times *noted, Washington "faces backlash":* "Washington State Faces Backlash on All Sides Over Wolf Killings," NPR/KUOW.org, August 26, 2016. http://kuow.org/post/washington-state-faces-backlash-all-sides-over-wolf-killings.

[21] *For these longtime wolf advocates—as well as the others:* "Tenino's Wolf Haven Among Groups Promoting Dialogue Over State's Plan to Kill Wolves," *Chronicle*, August 25, 2016.

[22] *A Cowlitz tribal leader from Protect the Wolves:* Seerat Chabba, "Proposed Wolf Killings in Washington Spark Outrage Amongst Conservation Groups, Tribes," *International Business Times*, August 26, 2016.

[23] *The* Seattle Times *had just broken a front-page story citing:* Lynda Mapes, "Profanity Peak Wolf Pack in State's Gun Sights After Rancher Turns Out Cattle on Den," *Seattle Times*, August 25, 2016.

[24] *He concluded that the killing of cows by:* Mapes, "Profanity Peak Wolf Pack in State's Gun Sights After Rancher Turns Out Cattle on Den."

[25] *Washington State University then immediately issued:* Robert Strenge, "WSU Statement Clarifying Comments on Wolf Pack," *WSU News*, August 31, 2016.

[26] *Amidst death threats to both WDFW officials and ranchers:* Alison Morrow, "Wolf Pack Killing Prompts Death Threats," *King 5 News*, August 30, 2016. www.king5.com/tech/science/environment/wolf-pack-killing-prompts-death-

threats/310874679.

[27] *WDFW's Donny Mortarello had publicly defended:* Lynda Mapes, "Claim That Rancher Turned Out Wolves on Den Untrue, WSU Says," *Seattle Times*, August 31, 2016.

[28] *In an interview with the local television station Mortarello:* Tracy Staedter, "Washington Wolf Cull Won't Save Livestock: Study," *Seeker*, September 9, 2016.

[29] *Stevens County Cattlemen's website headline:* Heather Smith Thomas, "Dealing with Wolves," *Progressive Cattleman*, February 24, 2016.

[30] *This deeper tension between states' rights and the feds:* Don Jenkins, "Washington County Authorizes Action Against Wolves," *Capital Press*, August 19, 2016.

[31] *Thumbing your nose at state law doesn't engender:* "Conservationists Express Outrage That Entire Pack of Wolves, 12 Percent of State Population, to Be Killed for Preying on Livestock on Public Lands," Center for Biological Diversity, August 24, 2016.

[32] *Public lands have to be managed differently:* Carter Niemeyer quoted in Lynda Mapes, "Death Threats, New Conflict Over Killing of Wolves," *Seattle Times*, August 30, 2016.

[33] *New research has shown that the Washington wolf cull*: Adrian Treves, "Predator Control Should Not Be a Shot in the Dark," research study by Miha Krofel, Jeannine McManus, Ecological Society of America, http://faculty. nelson.wisc.edu/treves/pubs/Treves_Krofel_McManus.pdf%20.

[34] *Robert Crabtree, chief scientist and founder of Yellowstone:* Ben Goldfarb, "No Proof That Shooting Predators Saves Livestock," *Science*, September 7, 2016.

[35] *The federal Wildlife Services, which kills millions:* Darryl Fears, "This Little-Noticed Court Settlement Will Probably Save Millions of Animals," *Washington Post*, October 13, 2016.

[36] *Wolf advocates had held a rally in Washington's state capital:* "Wolf Advocates Rally in Olympia," *King 5 News*, September 2, 2016. www.king5.com/news/ wolf-advocates-rally-in-olympia/312751813.

[37] *Other protesters said lethal removal is bad policy:* "Protesters Rally to Stop Wolf Pack Killing," *King 5 News*, September 2, 2016. www.king5.com/tech/ science/environment/protesters-rally-to-stop-wolf-pack-killing/312724982.

[38]　*Wolves prefer to hunt wild game that is running away:* Temple Grandin, "Experts Say Ranching Done Right Improves the Environment and Wildlife Habitat," *Beef Magazine*, February 26, 2015; Lynda Mapes, "Profanity Peak Wolf Pack in State's Gun Sights after Rancher Turns Out Cattle on Den; 6 Wolves Killed So Far," *Yakima Herald*, August 26, 2016.

[39]　*Stone hopes that in response to this highly controversial culling:* Beckie Elgin, "Washington vs. Wolves," *Wolves and Writing*, August 25, 2016.

[40]　*Conservation Northwest's Mitchell Friedman hoped:* Mitch Friedman, "Profanity Gets the Best and Worst of Me," Conservation Northwest, August 31, 2016.

[41]　*In late October WDFW announced that lethal removal:* "WDFW Stops Killing Wolves from Profanity Peak Wolf Pack," *Northwest Cable News*, October 19, 2016.

[42]　*What if those public dollars were reserved for ranchers:* Joseph Dussault, "Can Washington State's Wolves and Ranchers Find a Way to Coexist?" *Christian Science Monitor*, August 26, 2016.

第 15 章

[1]　*In the spring of 2015 I visited Wolf Haven International:* Diane Gallegos, Wendy Spencer, interview with author, April 6, 2016.

[2]　*the first litters of Mexican gray wolf pups born there in:* Wendy Spencer, "At Long Last, Pups!" *Wolf Tracks*, Fall 2015.

[3]　*These critically endangered Mexican gray wolves are growing:* "Conservation," Wolf Haven International. http://wolfhaven.org/conservation.

[4]　*F1222 (Hopa):* Born at the Endangered Wolf Center, Eureka, Missouri. www.endan geredwolfcenter.org.

[5]　*M1067 (Brother):* Born at Wolf Haven International, Tenino, Washington, Wolf Haven International. http://wolfhaven.org.

[6]　*We all smiled as the father wolf raised his handsome head:* "Mexican Wolf Dad at Wolf Haven Shows Pups How to Howl," YouTube, June 30, 2015. https://youtu.be/EuIEDZqqWfk.

[7]　El Lobo, *the Mexican gray wolf subspecies:* Tom Lynch, *El Lobo* (Salt Lake City: University of Utah Press, 2005).

[8] *Now, in 2016, there are still only 12 to 17 Mexican wolves:* Wendy Spencer, "At Long Last — Pups!" *Wolf Tracks*, Spring 2016, 19.

[9] *Ted Turner's Ladder Ranch—a prerelease wolf-recovery facility:* Turner Endangered Species Fund. http://tesf.org/prj-mw.html.

[10] *Cross-fostering is a survival strategy of moving captive-born pups:* "Cross-Fostering," *International Wolf Center* magazine, Summer 2015.

[11] *The majority of the state's residents welcomed this decision:* "Our View: Releasing Wolves the Right Thing to Do," *Santa Fe New Mexican*, October 17, 2015.

[12] *Phillips noted that "the commissioners indicated":* Rebecca Moss, "Ladder Ranch Wolf Program Resumes with State's OK," *Santa Fe New Mexican*, February 26, 2016.

[13] *Mexico began its wolf reintroduction program in 2011:* Megan Gannon, "First Litter of Wild Wolf Pups Born in Mexico," *Discovery News*, *Live Science*, July 22, 2014; "Mexico Reports Litter of Mexican Gray Wolves Born in Wild for First Time in Decades," New Mexico Wilderness Alliance, October 19, 2015; Megan Gannon, "First Litter of Wild Wolf Pups Born in Mexico," *Live Science*, July 21, 2014.

[14] *The pups have often played a kind of how-many-wolves:* "Den Box Game (or How Many Wolves Fit on a Roof?)," YouTube, March 1, 2016. https://youtu.be/WgT_89ggjn0.

[15] *Quietly Gallegos explains what's happening:* Dr. Mark Johnson, Global Wildlife Resources. http://wildliferesources.com/perspectives.

[16] *It is a profound experience, even to watch over remote cameras:* "Mexican Wolf Family," YouTube, March 1, 2016. https://youtu.be/EB3QldLeRBA.

[17] *Grandin, a high-functioning autistic author and inventor:* Mac McClelland, "This Is What Humane Slaughter Looks Like. Is It Good Enough?" *Modern Farmer*, April 17, 2013.

[18] *Once back in the wild, these Mexican wolves may travel forty miles:* Jason Mark, *Satellites in the High Country: Searching for the Wild in the Age of Man* (Washington, DC: Island Press, 2000); Jason Mark, "Can Wolves Bring Back Wilderness: [Excerpt]," *Scientific American*, October 9, 2015.

[19] *News of cross-fostering success soon buoyed hopes:* Lauren Villagran, "Two

Newborn Wolf Pups Release into a Wild Den," *Albuquerque Journal*, April 29, 2016; Rebecca Moss, "Gray Wolf Pups Released into N.M. Wild," *Santa Fe New Mexican*, April 29, 2016.

[20] *Missouri's Endangered Wolf Center calls cross-fostering:* Michael Robinson, "Mexican Gray Wolves Need Rescuing from Politics," *Albuquerque Journal*, June 9, 2016.

[21] *New Mexico immediately announced its plan to sue:* Cristina Eisenberg, "El Lobo's Uncertain Future," *Huffington Post*, May 26, 2015. See also "El Lobo's Uncertain Future," Cristina Eisenberg. http://cristinaeisenberg.com/?p=470.

[22] *Many scientists and wolf advocates fear that New Mexico's resistance:* Susan Montoya Bryan, "New Mexico Seeks to Stop Feds from Releasing Wolves," *San Antonio Express*, May 13, 2016.

[23] *"It's devastating to the pack to lose an alpha":* Regina Mossotti quoted in Elizabeth Miller, "Cornered: Mexican Wolf Management to Appease Livestock Producer May Run Out the Clock on Recovery," *Santa Fe Reporter*, June 15, 2016.

[24] *The struggle between state and federal wildlife agencies:* María Inés Taracena, "Court Settlement Forces Fish and Wildlife to Have a Recovery Plan for Mexican Gray Wolves by 2017," *Tucson Weekly*, April 27, 2016.

[25] *The Center for Biological Diversity urges that New Mexico:* "Step Aside, New Mexico, It's Time to Release More Wolves," Wolf Conservation Center, April 21, 2016.

[26] *and wolf recovery has huge public support in the Southwest:* "One Million Facebook Supporters Rooting for Tiny Southwest Population of Endangered Mexican Gray Wolves," Lobos of the Southwest, press release, June 5, 2015. http://mexicanwolves.org/index.php/news/1461/51/Press-Release-One-Million-Facebook-Supporters-Rooting-for-Tiny-Southwest-Population-of-Endangered-Mexican-Gray-Wolves.

[27] *In late fall of 2016 an Arizona judge issued a court order:* Susan Montoya Bryan, "Court Mandates New Recovery Plan for Mexican Grey Wolves," *Brandon Sun*, October 18, 2016.

[28] *A recent Humane Society study of eighteen states' game:* Elizabeth Miller, "Cornered," *Santa Fe Reporter*, June 15, 2016.

[29] *Not much has changed since 1986 when Ted Williams:* Ted Williams, quoted in

Miller, "Cornered."

[30] *As Sharman Apt Russell writes in* The Physics of Beauty*:* Sharman Apt Russell, "The Physics of Beauty," excerpted from *Kill the Cowboy* (Cambridge, MA: Perseus Publishing, 1993, 2001).

[31] *In the late fall of 2016 Mexico's National Commission:* "Mexico Wolf Pair Welcomes Third Litter of Wild-Born Pups," *Northern Arizona Gazette*, September 7, 2016.

后记

[1] *I've also returned to Yellowstone to cover the grassroots Speak for Wolves:* West Yellowstone, July 2016 and July 2017. www.speakforwolves.org.

[2] *Lynch details the Junction Butte family dynamics:* Kathie Lynch, "Yellowstone Wolf Update: June 2016," *Wildlife News*, June 4, 2016; Kathie Lynch, "Yellowstone Wolf Update: December 2015," *Wildlife News*, December 7, 2015.

[3] *Long-term wolf studies at the Yellowstone Center for Research:* "Yellowstone Science: Celebrating 20 Years of Wolves," *Yellowstone Science* 24, no. 1 (June 2016), 15: Douglas Smith, "Motherhood and Wolves" (citing McNulty 2001 research), 43; and Smith, "Women in Science," 79 "Five Questions: Three Scientists at the Forefront of Wolf Ecology Answer the Same Questions About Wolf Biology and Management."

[4] *Entire wolf families have been decimated by mange:* Brett French, "Mange Changes Yellowstone Wolves' Hunting, Travel and Food Needs," *Billings Gazette*, April 2, 2016.

[5] *But mange is still a problem:* Megan Gannon, "Yellowstone Wolves Hit by Disease," *Live Science*, September 10, 2012.

[6] *Such long-term study, says Douglas Smith:* "Wolf Expert Doug Smith on the Yellowstone Wolf Project," *Nature*, PBS, available on YouTube, July 19, 2011. https://youtu.be/CZnayct6uZg.

[7] *the critically endangered red wolves:* Caroline Hudson, "Red Wolf Film Seeks to Educate NC Residents," *Washington Daily News*, July 8, 2016.

[8] *A DNA study from Princeton University offers genetic evidence:* Carl Zimmer, "DNA Study Reveals the One and Only Wolf Species in North America," *New York Times*, July 27, 2016.

[9]　*Even if they are not pure wolves, Rutledge says, these hybrid:* Susa Wolpert, "Should the Gray Wolf Keep its Endangered Species Protection?" *UCLA Newsroom*, July 27, 2016.

[10]　*Yellowstone's success has inspired a European rewilding movement:* George Monbiot, *FERAL: Rewilding the Land, the Sea, and Human Life* (Chicago: University of Chicago Press, 2014), 118.

[11]　*Several other Native men spoke at the conference:* Rain Bear Stands Last and David Bearshield, interview with author, West Yellowstone, July 17, 2016; "Feds Announce Proposed Rule to Delist and Trophy Hunt Grizzly. Oglala Lakota Vice President Tom Poor Bear Responds," GOAL. www.goaltribal.org/feds-announce-proposed-rule-to-delist.

[12]　*In the thirty-four attacks that researchers have witnessed:* Leo Leckie, "Gray Wolves Support Each Other in Times of Danger," *Yellowstone Reports*, June 29, 2016.

[13]　*Rick McIntyre has been spotting and teaching the public:* Rick McIntyre, "A Peak Life Experience: Watching Wolves in Yellowstone National Park," National Park Service, Yellowstone. www.nps.gov/yell/learn/ys-24-1-a-peak-experience-watching-wolves-in-yellowstone-national-park.htm.

[14]　*McIntyre also has a recent theory that dogs:* Dean, "Pack Man."

[15]　*Now McIntyre is practicing what he does so well:* Rick McIntyre, Yellowstone Staff Profile, November 25, 2008. www.ypf.org/site/News2?page=NewsArticle&id=5137.

[16]　*M21's death at the old age of nine affected McIntyre:* Dean, "Pack Man."

[17]　*But in a nod to wolf advocates, the Montana Fish and Wildlife Commission:* Michael Wright, "Commission Rejects Tripling Wolf Hunting Quota Near Yellowstone," *Bozeman Daily Chronicle*, May 12, 2016.

[18]　*"Wildness needs wolves," wrote Durward L. Allen:* Durward L. Allen, *Wolves of Minong: Their Vital Role in a Wild Community* (Boston: Houghton Mifflin, 1979), cited in "Yellowstone Science: Celebrating 20 Years of Wolves," 11.

致　谢

　　每本书都有自己的信仰者，他们是作者的盟友，帮助作者在看似荒芜的创作中找到自己的道路。从最开始，梅洛伊德·劳伦斯（Merloyd Lawrence）就是《野狼的回归：美国灰狼的生死轮回》的编写指导，帮我建立了本书的叙事结构。正是在她的敦促下，本书力求将科学性与故事性结合，努力做到在叙述历史的同时又包含最新的进展。我的长期的文学作品代理人莎拉·简·弗赖曼（Sarah Jane Freymann）不仅是我的《你的人生是一本书》（*Your Life Is a Book*）的合著者，还是我所有写作过程中最睿智的盟友。我无法想象如果没有她出色的忠告和及时的支持，我该如何完成一本书的写作。才华横溢的编辑助理黑莉·道林（Hailey Dowling）时刻提醒我修改和完成的最后期限。她不光是我的重要帮手，更是一位洞察敏锐、机灵的编辑，具有令人印象深刻的文学敏感性。作家兼出版人马莱娜·布莱辛（Marlene Blessing）是我长期信赖的编辑，30年来一直给予我指导和诗意般的见解。我非常幸运地由凯利·罗·亚沃尔斯基（Kelley Roe Yavorsky）在生下她自己的女儿前为本书进行编辑和助产。我的狼研究专家迈克·斯克斯特雷兹（Mike Scstrez）查阅了许多科学出版物，对相关事实进行核对，但同时对我一些根深蒂固的观点提出了挑战。我的另一位狼研究专家安妮·格里格斯（Anne Griggs）向我提供了她所有的关于狼的资料、她坚持多年的在黄石地区的行动情况，以及对野狼（*canis lupus*，即灰狼）的毕生热爱与奉献。

《野狼的回归》建立在许多狼拥护者勇敢的声音之上，对他们的采访使本书成为合奏，而非独奏。黄石公园的"狼人"里克·麦金太尔（Rick McIntyre）已经研究狼几十年，并向数千人传授关于狼的知识。当我于1995年报道狼重引入黄石公园时，是里克坚定地告诉我："狼需要讲故事的人。"他的故事永久地改变了我们理解和对待狼的方式。我要特别感谢以下几位人士，他们与我进行了深入而精彩的交谈：生物多样性中心的阿玛洛克·韦斯（Amaroq Weiss），令人钦佩的法国著名古典钢琴家、狼保育中心的创始人埃莱娜·格里莫（Hélène Grimaud），狼保育中心的项目主任玛吉·豪厄尔（Maggie Howell），富有远见的狼生物学家克里斯蒂娜·艾森伯格（Christina Eisenberg），知识渊博的野生动物卫士组织的苏珊娜·斯通（Suzanne Stone），以及那些狼的持久捍卫者——狼的天堂国际组织的温迪·斯潘塞（Wendy Spencer）、黛安娜·加莱戈斯（Diane Gallegos）和金·扬（Kim Young）。

以下几位人士关于狼的故事和科学资料对本书的灵感产生了深远影响：狼基金会的倡导者和作家勒妮·阿斯金斯（Renee Askins），已故的伟大的狼研究者戈登·哈伯（Gordon Haber），阿拉斯加的维克·拜伦伯格（Vic Ballenberghe），黄石狼项目负责人道格拉斯·史密斯（Douglas Smith），"与狼共存"的研究人员吉姆·达彻和吉米·达彻夫妇（Jim and Jamie Dutcher）；撰写《黄石报道》的劳里·莱曼（Laurie Lyman）；护狼儿童组织（Kids4Wolves）的斯托里·沃伦（Story Warren）。给本书提供帮助的人还包括"在狼之中工作室"（Among the Wolves Studio）的法国艺术家维尔日妮·博德（Virginie Baude）、为狼发声组织的布雷特·哈弗斯蒂克（Brett Haverstick）、本地野生动物保护活动人士戴维·熊盾（David Bearshield）和"最后的雨熊"（Rain Bear Stands Last），以及我的长期合著者、总是发挥启示作用的琳达·霍根［Linda Hogan，她的文章《神化狼》（*Deify the Wolf*）是所有野生动物管理人员的必读之物］。本书由野生动物艺术家威廉·哈里森（William Harrison）绘制精美的插图，简·雷斯（Jane Raese）进行优美的书籍设计，克里斯蒂娜·马拉（Christine Marra）进行让人放心的专业出版制作，并由勤奋的迈克尔·贾拉塔诺（Michael Giarratano）负责宣传推广活动。当我写作时，来自野生动物摄影师兼我经常的合著者安妮·玛丽·马塞尔曼（Annie Marie Musselman）和罗宾·林赛（Robin Lindsey）的狼的肖像给我的书房和电脑屏幕提供了活力。直觉敏锐的"叶芝学者"（Yeats scholar）安妮·德沃尔（Anne DeVore）数十年来一直引领着我的文学生涯。

每位作者都需要灵感，而我的灵感既来自动物，又来自如下的人：我的父亲，他曾经是美国林务局的名誉局长（Chief Emeritus），他首先慷慨地让我一起见证阿拉斯加1993年的狼峰会；我的母亲，她用关于狼的艺术填满我的家庭；我的弟弟达纳·马克（Dana Mark），他、他的女儿及他全家提供了如此之多的支持和关爱；聪明又机智的朋友特蕾西·康威（Tracey Conway）和她的西伯利亚雪橇犬（哈士奇）埃拉（Ella）；我的旅行编辑助理兼摄影师瓦妮莎·亚当斯（Vanessa Adams）；我的好姐妹莫琳·米切尔森（Maureen Michelson），她也是编辑和出版人；我的音乐导师迪亚诺奇卡·什韦茨（Dianochka Shvets）；我的邻居兼时间双胞胎明迪·埃克萨姆（Mindy Exum）；还有使我保持健康且作品多产的针疗医生吉姆（Jim）和凯里（Carey）。每周与我的学生在

"萨利希海作家"（Salish Sea Writers）社群进行对话支持着我自己的工作。感谢一直与我逗乐的猫咪洛基（Loki）和陶（Tao），它们在我写作时坐在我腿上，并已不再被电脑里传出的狼嚎吓跑。最后，我把最深切的感谢献给那些已经忍受了我们过往历史，却仍然在我们的荒地中索求他们与生俱来的生存权利的狼。

关于作者

　　布伦达·彼得森是 20 多本成人和儿童图书的作者。她的回忆录《我想被遗忘：在地球上寻找狂喜》（*I Want to Be Left Behind: Finding Rapture Here on Earth*）入选《基督教科学箴言报》的"十佳非虚构类"图书，并被独立书商协会（Independent Booksellers Association）评为"下一本伟大读物"。她的另一本回忆录《再造方舟：与动物共生》（*Build Me an Ark: A Life with Animals*）入选"最佳心灵励志图书"。她近期的自然图书之一《野狼的回归：美国灰狼的生死轮回》入选《福布斯》（*Forbes*）杂志"2017 年度十佳环境，气候科学和自然保护图书"。她广受欢迎的图书是美国国家地理书系中的《目击：灰鲸的神秘旅途》（*Sightings: The Gray Whale's Mysterious Journey*）。她的儿童动物图书有《"豹"和"丝"：一个男孩拯救海豹幼崽的追求》（*Leopard and Silkie: One Boy's Quest to Save the Seal Pups*）、《路波们：一个狼家族回归野外》（*Lobos: A Wolf Family Returns to the Wild*）、《野生逆戟鲸：世界上最老、最聪明的鲸》（*Wild Orca: The Oldest，Wisest Whale in the World*）、《海上大灾难》（*Catastrophe by the Sea*），以及与中国插画大师合作的绘本《鹤少女》（*Crane Maiden*）。

她的小说《卧倒并寻找掩护》（*Duck and Cover*）被《纽约时报》评为
"年度著名图书"（Notable Book of the Year）。她最近的小说《细高跟鞋》
（*Stiletto*）是一本推理小说。彼得森将于 2024 年春季出版动物图书《野性
合唱团：寻找与鲸、狼和其他动物的和谐》（*Wild Chorus: Finding Harmony
with Whales, Wolves, and Other Animals*）

彼得森是美国全国公共广播电台（NPR）在西雅图当地的两个电台
的撰稿人。她的文章还发表在《纽约时报》、《基督教科学箴言报》、《西
雅图时报》、《修复》（*Tikkun*）、《赫芬顿邮报》、《早间新闻》（*The Morning
News*）、《优涅读者》（*Utne Reader*）、《猎户座杂志》（*Orion Magazine*）和
《奥普拉杂志》（O, The Oprah Magazine）等报刊上。

彼得森现居萨利希海边的西雅图市。

登录网站 www.BrendaPetersonBooks.com，可阅读更多彼得森写的书。

译后记

2019年春节期间，我们完成了本书的翻译。因为各种原因，当我拿到本书的纸质校样时，这个世界已经发生了巨大的变化。一场由新型冠状病毒（SARS-COV-2）引起的肺炎（新冠肺炎）席卷全球，到2023年初已经造成了几亿人感染、几百万人死亡。新冠肺炎成为1917—1918年的大流感以来，全人类面临的又一场重大流行疾病，即使是生活在亚马孙热带雨林深处的印第安原住民也无法幸免。这一代人将无法抹去脑海中对新冠肺炎的记忆。

尽管直到20世纪60年代，人们才分离出第一株感染人的冠状病毒，然而到目前为止，已经发现1917—1918年在全球范围内流行并导致数千万人死亡的大流感、2003年爆发的严重急性呼吸综合征（SARS）和2012年流行的中东呼吸综合征（MERS）都是由冠状病毒引起的。冠状病毒是一类介于生命体与非生命体之间的简单RNA病毒，其复制和传播离不开活的动物。与SARS病毒高度相似的SARS-COV-2是如何演化的？其中间宿主在哪里？人们比以前更关切身边的家养动物和遥远的野生动物。野生动物不仅仅是生物圈的组分、环境的构件，还与我们的伦理、道德、法律、文化、经济、国际政治密切相关。野生动物已经深入人类社会生活，成为 21 世纪的新闻热点，而新型冠状病毒感染疫情又敲响了人类与野生动物共患病可能对社会、经济生活带来巨大破坏的警钟。

在本书的校对过程中，我重新阅读了原著和译稿。尽管是重温这本书，我仍被本书的几个特点而打动。

一是本书的时效性。布伦达·彼得森从 1993 年阿拉斯加举行的狼峰会一直写到唐纳德·J. 特朗普（Donald J. Trump）的当选给美国的野生动物带来的影响，揭示了现代美国社会中与狼保护、环境保护的各个利益相关方的博弈，为读者了解美国社会与政治打开了一扇窗。

二是作者的细腻笔触，特别是对狼的嚎叫、狼的行为细节的描述。例如，第 12 章"狼的音乐"中有这样的描述："我们在大多数情况下发现野狼不是通过视觉，而是通过声音——那种超凡脱俗、可怕而又熟悉的头部后仰、由心底发出的嚎叫。这样的嚎叫从一匹狼的独唱开始，先在丰富却又孤独的女中音上徘徊，然后提升到更高的八度，随即变为颤抖的假声或萦绕不断的次中音二分音符。再后，作为狼群回应的合唱加入进来，其中有超声波般的"呜呜"嘶鸣，断续、短促且清脆的叫喊和吠声，疯狂的尖声复调旋律配合，以及大提琴般的男低音呻吟，还有一种优美与不协调相互交织的和声。最后，所有声音一起缓缓消退……"（第 173 页第一段），以及"狼'就像乐队一样有偏爱的演奏风格：爵士乐一样的即兴反复乐章（连复段），或者古典音乐的纯音'"（第 174 页第二段）。这些文句无疑将成为经典名句。读者如能有幸身临其境，聆听狼的嚎鸣，将会发现布伦达·彼得森的描写真的是入木三分。

三是本书的故事性。本书的主要时间跨度达 1/4 世纪，作者记述了这一时间段中有关狼的大事；全书首尾呼应，一气呵成。在出版业不断推出有关狼的图书的背景下，上海科学技术出版社选择引进本书，显得匠心独运。

我感谢上海科学技术出版社为本书的出版做出的贡献，还感谢张晨副总编辑和唐继荣博士协助翻译本书的"致谢"部分。唐继荣博士细致谨慎，工作认真，令人印象深刻。最后，我感谢我的研究生丁晨晨、李娜、伊莉娜、曹丹丹和珠岚参与翻译本书。

蒋志刚
于北京中关村

科学新视角丛书

《深海探险简史》

[美] 罗伯特·巴拉德 著 罗瑞龙 宋婷婷 崔维成 周 悦 译

本书带领读者离开熟悉的海面，跟随着先驱们的步伐，进入广袤且永恒黑暗的深海中，不畏艰险地进行着一次又一次的尝试，不断地探索深海的奥秘。

《不论：科学的极限与极限的科学》

[英] 约翰·巴罗 著 李新洲 徐建军 翟向华 译

本书作者不仅仅站在科学的最前沿，谈天说地，叙生述死，评古论今，而且也从文学、绘画、雕塑、音乐、哲学、逻辑、语言、宗教诸方面围绕知识的界限、科学的极限这一中心议题进行阐述。书中讨论了许许多多的悖论，使人获得启迪。

《人类用水简史：城市供水的过去、现在和未来》

[美] 戴维·塞德拉克 著 徐向荣 译

人类城市文明的发展史就是一部人类用水的发展史，本书向我们娓娓道来2500年城市水系统发展的历史进程。

《万物终结简史：人类、星球、宇宙终结的故事》

[英] 克里斯·英庇 著 周 敏 译

本书视角宽广，从微生物、人类、地球、星系直到宇宙，从古老的生命起源、现今的人类居住环境直至遥远的未来甚至时间终点，从身边的亲密事物、事件直至接近永恒以及永恒的各种可能性。

《耕作革命——让土壤焕发生机》

[美] 戴维·蒙哥马利 著 张甘霖 译

当前社会人口不断增长，土地肥力却在不断下降，现代文明再次面临粮食危机。本书揭示了可持续农业的方法——免耕、农作物覆盖和多样化轮作。这三种方法的结合，能很好地重建土地的肥力，提高产量，减少污染（化学品的使用），并且还可以节能减排。

《与微生物结盟——对抗疾病和农作物灾害新理念》

[美] 艾米莉·莫诺森 著 朱 书 王安民 何恺鑫 译

亲近自然，顺应自然，与自然合作，才能给人类带来更加美好的可持续发展的未来。

《理化学研究所：沧桑百年的日本科研巨头》

[日] 山根一眞 著 戎圭明 译

理化学研究所百年发展历程，为读者了解日本的科研和大型科研机构管理提供了有益的参考。

《纯科学的政治》

[美] 丹尼尔·S.格林伯格 著 李兆栋 刘 健 译 方益昉 审校

基于科学界内部以及与科学相关的诸多人的回忆和观点，格林伯格对美国科学何以发展壮大进行了厘清，从中可以窥见美国何以成为世界科学中心，对我国的科学发展、科研战略制定、科学制度完善和科学管理有借鉴意义。

《大湖的兴衰：北美五大湖生态简史》

[美] 丹·伊根 著 王 越 李道季 译

本书将五大湖史诗般的故事与它们所面临的生态危机及解决之道融为一体，是一部具有里程碑意义的生态启蒙著作。

《一个人的环保之战：加州海湾污染治理纪实》
[美]比尔·夏普斯蒂恩 著 杜 燕 译
从中学教师霍华德·本内特为阻止污水污泥排入海湾而发起运动时采取的造势行为，到"治愈海湾"组织取得的持续成功，本书展示了公民活动家的关心和奉献精神仍然是各地环保之战取得成功的关键。

《区域优势：硅谷与128号公路的文化和竞争》
[美]安纳李·萨克森尼安 著 温建平 李 波 译
本书透彻描述美国主要高科技地区的经济和技术发展历程，提供了全新的见解，是对美国高科技领域研究文献的一项有益补充。

《写在基因里的食谱——关于基因、饮食与文化的思考》
[美]加里·保罗·纳卜汉 著 秋 凉 译
这一关于人群与本地食物协同演化的探索是如此及时……将严谨的科学和逸闻趣事结合在一起，纳卜汉令人信服地阐述了个人健康既来自与遗传背景相适应的食物，也来自健康的土地和文化。

《解密帕金森病——人类200年探索之旅》
[美]乔恩·帕尔弗里曼 著 黄延焱 译
本书引人入胜的叙述方式、丰富的案例和精彩的故事，展现了人类征服帕金森病之路的曲折和探索的勇气。

《性的起源与演化——古生物学家对生命繁衍的探索》
[美]约翰·朗 著 蔡家琛 崔心东 廖俊棋 王雅婧 译 卢 静 朱幼安 审校
哺乳动物的身体结构和行为大多可追溯到古生代的鱼类，包括性的起源。作为一名博学的古鱼类专家，作者用风趣幽默的文笔将深奥的学术成果描绘出一个饶有兴味的进化故事。

《巨浪来袭——海面上升与文明世界的重建》
[美]杰夫·古德尔 著 高 抒 译
随着全球变暖、冰川融化，海面上升已经是不争的事实。本书是对这场即将到来的灾难的生动解读，作者穿越12个国家，聚焦迈阿密、威尼斯等正受海面上升影响的典型城市，从气候变化前线发回报道。书中不仅详细介绍了海面上升的原因及其产生的后果，还描述了不同国家和人们对这场危机的不同反应。

《人为什么会生病：人体演化与医学新疆界》
[美]杰里米·泰勒（Jeremy Taylor）著 秋 凉 译
本书视角新颖，以一种全新而富有成效的方式追溯许多疾病的根源，从而使我们明白人为什么易患某些疾病，以及如何利用这些知识来治疗或预防疾病。

《法拉第和皇家研究院——一个人杰地灵的历史故事》
[英]约翰·迈里格·托马斯（John Meurig Thomas）著 周午纵 高 川 译
本书以科学家的视角讲述了19世纪英国皇家研究院中发生的以法拉第为主角的一些人杰地灵的故事，皇家研究院浓厚的科学和文化氛围滋养着法拉第，法拉第杰出的科学发现和科普工作也成就了皇家研究院。

《第6次大灭绝——人类能挺过去吗》
[美]安娜莉·内维茨（Annalee Newitz）著 徐洪河 蒋 青 译

本书从地质历史时期的化石生物故事讲起,追溯生命如何度过一次次大灭绝,以及人类走出非洲的艰难历程,探讨如何运用科技和人类的智慧,应对即将到来的种种灾难,最后带领读者展望人类的未来。

《不完美的大脑:进化如何赋予我们爱情、记忆和美梦》

[美] 戴维·J. 林登(David J. Linden) 著 沈 颖 等译

本书作者认为人脑是在长期进化过程中自然形成的组织系统,而不是刻意设计的产物,他将脑比作可叠加新成分的甜筒冰淇淋!并以这一思路为主线介绍了大脑的构成和基本发育,及其产生的感觉和感情等,进而描述脑如何支配学习、记忆和个性,如何决定性行为和性倾向,以及脑在睡眠和梦中的活动机制。

《国家实验室:美国体制中的科学(1947—1974)》

[美] 彼得·J. 维斯特维克(Peter J. Westwick) 著 钟 扬 黄艳燕 等译

本书通过追溯美国国家实验室在美国科学研究发展中的发展轨迹,使读者领略美国国家实验室体系怎样发展成为一种代表美国在冷战时期竞争与分权的理想模式,对了解这段历史所折射出的研究机构周围的政治体系及文化价值观具有很好的参考价值。

《生活中的毒理学》

[美] 史蒂芬·G. 吉尔伯特(Steven G. Gilbert) 著 顾新生 周志俊 刘江红 等译

本书通俗而简洁地介绍了日常生活中可能面临的来自如酒精、咖啡因、尼古丁等常见化学物质,及各类重金属、空气或土壤中污染物等各类毒性物质的威胁,让我们有所警觉、保护自己的健康。讲述了一些有关的历史事件及其背后的毒理机制及监管标准的由来,以及对化学品进行危险度评估与管理的方法与原则。

《恐惧的本质:野生动物的生存法则》

[美] 丹尼尔·T. 布卢姆斯坦(Daniel T. Blumstein) 著 温建平 译

完全没有风险的生活是不存在的,通过阅读本书,你会意识到为什么恐惧成了我们人类,以及如何通过克服恐惧,更好地了解自己、改善我们的生活。

《动物会做梦吗:动物的意识秘境》

[美] 戴维·培尼亚-古斯曼(David M. Peña-Guzmán) 著 顾凡及 译

人类是地球上唯一会做梦的生物吗?当动物睡着时头脑里究竟发生了什么?研究动物梦对于我们来说又有什么意义呢?通过阅读本书,您将进入非人类意识的奇异世界,转变对待动物的态度,开启美妙的科学探索之旅。

《野狼的回归:美国灰狼的生死轮回》

[美] 布伦达·彼得森(Brenda Peterson) 著 蒋志刚 丁晨晨 李 娜 伊莉娜 曹丹丹珠 岚 译

本书生动记录了美国300年来(特别是1993年以来)野狼回归的艰难历程:原住民敬畏狼,殖民者消灭狼;濒危的狼从被重引入黄石公园开始,不仅种群扩大,还通过营养级联效应帮助生态系统恢复健康。狼的保护被称为"野生动物领域的流产难题",书中利益相关方(狼拥护者、科学家、猎人和政客,以及公共土地上的非法占领者、牧场主和富豪)的博弈和冲突为了解北美原野打开了一扇窗。狼与美国的生态环境和美国人的灵魂密切相关,可通过人与狼的关系理解美国历史、美国人的特性和国家认同;在某种程度上,狼的历史就是美国人与自然关系的镜子。作者以细腻的笔触讲述"狼王"路波与布兰卡、"旅途"OR7、"母狼王"06号、"黄石灰姑娘"42号等全球知名灰狼引人入胜的故事,并穿插开创国家公园体系的欧内斯特·汤普森·西顿和"野生动物保护之父"奥尔多·利奥波德从狼杀手变为狼拥护者的心路历程等。